高等职业教育宠物类专业教材

宠物外科手术技术

CHONGWU WAIKE SHOUSHU JISHU

史兴山　主编

中国轻工业出版社

图书在版编目（CIP）数据

宠物外科手术技术/史兴山主编．—北京：中国轻工业出版社，2024.2

全国农业高职院校“十二五”规划教材

ISBN 978－7－5019－9828－9

Ⅰ.①宠…　Ⅱ.①史…　Ⅲ.①宠物—外科手术—高等职业教育—教材　Ⅳ.①S857.12

中国版本图书馆 CIP 数据核字（2014）第150964号

责任编辑：马　妍　　责任终审：滕炎福　　整体设计：锋尚设计

策划编辑：马　妍　　责任校对：吴大朋　　责任监印：张　可

出版发行：中国轻工业出版社（北京鲁谷东街5号，邮编：100040）

印　　刷：北京君升印刷有限公司

经　　销：各地新华书店

版　　次：2024年2月第1版第5次印刷

开　　本：720×1000　1/16　印张：18.5

字　　数：367千字

书　　号：ISBN 978－7－5019－9828－9　定价：48.00元

邮购电话：010－85119873

发行电话：010－85119832　010－85119912

网　　址：http://www.chlip.com.cn

Email:club@chlip.com.cn

240214J2C105ZBQ

本书编委会

主　编

史兴山　黑龙江职业学院

副主编

王韦华　渭南职业技术学院
盛鹏飞　辽宁医学院

参　编

白春阳　黑龙江农业经济职业学院
胡喜斌　黑龙江生物科技职业学院
王　颖　黑龙江省双城市畜牧兽医局

主　审

王国卿　东北农业大学

前言 / PREFACE

根据国务院《关于大力发展职业教育的决定》〔国发（2005）35 号〕、教育部《关于全面提高高等职业教育教学质量的若干意见》〔教高（2006）16 号〕和《关于加强高职高专教育人才培养工作的意见》〔教高（2000）2 号〕的精神，中国轻工业出版社与全国四十余所院校及畜牧兽医行业内优秀企业共同组织编写了“全国农业高职院校‘十二五’规划教材”（以下简称“规划教材”）。本套教材依据高职高专“项目引导、任务驱动”的教学改革思路，对现行畜牧兽医高职教材进行改革，将学科体系下多年沿用的教材进行了重组、充实和改造，形成了适应岗位需要、突出职业能力，便于教、学、做一体化的畜牧兽医专业系列教材。

《宠物外科手术技术》是规划教材之一。随着改革开放和市场经济的发展，人民生活水平的提高，我国的宠物业发展迅速，越来越多的宠物进入千家万户，百姓对犬、猫的饲养热情达到前所未有的高潮，从而引起的临床疾病也较多。面对进一步培养、提高宠物医生外科手术技能的需要，我们组织了一批在宠物医学临床、科研和教学方面有丰富经验的专家编写本教材。编写的指导思想是按照宠物医院的临床需要设置内容，将科学性、实用性和先进性集为一体，结合教、学、做一体化课程教学的改革方向，突出其职业性、实践性、开放性，将国内外兽医临床的发展与国内兽医临床实践的内容相融合，使广大医务工作者更好地掌握专业技能。本教材立足于当前诊疗业的岗位需要，着眼于未来发展趋势，充实新知识、新技术，并便于学生的记忆。

本教材分为外科手术操作技术基础、手术基本操作技术、头颈部手术、胸腹部手术、泌尿生殖系统手术、四肢臀尾手术六个情境，每个学习情境打破了传统的教学模式，依据临床常发疾病进行重组，均设置了知识目标、技能目标、案例导入、课前思考题、知识链接、情境小结、情境测试。本教材亮点一是通过案例导入的方式进入学习情境；二是情境测试依据执业兽医师和宠物医师标准列举试题，有利于更好地培养学生分析和解决实际问题的能力。建议教学中要采取多媒体教学和现场教学相结合的方式，真正达到教、学、做一体化的效果。

本教材编写分工如下：王韦华编写情境一的单元一至单元五，史兴山编写情境二、情境四、情境五、情境六的知识链接及情境小结、情境测试参考答案，白春阳编写情境一的单元六、情境三，胡嘉斌编写情境三的情境测试，盛鹏飞编写情境六。黑龙江省双城市畜牧兽医局正高级兽医师王颖也参与了本书部分章节的编写。全书由史兴山教授统稿。由东北农业大学王国卿审定，在此深表谢意。

由于编者水平所限，书中难免存在疏漏和错误，恳请专家及同行批评指正。

编者

2014 年 3 月

目录 / CONTENTS

情境四　胸腹部手术

情境五　泌尿生殖系统手术

情境六　四肢臀尾手术

情境一 外科手术操作技术基础

单元一 灭菌与消毒

【知识目标】

通过物理灭菌和化学消毒的基本原理与作用和手术感染途径的学习，掌握外科手术无菌技术的必要性、手术器械和物品的准备和消毒方法；学会手术场所的选择、准备与消毒。

【技能目标】

能准确区分消毒与灭菌的概念，会根据临床实际需要选择适当的灭菌和消毒方法；能规范地准备和保管手术器械、选择和准备手术场所。

【案例导入】

（一）基本资料

品种：约克夏犬，年龄：2 岁，性别：雌性，初产，体重：15kg 左右，毛黄色。

（二）病史

主诉：前两天有分娩预兆，随后羊水流出，时有努责，不见犬仔产下，食欲减少。

（三）临床检查

体温 38.4℃，精神沉郁，停止进食。肌肉注射缩宫素，母犬病情加重，病犬偶有轻微努责，不呻吟，触诊偶有极弱的胎动，听诊胎音弱小，犬腹围大，用手触压腹部时，母犬阴门流出胎膜样的黏物。初步诊断该犬为难产，需进行剖腹救助。

【课前思考题】

该犬剖腹救助术前需要做哪些准备？手术感染的途径有哪几种？宠物外科手术中常用的灭菌方法有哪些，分别适用于哪些物品？宠物外科手术中常用的消毒药品有几类？手术器械保管应注意哪些事项？宠物外科手术室有什么具体的要求，手术前后应如何进行消毒？宠物外科手术进行中应如何注意无菌原则？灭菌与消毒两者之间的区别？

一、防腐与无菌

在术前和术中有针对性地采取一些预防感染的措施，称为无菌技术。无菌技术是外科手术操作的基本原则，主要通过消毒和灭菌两种方法来防止伤口免受微生物的感染。

防腐或抗菌术一般是指应用适宜的化学消毒药剂消灭细菌或抑制细菌的生长、繁殖等活动，其具体措施在临床上通常称为消毒，例如手术人员的手臂、术部以及手术室空气的消毒等。消毒在杀菌作用上是不够彻底的，所以只能用在要求不太严格的一般操作技术上，如注射、针灸、伤口换药等。

无菌是指用物理方法（尤其是高温高压灭菌方法），将附着于手术所用物品上的细菌消灭。灭菌方法主要用于外科无菌操作技术如手术器械、手术用品的处理。例如手术器械和敷料的高压蒸汽灭菌或煮沸灭菌等。灭菌是完全彻底地杀灭所有微生物的一种措施，杀灭的范围包括致病菌、非致病菌、有芽孢、无芽孢的各种微生物。

消毒特指化学药剂的消毒，一般能杀灭不包括芽孢在内的细菌体或抑制其活动。灭菌则指用物理方法杀灭包括芽孢在内的所有微生物。

二、手术感染的途径

（一）外源性感染

外源性感染是指外界的微生物通过各种途径进入伤口内部，引起感染，是手术感染的主要原因。可分为下列几种。

1. 空气感染

空气感染通常是指空气中尘埃连同附着其上的细菌落入伤口中引起感染。由于细菌必须附着在尘埃上才能比较容易落入伤口内，因此，一般空气中含有的细菌数量与空气中尘埃的多少成正比。为了避免空气感染，要求施术场所必须整齐、清洁、避风、保持安静，没有灰尘浮动，良好的手术室可使空气感染程度降至最小。

2. 飞沫和滴入感染

飞沫感染是由于手术人员谈话、咳嗽和打喷嚏时喷出的飞沫（其中带有大量微生物）落入创口所引起的感染。如患有龋齿、口腔炎或上呼吸道疾病的手术人员，应特别注意避免飞沫感染，因为此时飞沫中的微生物毒力较强。此外，手术人员手、臂和前额上的汗滴中含有来自汗腺的细菌，如果滴入伤口，也容易引起感染。

3. 接触感染

接触感染是发生手术感染的主要途径，要特别注意和预防。接触感染有以下几种。

（1）手术人员手、臂的污染 手术者的手、臂在手术时因需要直接或间接并且反复多次地接触手术创口，所以手、臂消毒不良是造成手术感染的主要原因之一。

（2）术部被毛的污染 皮肤和被毛上存在大量的微生物，因此，在术部消毒不良时，术部皮肤、被毛上的微生物可因落入创内而引起感染。

（3）手术器械、敷料和其他用品的污染 直接或间接接触手术创的器械、敷料及其他手术用品，如果沾染细菌就容易被带入创口造成感染。因此，这类物品都应严格灭菌或消毒，并不可再与任何污染的物品相接触。

4. 植入感染

植入感染是指长期留在创内或不慎留在创内成为感染源的物品所引起的感染，例如灭菌不良的缝线、剪下的线头、异物或留在创中作为引流的纱布或引流管等，这些物品因为长时间留在组织中，如果灭菌不良或被污染则成为细菌的隐蔽场所，成为危险的手术感染来源。

5. 手术切口的污染（继发外源性感染）

术后对手术切口缺乏妥善保护致使伤口受到污染，也是常见的手术感染来源之一。施术时即使充分注意消毒及无菌操作，但术后创口接触污染物，也会被污染。

（二）内源性感染

内源性感染是较少遇到的手术感染形式。当微生物以某种形式以隐性状态存在于机体时，如果手术过程中触动或偶然切开保菌的组织，或者机体抵抗力下降，可能在术后产生意外的并发症或手术感染。例如，创伤愈合后的疤痕、脐部的疤痕、淋巴结和已形成包膜的脓灶都可能成为隐性感染灶。

三、 手术器械和物品的灭菌与消毒

（一）手术器械和物品的准备

手术中所使用的器械和其他物品的种类繁多、性质各异，包括金属制品、玻璃、搪瓷、棉花织物、塑料、尼龙、橡胶制品等，都可能对手术创造成直接或间接的接触感染。而灭菌和消毒的方法也很多，应根据物品的抗腐蚀性、抗高压性等进行选择消毒灭菌。

1. 金属器械

所有手术用器械都应清洁，不得粘有污物或灰尘等。首先，要检查所准备的器械是否有足够的数量，以保证手术过程的需求。更应注意每件器械的性能，以保障正常的使用。不常用的器械或新启用的器械，要用温热的清洁剂溶液除去表面的保护性油类或其他保护剂，然后再用大量清水冲去残存的洗涤清洁剂后备用。结构比较复杂的器械，最好拆开或半拆开，以利于充分灭菌。对有弹性锁扣的止血钳和持针钳等，应将锁扣松开，以免影响弹性。锐利的器械应用纱布包裹其锋利部，以免变钝。注射针头、缝针需放在一定的容器内，或整齐有序地插在纱布块上，防止散落而造成使用上的不便。为保护手术刀片应有的锋利度，最好用纱布包好，用化学药液浸泡法消毒（不宜高压灭菌）。每次所用的手术器械，可以包在一个较大的布质包单内，这样更便于灭菌和使用。

手术器械最常用的灭菌方法是高压蒸汽灭菌法。若遇紧急情况或无条件时，也可以采用煮沸法或化学药物浸泡消毒法。

2. 玻璃、瓷和搪瓷类器皿

所有这些用品都应充分清洗干净，易损易碎者要用纱布适当包裹而保护。这类器皿若体积较小时，可采用高压蒸汽灭菌法、煮沸法或化学消毒药物浸泡法（玻璃器皿勿骤冷骤热，以免破损）。如手术需要玻璃注射器时，应将洗净的注射器内栓、外管分别用纱布包好，以免错乱或相互碰撞。金属注射器灭菌时，先将金属注射器清洗干净，并将其各部件拆卸开，用消毒巾包好。大批量的注射器应用高压蒸汽灭菌，小批量的常用煮沸灭菌法。灭菌后，使用时用灭菌的敷料钳或镊子取出，无菌状态下配套安装好应用。大件的器物如大方盘、搪瓷盆等，可以考虑使用酒精火焰烧灼灭菌法，即在干净的大型器皿内倒入适量医用酒精（95%），使其布满盘底，并及时点火燃烧。

3. 橡胶、乳胶、尼龙和塑料类用品

包括临床常用的各种插管和导管、手套、橡胶布、围裙及各种塑料制品。有些不耐高压，有些更不能耐受高热，这些用品都应在消毒前清刷干净，并用净水充分漂洗后备用。在消毒灭菌时，应该用纱布将物品包好。乳胶类用品可用高压蒸汽灭菌，一般仅用一次，也可用化学消毒液浸泡消毒，但有些消毒液易引起化学反应，如新洁尔灭可使乳胶手套表面发黏（不影响手术）。橡胶制品可以选用高压灭菌（很易老化发黏，失去弹性）或煮沸灭菌，也可以采用化学消毒药液浸泡法来消毒。有些专用的插管和导管等，也可以在小的密闭容器内（如干燥器）用甲醛熏蒸法来消毒。目前这类用品很多都是一次性使用者，可减少消毒工作中的许多烦琐环节，但其经济代价则较高，提高了医疗费用。

塑料类用品如塑料管、塑料薄膜等一般用化学消毒法。有些医疗单位有使用环氧乙烷气体灭菌装置的条件，对细菌、芽孢、立克次氏体、病毒都有杀灭作用，可用于器械、仪器、敷料、橡胶、塑料等的灭菌，会使很多手术用品的消毒灭菌变得既方便又简单。

4. 敷料、手术创巾、手术衣帽和口罩等物品

敷料在手术中主要指止血纱布。止血纱布为医用脱脂纱布制成，根据具体需要，先裁制成大小不同的方形纱布块，似手帕样，然后以对折方法折叠，达到最后将剪断缘的毛边完全折在内部为止。再将若干块这种止血纱布用纯棉的小方巾包成小包，方便灭菌，使用上也方便。目前，临床和教学实验用手术巾、手术衣帽及口罩主要为纯棉织布，可事先按一定的规格分别将手术巾、手术衣整理、折叠，并将手术帽、口罩放入已折叠的手术衣内，再用大的布单将手术巾、手术衣帽及口罩包好，准备灭菌。这些用品一般采用高压蒸汽灭菌，在126.6℃的条件下，经过不少于30min的灭菌，则可完全达到灭菌的要求。在没有高压灭菌器的时候，也可以采用流动蒸汽灭菌法（使用普通的蒸锅，可以从水沸腾后并发出大量蒸汽时计算，经1~2h灭菌）。

消毒的物品用布单包好，小而零散的则可装入贮槽，或用小的布单包好。贮槽是用金属材料制成的特殊容器（见图1－1）。灭菌前，将贮槽的底窗和侧窗完全打开。在灭菌后从高压锅内取出时，立刻将底窗和侧窗关闭。贮槽在封闭的情况下，可以保证一周内的时间是无菌的。回收的上述用品均需经过洗涤处理，不得黏附有被毛或其他污物，然后按不同规格分类整理、折叠，消毒后可重复使用。

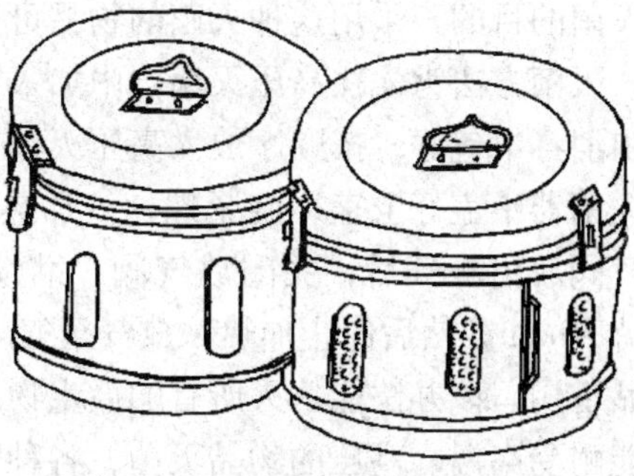

图1－1　贮槽

5. 缝合材料

缝线可放在贮槽、手术巾、手术衣包内高压蒸汽灭菌。

（二）灭菌与消毒方法

常用的灭菌和消毒法有煮沸灭菌法、高压蒸汽灭菌法和化学药品消毒法。此外，还有流动蒸汽灭菌法、干热灭菌法和火焰烧灼灭菌法等，但应用较少。

1. 灭菌方法

灭菌前，应检查所用器械、用品的实用性，以保证刀、剪锋利，转轴灵活，各种钳和镊子闭合紧密，锁扣开闭灵活。对需灭菌的器械及用品清洗后用纱布擦拭干净，再用纱布包住捆实或用带盖容器盛装好，以备灭菌。

（1）煮沸灭菌法　煮沸灭菌法可用一般带盖清洁的铝饭盒、铝锅、铁锅等进行。将需要灭菌的器械按顺序放入灭菌容器中，加水至淹没全部器械即可进行加热煮沸灭菌。加热煮沸后维持15~20min，可将一般的细菌杀灭，但不能杀灭具有顽强抵抗力的细菌芽孢。对可疑污染芽孢细菌（破伤风杆菌、炭疽杆菌、坏

死杆菌等）的器械或物品，必须煮沸 90min 以上。常水中加入碳酸氢钠使之成为 2% 的碱性溶液，可以提高水的沸点至 102～105℃，这不但可以加强灭菌效果，还能防止金属器械生锈（但对橡胶制品有损害）。高原地区气压低，水的沸点也低，煮沸时间应适当延长，一般海拔每高出 300m，需延长灭菌时间 2min。为了节省时间并保证灭菌质量，可用压力锅进行煮沸灭菌，压力锅的气压可达到 1.3kg/cm^2，锅内水的温度能达到 124℃左右，10min 即可达到灭菌目的。

煮沸灭菌法适用于耐热、耐湿物品，如金属、玻璃、橡皮类的灭菌。

（2）高压蒸汽灭菌法　高压蒸汽灭菌法为外科应用最普遍、效果最安全可靠的灭菌方法。高压蒸汽灭菌器有手提式、立式、卧式等，其容积大小各异。灭菌的原理是利用蒸汽在容器内的积聚而产生压力。蒸汽的压力增高，温度也随之增高。当蒸汽压力达到 0.1～0.137MPa 时，温度可达到 121～126℃，维持 30min，不但可以杀灭一切细菌，且能杀死有顽强抵抗能力的细菌芽孢，达到完全灭菌的目的。采用这种灭菌的物品可于两周内使用。

灭菌方法为先往高压灭菌器中加入自来水至规定位置，再将准备好的手术器械用消毒巾包好，按顺序放入高压灭菌器的盛物桶中，继而将盛物桶放入高压蒸汽灭菌器中盖好上盖，旋紧螺丝。加热至压力 0.0343MPa、温度 108.4℃时旋开放气阀放出冷气后，关闭放气阀，继续加热至压力 0.1029MPa，温度 121.3℃，维持 30min。然后停止加热，放气至气压表指针指至 0 处后，开启上盖取出灭菌物品备用。该办法能杀灭所有的微生物，包括具有顽强抵抗力的细菌芽孢体，用于能耐受高温、高压的物品灭菌，各种物品所需时间、温度和压力详见表 1－1。

表 1－1　高压蒸汽灭菌的时间、温度和压力

物品种类	所需时间/min	蒸汽压力/MPa	饱和蒸汽相对温度/℃
橡胶类	15	0.106～0.110	121
器械类	15	0.106～0.140	121～126
器皿类	15	0.106～0.140	121～126
瓶装溶液类	20～40	0.106～0.140	121～126
辅料类	30～45	0.106～0.140	121～126

高压蒸汽灭菌时要注意以下事项：① 需要灭菌的包裹不应过大，也不要包得过紧，一般应小于 55cm×22cm×33cm。② 放于灭菌器内的包裹不要排得太紧、太密，以免阻碍蒸汽透入，影响灭菌效果。③ 包裹中间应放入灭菌效果监测剂进行监测，这一点对不参加灭菌操作的手术人员最为重要。④ 易燃和易爆物品如碘仿、苯类等禁用高压蒸汽灭菌法。⑤ 锐利器械，如刀、剪等应慎用此法灭菌，以免变钝。⑥ 对灭菌物品应做好记号，标明时间，以便使用时识别。

高压灭菌器使用注意事项如下：① 高压灭菌器的压力表必须准确，以保证

使用的安全。要定期进行检验。② 高压灭菌器内所加的水不宜过多，以免沸腾后水向内桶溢流，使消毒物品被水浸泡，又不宜过少，否则不能形成一定的蒸汽压力，影响灭菌效果。③ 放气阀门下连接的金属软管必须保留，不得折损，否则放气不充分，冷空气滞留在桶内会影响温度的上升，有碍灭菌效果。④ 灭菌后应立即间断缓慢地放气，待气压表指针指至0处，旋开盖子及时取出内容物，不可待其自然冷却降压，这样干燥的物品会变湿，妨碍正常使用。⑤ 灭菌后放气时，不可过快。尤其内装玻璃制品或其他易碎物品时，如果减压太快，则会造成物品严重破损。⑥ 应该经常测定高压灭菌器灭菌效果，简单易行的方法是化学指示剂法。可将市售121℃压力蒸汽灭菌化学指示卡放在被灭菌的物品中间。灭菌时指示卡受温度影响发生变化而变成黑色，表示符合灭菌条件。如果不变黑，表示不符合灭菌条件，应找出原因并纠正。

(3) 流动蒸汽灭菌法（蒸笼灭菌法） 本法只在缺少高压蒸汽灭菌器时使用。操作时将灭菌物品放在蒸笼的最上格内，并与沸水保持一定的距离，以防过潮。时间应从水沸上汽时开始计算，共蒸1~2h。一般多用于敷料、手术衣、手套的灭菌。

流动蒸汽灭菌时，带有芽孢的细菌不易杀死，需用间歇灭菌法才能杀灭，每次2h，共连续3d，才可达到完全灭菌。

(4) 火焰烧灼灭菌法 在急需情况下，金属器械可用此灭菌法。操作时，在搪瓷或金属器皿内倒入95%酒精少许，点燃后用长钳夹持灭菌的器械在火焰上部烧烤，即达到灭菌目的。火焰灭菌对器械的损害较大，非紧急情况尽量不用。

2. 消毒方法

(1) 药物浸泡消毒法 对于锐利器械、内窥镜等不适于热力灭菌的物品，可用化学药品液浸泡消毒。常用化学药物消毒剂有以下几种。

①新洁尔灭与洗必泰：两者都是新兴的表面活性抗菌剂，皆为阳离子清洁剂，能吸附细菌膜，改变其通透性，使细菌体内重要成分外逸而起到杀菌作用。洗必泰的杀菌作用比新洁尔灭强。两者浸泡消毒的浓度均为0.1%溶液，常用于浸泡刀片、剪刀、针等，浸泡时间为30min，两者对机体细胞均有一定毒性，器械使用时要先用无菌生理盐水冲洗干净。另外还要注意这类阳离子表面活性剂与碱、肥皂、碘酊、酒精等多种物质接触后会失效。

②酒精：常用浓度为75%，浓度过低则不足以使细菌蛋白凝固变性，减弱杀菌作用；而浓度过高，又使细菌表面蛋白凝固太快，妨碍作用深入。酒精在外科手术中常用于皮肤消毒，并有脱碘作用。消毒锐利器械时，浸泡30min~1h。酒精易挥发，应每周过滤一次，并核对其浓度是否达到要求。

③升汞：常用浓度0.1%~0.5%，用于浸泡膀胱镜、胶质导尿管等，时间为30min，使用前须用无菌生理盐水冲洗，以预防汞对机体的毒性作用。

④甲醛：能使蛋白变性，不仅杀菌力强、且能杀灭细菌芽孢。但有强烈的刺

激性气味，并对细胞有损害作用。常用10%甲醛溶液，浸泡塑料管、导尿管和有机玻璃物等，浸泡时间为4~6h，使用时用无菌生理盐水冲洗干净。

⑤来苏儿：可与菌体蛋白结合并发生沉淀而杀灭细菌。不溶于水，易溶于皂液中，故制成5%煤酚皂液备用，浸泡金属器械需1h，使用时应彻底用无菌盐水冲洗干净。

⑥器械溶液（防锈消毒液）：配方是石炭酸20g、甘油266mL、95%酒精26mL、碳酸氢钠10g，加蒸馏水至1000mL。浸泡税利器械时间为30min。

消毒剂浸泡消毒注意事项：应用化学消毒剂浸泡器械物品时，在浸泡前将物品洗净并擦去油脂（有机脂类影响消毒效能），消毒物品须全部浸入溶液内。有轴节器械（如剪刀）应将轴节张开；空腔管瓶须将空气排净，管腔内外均应有消毒液浸泡。在浸泡消毒中间，如加入物品应从加入物品时重新计算时间。因化学消毒剂对人体大多有毒性和侵蚀性，故在器械使用前，需用无菌盐水将附着其上的药液冲洗干净，以免组织受到损害。

（2）甲醛蒸汽熏蒸消毒法　用直径24cm的有蒸格铝锅，蒸格下放一量杯，加入高锰酸钾2.5g，再加入40%甲醛5mL，盖紧熏蒸1h，即达到消毒目的。如果部件较大可采用大型熏蒸器，可参照以上比例加大用药量。

使用后的器械和用具等，都必须经过一定的处理后，才能重新进行灭菌、消毒，供下次手术使用。处理方法随物品种类、污染性质和程度不同而定。金属器械、玻璃、搪瓷类物品，使用后都须清洗干净，特别注意沟、槽、轴节等处的去污，金属器械还须擦油、防锈，橡皮和塑料等管道要注意管内冲洗，接触过一些感染的手术用品应做特殊处理。

（3）注意事项

①由于化学消毒剂不能进入油脂，不能杀死油脂中的细菌，因此，浸泡前应擦净器械上的油脂。

②化学消毒剂一般都具有一定的刺激性，且多有毒性，因此，器械或物品在应用前必须用无菌生理盐水或凉开水反复冲洗、浸泡。

③新洁尔灭和洗必泰在水溶液中离解成阳离子活性基团，相反，肥皂水在水溶液中离解成阴离子活性基团，二者相遇会影响效力，所以，凡是接触过肥皂水的器械、物品必须用清水洗净后再进行浸泡消毒。此外，与高锰酸钾、碱类物质等配伍禁忌，应单独使用。

④需消毒的一切器械物品，必须全部浸泡在药液内。

3. 无菌物品的保存

（1）设无菌物品室专放无菌物品，所有物品均应注明消毒灭菌日期、名称以及执行者的姓名。

（2）高压灭菌的物品有效期为7d，过期后需重新消毒才能使用。

（3）煮沸消毒和化学消毒有效期为12h，超过有效期限后，必须重新消毒。

（4）已打开的消毒物品只限 24h 内存放手术间使用。

（5）无菌敷料室应每日擦拭框架和地面 12 次，每日紫外灯照射 12 次。

（6）无菌敷料室应专人负责，做到三定：定物、定位、定量。

（7）对特殊感染动物污染的敷料器械应做两次消毒后再放回无菌室。

手术室中的器械经消毒灭菌后还应注意防止再污染。运送灭菌后的手术包、辅料包等，不论从供应室领取或是手术室内周转，均应适用经消毒的推车或托盘，决不可与污染物品混放或混用。手术室内保存的灭菌器材，应双层包装，以防开包时不慎污染。小件器材应包装后进行灭菌处理，连同包装储存。存放无菌器材的房间，应干燥无尘，设通风或紫外线消毒装置，尽量减少人员的出入，并定期进行清洁和消毒处理。

四、 手术器械的保管

外科器械在使用后，应及时清点和清洗。首先将用过的器械放入冷水中浸泡。有锋刃的锐利器械（如刀、剪等）最好拣出另外处理，以免与其他器械互相碰接，使锋刃变钝。能拆卸的器械（如止血钳、剪等）最好拆开清洗。洗刷时用指刷或纱布块仔细擦净血迹，应特别注意止血钳、持针钳、钳齿的齿槽、外科刀柄槽和剪、钳的活动轴，或有螺丝钉固定的地方。清洗后的器械应立即使其干燥。

被脓汁、腐败创液等严重污染过的器械，应浸入纯煤酚皂溶液中 5min，或 2% 煤酚皂溶液 1h，进行初步消毒，然后再清刷干净。不是经常使用的器械在清洁干燥后，可涂上凡士林或液体石蜡保存。

经清洁的器械应分类整齐地排列在器械柜内，不要任意堆放。器械柜内应保持干燥，不得在同柜内储存药品，尤其碘、汞、酸、碱等腐蚀性药品。

缝针清洗干燥后分类储于容器内或插在纱布上以免散失。注射器清洗后应及时抽出内芯，成对地放于缸中或用纱布包起。橡胶手套和其他塑料制品用后洗净擦干，并储存于干燥、阴凉处，避免压挤、折叠、暴晒或沾染松节油、碘等化学药品。手套保存时还必须用滑石粉撒布于内外。被脓汁污染的橡胶制品应先经化学药品初步消毒，再按上法处理。

敷料使用后，一般还可回收利用。污染血液的创布敷料可先放在冷水或 0.5% 氨水内浸泡数小时，然后用肥皂搓洗，最后在清水中漂净、晾干，经灭菌后再用。被碘酊沾染的敷料可拣出，另用 2% 硫代硫酸钠溶液浸泡 1h，使碘褪色后，用清水漂净，拧干，再浸于 0.5% 氨水中，再用水洗涤后晾干。

五、 手术室的要求与管理

（一）手术室的基本要求

（1）手术室应有一定的面积和空间，一般小动物手术室的面积不小于 $25m^2$，房间高度在2.8~3.0m较为合适。天花板和墙壁应平整光滑，以便于清洁和消毒。地面应防滑，并有利于排水，墙壁最好砌有釉面块，固定的顶灯应设在天花板上，外表应平整。

（2）手术室应有良好的给水排水系统，尤其是排水系统，管道应较粗，便于疏通，在地面应设有排水良好的地漏和排水沉淀池（便于清除污物、被毛等）。如排水不通畅，会给手术室的清洁消毒工作带来不便。

（3）室内要有足够的照明设备（不含专用手术灯）。

（4）手术室应有较好的通风系统，在建筑时可考虑设计自然通风或是强制通风。门窗应密封，防尘良好。

（5）手术室内应保持适当的温度，以20~25℃为宜。有条件时可以安装空调机，最好是冷暖两用机，冬季保温，夏季防暑。

（6）分别设置无菌手术室和染菌手术室。如果没有条件设置两种手术室，则一般化脓感染手术最好安排在其他的地方进行，以防交叉感染。如果在室内做过感染化脓手术，必须在术后及时严格消毒手术室。

（7）手术室内应仅放置重要的器具，一切不必要的器具或与手术无关的用具，都不得摆放在手术室里。

（8）手术室还需设立必要的附属用房，房间的安排应毗邻。附属用房包括消毒室、器械室、准备室、洗刷室、更衣室、厕所和淋浴室等。

（9）比较完善的手术室可以再设置仪器设备的存储间，用以存放麻醉机、呼吸机以及常用的检测仪器、麻醉药品和急救药品。现代化的仪器设备很多用电脑控制，因此仪器存储间应防潮，保持干燥，不设上下水系统。

（二）手术室工作常规

手术室应严格遵守无菌操作和清洁消毒等规章制度。每次手术之后应立即清洗手术台，冲刷手术室地面和墙壁上的污物，擦拭器械台，及时清洗手术各种用品，并分类整理好摆放在固定位置。手术室被污染的地方或污染后的器物都要用适当的消毒液浸洗或擦拭，术后经过清扫冲洗的手术室应及时进行通风干燥。在施行污染手术后，应及时进行消毒。

（三）手术室的消毒

1. 化学药品喷雾（或喷洒）消毒

手术室的消毒可用0.1%新洁尔灭、5%石炭酸、3%煤酚皂、百毒杀等溶液，对保定栏、手术台、地面、墙壁及空间进行喷洒或喷雾消毒。这些药液都有一定的刺激性，故消毒后必须通风换气，以排除刺激性气味。

2. 化学药品熏蒸消毒

此方法比较可靠，消毒彻底。消毒前注意将门窗关好，做好密封工作，然后再熏蒸消毒。

（1）福尔马林加热法　在一个抗腐蚀的容器中（多用陶瓷器皿）加入适量

的福尔马林，在容器下方直接用热源加热，使其蒸汽持续熏蒸4h，可杀死细菌芽孢体、细菌繁殖体、病毒、真菌等。使用时取含40%甲醛的水溶液，每立方米的空间用2mL，加等量的常水，就可以加热蒸发。消毒后应使手术室通风排气，否则会有强烈的刺激性。

（2）福尔马林加氧化剂法　方法基本同福尔马林加热法，只是不再用热源加热蒸发，而是加入氧化剂使其形成甲醛蒸汽。使用时取含40%甲醛的水溶液，每立方米的空间用2mL，按其毫升数值的1/2称取高锰酸钾粉小心加入甲醛溶液中，数秒钟后可产生大量烟雾状的甲醛蒸汽，消毒持续4h。

（3）乳酸熏蒸法　用于消毒室内的空气消毒。使用乳酸原液10～20mL/100m^3，加入等量的常水加热蒸发，加热持续60min，杀菌效果可靠。乳酸的沸点为122℃，实验证明，乳酸在空气中的浓度为0.004mg/L时，持续40s可以杀死唾液飞沫中的链球菌，有效率达99%。但若浓度偏低，小于0.003mg/L时，其杀菌的效果显著降低；若浓度偏高，则会有明显的刺激性。此外，空气中的湿度也应注意，以相对湿度为60%～80%时为最佳，低于60%则效果不会太好。

3. 人工紫外线消毒

紫外线的杀菌范围较广，可以杀死一切微生物，包括细菌、结核杆菌、病毒、芽孢和真菌。通过紫外线消毒灯的照射，可以有效地净化空气，可明显减少空气中细菌的数量，同时也可以杀死物体表面附着的微生物。市售的紫外线消毒灯有15W和30W两种，既可以悬吊，也可以挂在墙壁上，有的安装在可移动的落地灯架上，使用起来很方便。一般在非手术时间开紫外线灯光照射2h，即可有明显的杀菌作用，但紫外线照射不到之处则无杀菌作用。实验证明，照射距离以1m之内杀菌效果最好，超过1m则效果减弱。活动支架上的消毒灯有很大的优越性，它可以改变照射的方位（不同的侧面）和照射距离，能发挥最好的杀菌效果。紫外线灯是一种人工光源，在使用时应注意下列事项。

（1）开通电源之后，灯管中的汞蒸汽辐射出紫外线，紫外线灯通电后20～30min发出的紫外线量最多。灯管的使用寿命一般为2500h，随着使用时间的延长，其辐射紫外线的量会逐渐减少，甚至会成为无效的装饰品。

（2）要求直接照射，因为紫外线的穿透能力很弱，只能杀灭物体表面的微生物。

（3）可以用紫外线强度仪来测定杀菌效果，凡低于50μW·s/cm^2，则认为不宜使用，需要更换新的灯管。一般新的灯管紫外线辐射强度均达到100～120μW·s/cm^2。

（4）灯管要保持干净，要经常擦拭，不可沾有油污等，否则杀菌力下降。

（5）尽量避免频繁地开关，以免影响灯管使用寿命。

（6）人员不可长时间处于紫外线的照射下，否则会损害眼睛和皮肤，形成一种轻度灼伤。必要时戴黑色眼镜，以保护眼睛，且照射不宜过近。

（四）临时性手术场所的选择及其消毒

室外手术场地应选择避风平坦的空地或草地，彻底清扫干净，用消毒药喷洒消毒和防尘。应在晴朗无风天气进行手术。

室内手术场地应选择腾出足够的空间，地面、墙壁清扫干净，然后用消毒药液充分喷洒消毒和避免尘土飞扬。为了防止屋顶灰尘跌落，必要时可在适当高度张挂布单或塑料薄膜等，一般能遮蔽人员、动物及器械即可。在刮风的天气，还应注意严闭门窗。

六、 手术进行中的无菌原则

（1）手术进行中，全体人员必须保持严肃认真，注意力集中，避免发生任何失误。

（2）手术人员的手和前臂不能触碰别人的背部、手术台以及物品，手术台以上布单也不能接触。穿灭菌手术衣和戴灭菌手套后，背部、腰以下和肩以上都掩盖视为有菌地带，不能接触。

（3）不可在手术人员背后传递器械及手术用品，手术人员也不要伸手自取。坠落到手术台平面以下器械物品不准捡回再用。

（4）术中须更换位置时，应背靠背进行交换。出汗较多时，应将头偏向一侧，由其他人员代为擦去，以免汗液落于手术区内。

（5）在手术操作中，如果灭菌单湿透，失去隔离作用，应加无菌单遮盖。发现灭菌手套破损或被污染，应立即更换。衣袖被污染时须更换手术衣，或加戴无菌袖套。

（6）必要的谈话，或偶有咳嗽时，不要对向手术区，以防飞沫污染。

（7）手术切口前，戴灭菌手套的手不要随意触摸消毒水平的皮肤，触时应垫有灭菌纱布，用完丢掉。切开皮肤用的刀、镊，不能再用于深部手术，应更换。

（8）手术开始前要清点器械、敷料，手术结束时，认真核对器械、敷料（尤其是纱布块）。清点无误后，才能关闭切口，以免异物遗留，产生严重后果。

（9）手术进行中，如果台上需加用器械、物品，应由巡回助手用灭菌钳夹持，送器械助手夹送时不能靠近器械台，并要将台上增加物品数记录，便于术后核对。

（10）切开空腔器官之前，要用纱布垫保护好周围组织，以防止或减少污染。消化管吻合后，要用盐水冲洗手套，该吻合器械一般不能再用于处理其他组织。

（11）参观手术人员不可靠近手术人员或站得过高，尽量减少在室内走动和说话。

（12）手术完毕若连续施行另一手术，倘若手套未破者，术者可不必重新刷手，仅需浸泡酒精等消毒剂 5min 即可；如果用洗必泰消毒，可再用该剂涂擦一遍；然后再穿灭菌手术衣、戴灭菌手套。更衣时要先将手术衣自背部向前反折脱去，手套的腕部随之翻转于手上，用戴手套右手指扯下左手手套至手掌部，再以左手指脱去右手手套，最后用右手指在左手掌部推下左手手套。脱手套时，手套的外面不能接触皮肤，否则需重新刷手。若前一手术为污染手术，连续施行手术前应重新刷手。

单元二 | 宠物的捕捉与保定

【知识目标】

在宠物外科工作中，为便于诊断疾病和实施手术，往往需要对宠物实行保定。通过各种保定方法和注意事项的掌握，学会选择适当的保定方法。

【技能目标】

会根据临床实际需要选择适当的保定方法；能规范化地对宠物实施保定以保障检查和手术的顺利进行。

【案例导入】

（一）基本资料

品种：杂交獒犬，年龄：2 岁，性别：雄性，免疫情况：免疫完全。

（二）病史

主诉：晚饭后主人牵着犬出去散步，在运动广场遇到一条圣伯纳犬，因没有牵住，两条大狗就厮打起来，用木棒才把它们分开。患犬的大腿内侧被咬一个三角口，不让碰。

（三）临床检查

经检查，在犬的股内侧有一处 10cm 长撕创，流血。主人难以控制。

【课前思考题】

要处理该犬的外伤怎么控制它？常见的犬的保定方法有哪几类？犬的徒手保定可分为哪几类，分别适用于哪些情况，具体如何操作？犬的扎口保定、口套保定及颈圈保定适用于哪些情况？犬的化学保定常用药物有哪些，使用时应注意什么问题？猫的保定方法有哪几类，分别适用于哪些情况？

在宠物临床工作中，为便于诊疗疾病，确保人和宠物的安全，往往需要使用人力、器械或药物等限制宠物的活动或制约其攻击行为。保定的方法有多种，通常按照诊疗工作需要而选择适当的保定方法。

一、 犬的保定法

(一) 徒手保定法

(1) 怀抱保定　保定者站在犬一侧，两只手臂分别放在犬胸部和股后部将犬抱起，然后一只手将犬头颈部紧贴自己胸部，另一只手抓住犬两前肢限制其活动（图1-2)。此法适用于对小型犬和幼龄大、中型犬进行听诊等检查，并常用于皮下或肌肉注射。

(2) 站立保定　保定者蹲在犬一侧，一只手向上托起犬下颌并捏住犬嘴，另一只手臂经犬腰背部向外抓住外侧前肢（图1-3)。此法适用于对比较温顺或经过训练的大、中型犬进行临床检查，或用于皮下、肌肉注射。

(3) 侧卧保定　保定者站在犬一侧，两只手经其外侧壁向下绕腹下分别抓住内侧前肢腕部和后肢小腿部，用力使其离地，犬即卧地，然后用两前壁分别压住犬的肩臂部和臀部使其不能站立（图1-4)。此法适用于对大、中型犬腹壁、腹下、臀部和会阴部等进行短时快速的检查和治疗。

(4) 倒提保定　保定者提起犬两后肢小腿部，使犬两前肢着地（图1-5)。此法适用于犬的腹腔注射、腹股沟阴囊疝手术、直肠脱和子宫脱的整复等。

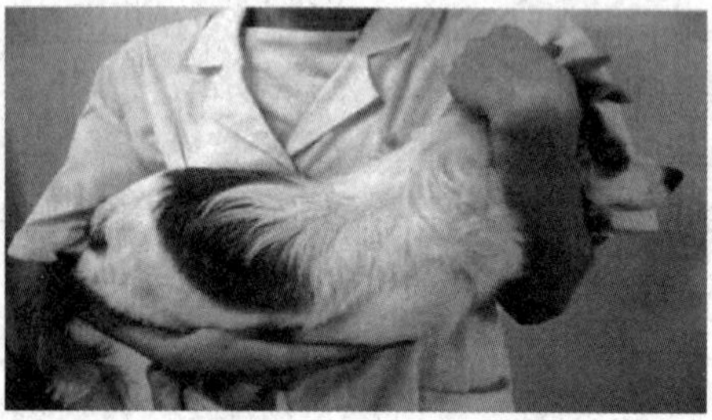

图1-2　犬的怀抱保定

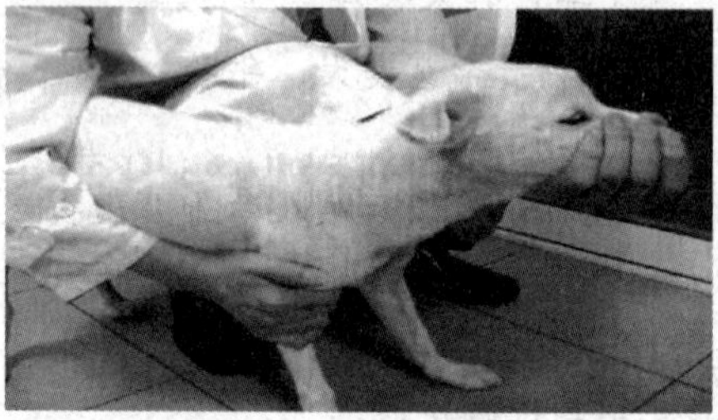

图1-3　犬的站立保定

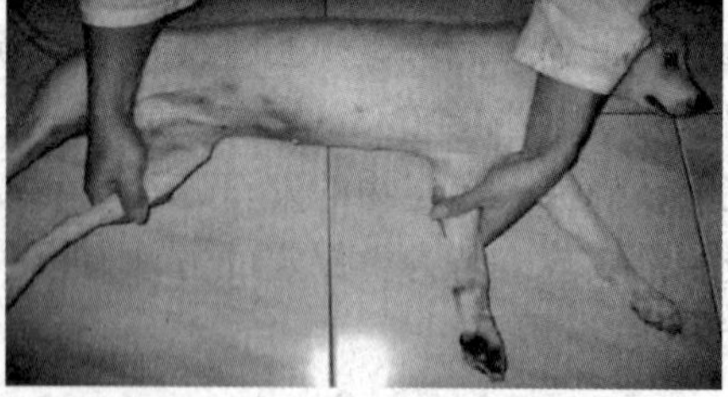

图1-4　犬的侧卧保定

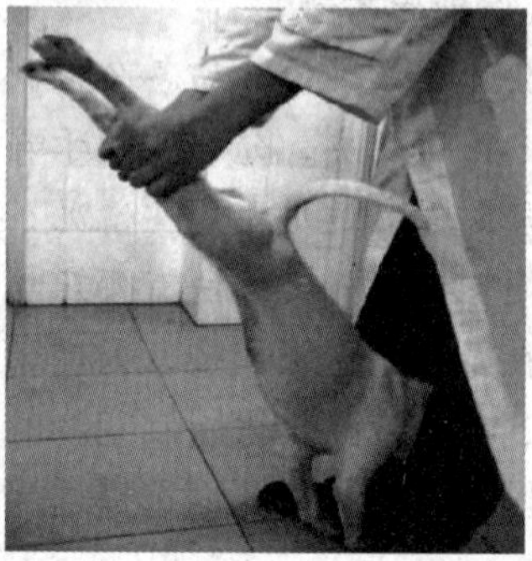

图1-5　犬的倒提保定

（二）扎口保定法

将一条绷带或绳索绕成活圈套在犬鼻梁前部捆住犬嘴，并将绷带或绳索两端在下颌交叉向后引至颈部打结固定（图1－6）。短嘴犬或猫扎口后容易滑脱，可在扎口基础上绑在颈部。

打结后的绷带或绳索长头向前穿过鼻背侧活圈，再返回颈部与绷带或绳索的另一端打结。此法适用于性情较凶或对生人有敌意的犬，以防医护人员进行检查治疗时被其咬伤。

（三）口套保定法

把用牛皮或硬质塑料等制成的网套套在犬的口部，利用连接绳带将其固定在犬的颈部（图1－7）。此法保定效果与扎口保定法基本相同。

（四）颈圈保定法

宠物颈圈是由坚韧且有弹性的塑料薄板制成。使用时将其围成圆环套在犬、猫颈部，然后利用上面的扣带将其固定（图1－8）。此法多用于限制犬、猫回头舔咬躯干或四肢的术部，以免再次受损，有利于创口愈合。

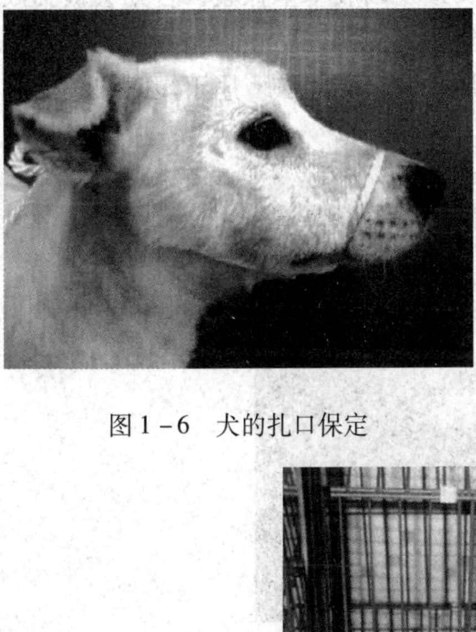

图1－6　犬的扎口保定

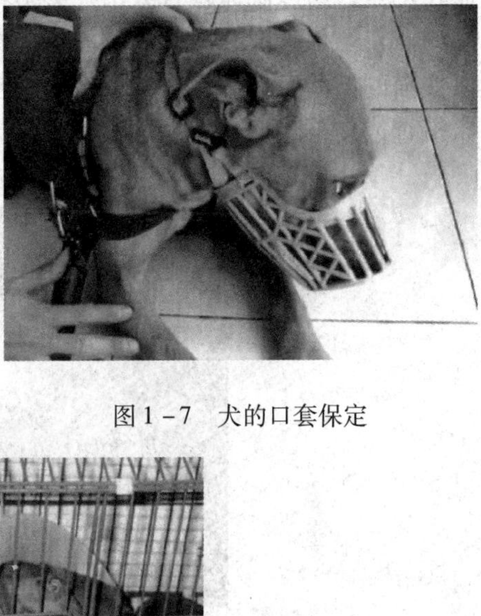

图1－7　犬的口套保定

图1－8　犬的颈圈保定

（五）犬笼保定法

将犬放在不锈钢制作的长方形犬笼内，推动活动板将其挤紧，然后扭紧固定螺丝，以限制其活动，此法适用于兴奋性很强或性情暴烈的犬只，多用于肌肉注射或静脉滴注。

（六）化学保定法

化学保定法是用某种化学药物，使动物暂时失去正常反抗能力的保定方法。此法达不到真正麻醉要求，仅使犬的肌肉松弛、意识减退、消除反抗。常用的药物包括镇静剂、安定剂、催眠剂、镇静止疼剂、分离麻醉剂等，如氯丙嗪、安定、静松灵、速眠新、氯胺酮等。此法适用于对犬进行长时或复杂的检查、治疗。操作方便，对人安全，但增加了用药可能带来的一些风险。

二、猫的保定法

（一）徒手保定法

徒手保定法是缺乏适当保定器材时的保定方法。由于猫遇到威胁时有突出的抓咬特点，所以临床检查或治疗必须将猫的头颈及四肢牢牢抓紧，否则会被猫咬伤或抓伤。保定者一只手尽量靠近猫头部抓住颈部皮肤，防止猫回头；另一只手抓住猫的前后四肢，将其按倒在检查台上（图1-9）。此法多用于短时快速的临床检查或皮下、肌肉注射等治疗。

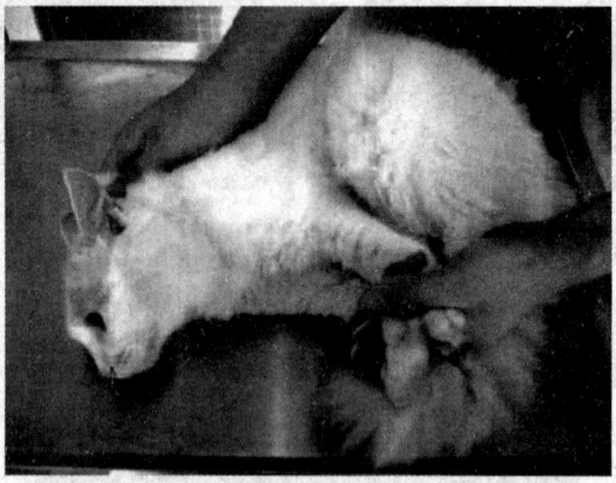

图1-9　猫的徒手保定

（二）猫袋保定法

猫袋是用厚棉衣或帆布缝制的圆筒形保定袋，其长度与猫体长相当，袋两端穿上可以抽动的绳子，可按需要抽紧或打开袋口。使用时将猫从一端装入袋内，或使猫头从另一端钻出，以便进行头部检查；或抽紧猫头一端，仅使猫后肢露出，以便测量体温或进行肌肉注射。

（三）猫笼保定法

与犬笼保定法及其适用性基本相同。

（四）化学保定法

与犬的化学保定法及其适用性基本相同。

单元三 | 手术宠物和术部的准备

【知识目标】

为了便于宠物的手术操作、无菌和宠物的安全，在手术前要做好宠物和术部的准备工作。要求掌握术前宠物的主要准备措施，术部准备的程序和注意事项。

【技能目标】

能对手术宠物进行全面细致地术前检查、给药及其他处理；能规范化地对术部进行除毛、消毒和隔离。

【案例导入】

（一）基本资料

品种：八哥犬，性别：雄性，年龄：1岁，体重：4.4kg，免疫完全。

（二）病史

主诉：平时喂狗粮、玉米面，有时还喂一些雪糕、水果和肉。两天前不进食不饮水，未排便，有呕吐现象。

（三）临床检查

体温38.7℃，呼吸40次/min，脉搏80次/min。精神沉郁，鼻镜干燥，结膜潮红，被毛粗乱无光泽，喜卧；呕吐物为黄色糊状；肠音减弱，腹部触诊有椭圆形硬物。初步诊断为肠梗阻，建议剖腹探查。

【课前思考题】

请考虑术前该患犬应做好哪些准备工作？手术应如何选择部位？手术进行前对其术部应如何处理？什么情况下宠物术前必须使用药物？给药的目的是什么？宠物术部准备分为哪几个步骤？宠物术部除毛范围应如何界定？除毛时应注意什么问题？术部消毒常选用哪些消毒药物？消毒时要注意哪些事项？为什么要对术部进行隔离？隔离时如何才能保证术部不被污染？

一、 手术动物的准备

（一）术前检查

术前检查是对患病动物的全面检查，可提供诊断资料，并能决定保定及麻醉的方法、是否可以施行手术、如何施行手术以及预后的估计。

（二）术前治疗

非紧急手术在手术前，根据动物的病情需要，给予必要的术前治疗，如强心、输液、输血、给氧、抗生素等，使病情缓和，增强体质和抵抗力，预防手术创感染，预防手术中出血过多，以利更好地耐受手术。必要时，在术前 1 周给动物皮下注射破伤风类毒素 0.5 ~ 1mL，在紧急手术时可于术前给动物注射 3000 ~ 4000IU 破伤风抗毒素，以预防破伤风感染。

（三）术前处理

消化道手术术前应禁食半天或一天，仅给予饮水，倒卧保定及腹腔手术时，禁食更为重要。为了避免高度充盈的膀胱发生破裂，有时在尿道结石手术前，先行膀胱穿刺排尿。食道阻塞引起大量唾液分泌的病例，施术时注射阿托品抑制其分泌，可预防吸入性肺炎，又可避免手术切开食道时大量唾液流出感染术部。

（四）动物体表准备

手术前对动物体表进行清洁，以减少切口感染的机会。术前刷拭动物体表，清除污物，然后向被毛喷洒 0.1% 新洁尔灭或其他消毒药。在动物的腹部、臀部、后躯、肛门、外生殖器、会阴及尾部等处施行手术时，术前应包扎尾绷带；同时术前进行灌肠导尿，以免术中动物排出粪尿，污染术部。

二、 术部的准备

（一）术部除毛

动物的被毛浓密，容易沾染污物并藏有大量微生物。手术前必须用肥皂水刷洗术部周围大面积的被毛。用剪毛剪剪除长毛，然后剃毛或用脱毛剂脱毛。

剃毛时间最好在手术前夕，以便有时间缓解因剃毛引起的皮肤刺激。术部剃毛的范围要超出切口周围 10 ~ 15cm。小动物灵活掌握，有时考虑到延长切口的可能时，则应更大些。在紧急手术时仅将被毛剃去，用消毒水洗净即可。

常用脱毛剂配方：硫化钠 6.0 ~ 8.0g，蒸馏水 100 mL，制成溶液，使用时先将上述溶液以棉球在术部涂擦，约经 5min，当被毛呈糊状时，用纱布轻轻擦去，再用清水洗净即可。通常密毛部硫化钠用量及浓度应大一些，在毛稀、皮薄处浓度用小一些（也可另加入 10g 甘油，保护皮肤）。为了避免脱毛剂流散，也可以配制成糊状，配方为：硫化钡 50.0g，氧化锌 100.0g，淀粉 100.0g，用温水调成糊状。使用时先将预定脱毛区的被毛剪短，然后用水湿润，再将药糊涂一薄层，约经 10min，擦去药物，用水洗净。脱毛剂使用方便，脱毛干净，对皮肤刺激性小，不影响创伤愈合，不破坏毛囊，术后毛可再生。缺点是有臭味，有时有个体敏感，而且使用浓度过大或作用时间过长时，对皮肤角质层有损害，有时可使皮肤增厚，切皮时出血增多，给手术带来不便。因此，脱毛剂最好也在手术前一天使用。

（二）术部消毒

1. 注射及穿刺部的消毒

剪毛→70%酒精脱脂→5%碘酊涂擦→70%酒精脱碘。

2. 手术区的消毒

（1）5%碘酊两次涂擦术部消毒法　剃毛（或脱毛）→1%～2%来苏儿洗刷手术区及其周围皮肤→纱布擦干→涂擦75%酒精脱脂→第一次涂5%碘酊→局部麻醉→第二次涂5%碘酊→术部隔离→75%酒精脱碘→手术。

（2）新洁尔灭或洗必泰等溶液消毒法　剃毛（或脱毛）→温水洗刷→纱布擦干→用0.5%新洁尔灭或洗必泰溶液涂擦2次即可手术。

上述手术区的消毒，均从手术区中心开始逐渐向周围涂擦，但在感染创或肛门等处手术时，则应自清洁的周围开始，再涂擦到感染创或肛门处（图1－10）。已解除污染部位的纱布不要返回清洁处涂擦。涂擦所及的范围要相当于剃毛区。碘酊涂擦后，必须稍等片刻，等其完全干后（此时碘已经深入皮肤较深，灭菌作用较大），再以75%酒精将碘酊擦去，以免碘沾到手和器械上，被带入创内造成不必要的刺激。

(1)　　(2)

图1－10　术部皮肤消毒

（1）感染创口皮肤消毒　（2）手术部位皮肤消毒

有少数宠物的皮肤对碘酊敏感，往往涂碘酊后，皮肤变厚，不便手术操作，可改用其他皮肤消毒药。如1∶1000的新洁尔灭溶液，0.5%洗必泰醇（70%）溶液，1∶1000消毒净醇溶液等涂擦术部。在使用新洁尔灭之前，皮肤上的肥皂必须洗干净，否则会影响新洁尔灭的效能。

对口腔、鼻腔、直肠、肛门、阴道等处的黏膜消毒时，不可使用碘酊，以免灼伤。一般先用清水洗去黏液及污染物，再用刺激性小的化学消毒剂，如0.1%高锰酸钾溶液、0.1%利凡诺溶液、0.1%新洁尔灭溶液或洗必泰溶液等。眼结膜的消毒常用2%～4%硼酸溶液、2%弱蛋白银溶液、2%汞溴红溶液等。爪部手术，术前常用2%来苏儿脚浴。

（三）术部隔离

术部虽经消毒，但不等于绝对无菌，术区周围未经严格消毒的被毛，对手术创容易造成污染，加上宠物在手术时（尤其在非全麻的手术时）容易出现挣扎、骚动，易使尘土、毛屑等落入切口中。因此，必须进行术部周围隔离。

一般采用大块有孔手术巾（创巾）覆盖于术区，仅在中央露出切口部位，使术部与周围完全隔离。有些手术巾中央有预先做好的开口，手术巾中央孔要与手术切口大小适合，有时可预先将巾上的开口做若干结节缝合，手术时根据想要的大小临时剪开几个缝合结节。也可采用四块小手术巾依次围在切开周围，只露出切口部位。手术巾一般用巾钳固定在动物体上，也可用数针缝合代替巾钳。

手术巾要有足够的大小遮蔽非手术区。棉布手术巾或纱布在潮湿或吸收创液后即降低其隔离作用，最好在外面再加上一层非吸湿性的手术巾（如塑料薄膜或胶布等）。手术巾一经铺下后，原则上只许自手术区向外移动，不宜向手术区内移动。此外，在切开皮肤后，还要再用无菌巾沿着切口两侧覆盖皮肤（图1－11）。在切开空腔脏器前，应用纱布垫保护四周组织。这些措施都能进一步起到术部隔离的作用，保证手术创不受污染。在手术当中凡被污染的手术隔离巾，应尽可能及时更换。对于四肢，尤其是四肢末端等难以清洗消毒的部位，有些术者采用塑料袋将爪部套住，并将袋口用橡皮筋收紧，必要时还可用特制的塑料袋将整肢套住。

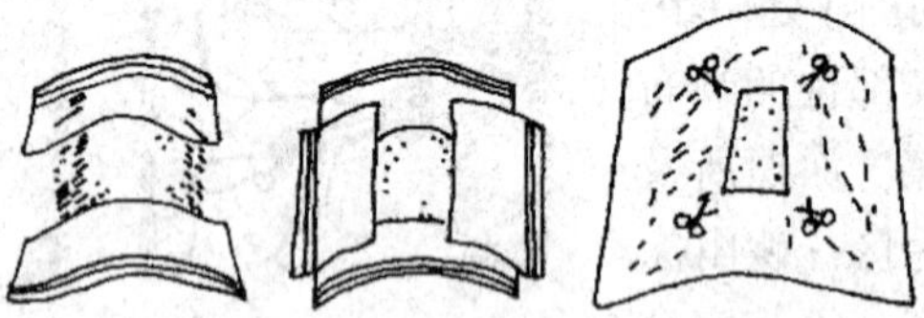

图1－11　术部隔离示意图

单元四 | 手术人员的术前准备

【知识目标】

手术人员的准备与手臂消毒是保障无菌手术的基本条件。要求掌握术前手术人员的主要准备措施；掌握手术人员手臂的消毒、手术衣及手术帽的穿戴程序和注意事项。

【技能目标】

能根据手术目的制订手术计划，选择手术人员。对手术人员能分配好任务，能规范化地在术前做好消毒手臂、穿戴手术衣及手术帽。

【案例导入】

（一）基本资料

品种：大丹犬，性别：雄性，年龄：4岁，体重：40kg，免疫完全。

（二）病史

主诉：平时喂玉米面，有时给一些饭店的剩饭和菜。两天前不进食饮水，未排便，有呕吐现象。怀疑将饭店的钢丝刷吞入。

（三）临床检查

体温38.8℃，呼吸56次/min，脉搏78次/min。精神稍有沉郁，鼻镜干燥，结膜潮红，流涎，喜卧；呕吐物为黄色糊状；肠音减弱，腹部触诊有一不规则硬物。X射线可看到不规则阴影。初步诊断为肠梗阻，建议开腹术取出异物。

【课前思考题】

手术人员在术前应做好哪几方面的准备工作？需要多少手术人员？手术人员为什么要进行手臂消毒？常用的消毒药物和程序是什么？手臂消毒时要注意哪些事项？手术人员应如何规范化地穿手术衣、戴手术帽？

一、手术人员一般准备

手术人员进入手术室后，首先在更衣室更换手术室专用的衣裤和鞋帽、口罩，以免将外部灰尘带入手术室内。或在术前应穿着清洁的衣服和套鞋，上衣袖口平前臂的上1/3，最好是穿短袖衫以充分裸露手臂，下襟放在裤内。戴好手术帽和口罩，手术帽应把头发全部遮住，帽的下缘应达到眉毛之上和耳根顶端，手术口罩应完全遮住口和鼻（图1－12）。修剪指甲并要挫平，除去甲缘污垢。手臂有化脓性感染和患呼吸道感染者不能参加手术。

二、手臂消毒方法

（一）手、臂的洗刷

用香皂或洗手液反复擦刷和用流水充分冲洗，以对手臂进行机械性清洁、处理。

对手、臂进行刷洗时，最好用指刷蘸肥皂并按一定顺序擦刷。一般首先对甲缝、指端进行仔细地擦刷，然后按手指、指间、手掌、掌背、腕部、前臂、肘部及以上顺序擦刷，通常历时5～10min。然后用流水将肥皂泡沫充分洗去。冲洗时手应朝上，使水自手指向肘部方向流去，然后用灭菌巾或纱布按上述顺序拭干，最好是每侧各用灭菌巾一块。

（二）手、臂的消毒

手、臂经上述初步的机械性清洗后，还必须经过化学药品的消毒。手、臂的化学药品消毒用专用泡手桶浸泡，以保证化学药品均匀而有足够的时间作用于手臂的各个部位。手、臂消毒的化学药品有多种，常用的如下。

70%酒精：浸泡或拭洗5min，浸泡前应将手、臂上的水分拭干，以免稀释酒精浓度，影响酒精消毒能力。

1∶1000的新洁尔灭溶液：浸泡和拭洗5min，也可以采用同样浓度的洗必泰或度米芬溶液进行手、臂的消毒，这种方法在临床上被广泛采用。

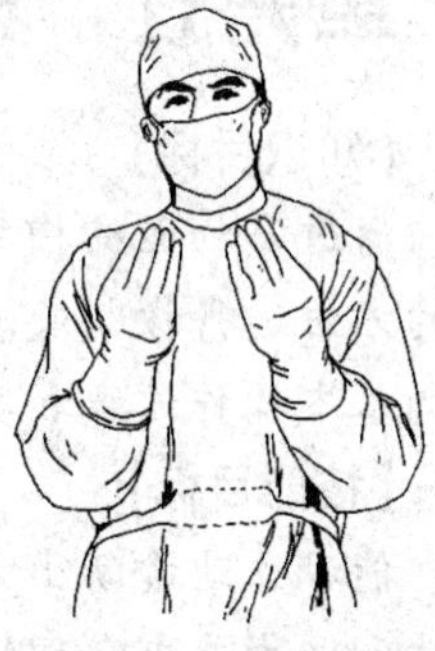

图1－12　手术者装束

1:2000 百毒杀溶液：浸泡和拭洗 5min 后，用无菌水冲洗干净。

1:1000 强力消毒灵溶液：浸泡和拭洗 5min。

如果情况紧急，必要时可缩短洗手时间，简化手的消毒方法。为此，可以用肥皂及水初步清洗手、臂上污垢，擦干，并用 3% 碘酊充分涂布手、臂，待干后，用大量酒精洗去碘酊，即可施行手术。也可选用新洁尔灭、洗必泰等消毒液洗擦双手（注意甲缘、指端和甲沟等处的洗擦，洗后不必用消毒的纱布擦干，以免破坏药液在手臂上所形成的薄膜）。有的较小手术可充分洗手之后，再戴上灭菌的手套施术。

如果进行手术时间较长，为了保持手臂良好的无菌状态，可以在手术之中根据需要再次清洗手臂，重复用消毒溶液浸泡手臂。已经消毒好的手臂，绝对不可与任何未经消毒物品接触。在进行手术之前，为了保护已消毒过的手臂不被污染，可弯曲两臂将两手放在胸前或用灭菌纱布掩盖。

三、穿手术衣、戴手套法

（一）穿手术衣

手术人员手臂消毒后，取出高压灭菌的手术衣自己穿好，小心手臂不可接触未经消毒的其他部位。由助手协助在其背后，将衣带或腰带系好。穿灭菌手术衣时应避免其他任何部分（主要指衣服的外表面）触及未经灭菌的物件，尤其要注意保护手术衣前面的前胸部分，严格防止受到污染，应保持无菌状态。如果有必要还可考虑加穿消毒过的橡胶或塑料围裙。

（二）戴手套

戴手套有干戴（经高压灭菌，或由工厂生产已经消毒处理并包装好的灭菌手套）和湿戴（用化学药液浸泡消毒，如用 0.1% 新洁尔灭浸泡 30min）两种方法。一次性手套则无需做任何处理，可以直接穿戴。

单元五 | 穿刺术

【知识目标】

通过宠物医院相关疾病的临床实例，学习如何识别哪些疾病需要通过穿刺手术的方法进行诊断或治疗，进而掌握胸部穿刺、腹部穿刺及其他穿刺等常用穿刺术的基本操作过程和实际临床应用。

【技能目标】

能独立地诊断出犬猫是否应该及可以采取哪种穿刺术；能独立地按照自己的想法和手术要求合理地设计整个穿刺术流程；能熟练地规范化地进行穿刺术的基本操作。

【案例导入】

案例一：

（一）基本资料

品种：德国牧羊犬，年龄：8 月龄，性别：雄性，体重：45 kg。

（二）病史

主诉：约半个月前不食，腹围增大，在其他医院使用清蛋白治疗后腹围减小，食欲正常。最近几天食欲废绝，腹围增大，呼吸困难，卧地不起。

（三）临床检查

患犬精神欠佳，皮肤弹性降低，触诊有腹水，肝脏肿大；听诊左右两侧心音区扩大，心音弱；生化检查肝脏功能指标明显升高；血液学检查白细胞增多，其他指标正常；X 射线检查胸部右侧位，X 线片显示心脏轮廓增大、变圆、似球形；超声波检查显示心脏周围有一个环形的液性暗区，心脏声像在暗区中摇摆，各个腔室难以分辨；腹部超声波检查显示腹腔积液，肝脏钝圆。初步诊断为心包积液。

案例二：

（一）基本资料

品种：牧羊犬，年龄：3 岁，体重：25kg。

（二）病史

主诉：长时间被拴养在阴暗潮湿圈舍，病程 2 个多月，长期营养不良。

（三）临床检查

体温 39.2℃，腹腔积水，腹围增大下垂，触诊有极强的波动感，呼吸紧促，精神委顿，食欲减少，几乎无尿。初步诊断为腹水症。

【课前思考题】

通过临床症状观察，各种穿刺术前需要对病犬采取哪些措施？犬猫心包液穿刺术、胸腔穿刺术、膀胱穿刺术及腹腔穿刺术等的适应证都有哪些？行各种穿刺术时应使用何种保定方法？各种穿刺术的操作技术有哪些重要步骤？穿刺术过程中有哪些注意事项？各种穿刺术术后会出现哪些并发症？

一、 胸部穿刺术

（一）心包液穿刺术

[保定]

机械保定可采用侧卧保定、仰卧保定或站立保定。有时可采用少量镇定剂，如安定 0.2～0.6mg/kg，静脉注射。

[操作技术]

于胸骨到胸中线和从第二到第八肋间隙的右侧胸区域做一矩形术野，并作消毒处理。理论上，可用胸超声波来检查进针部位。如果不能使用胸超声波，进针部位的选择可以基于背腹部和侧胸，X 射线复查以便于评估心包轮廓。通常第四、第五、第六肋间隙部位最好；右侧更可取，因为在心切迹部分不存在肺组织（大约在第四肋间隙部位）；选择胸骨和肋软骨汇合处的 1/4 处，这个区域减少了冠状动脉被穿刺针刺破的危险。

进针前穿刺处的皮肤和皮下组织以及肋间组织使用局部麻醉剂进行浸润麻醉。安置带穿刺针的静脉导管（19 号针），针穿过皮肤、皮下组织和肋间肌肉直至心包区；撤去穿刺针，安置一个三通管和无菌注射器（10mL 或者 20mL）；吸出积液，积液抽干后，可以抽出导管，如果没有液体，一边进行间歇性抽吸，同时缓慢地抽出导管；将抽出液转移到加了 EDTA 的管中，进行细胞学研究或者接种到相应的培养基进行细菌学分析。

[并发症]

血液采集后很快凝固说明冠状动脉破裂。冠状动脉破裂能够导致大出血和心包充盈，对采集后很快凝固的血液进行分析可以确定冠状动脉破裂，在腹部（靠近心尖）进行刺针或者在 X 射线检查或超声波扫描的监视下，可以减少并发症的发生。

[适应证]

通过引流心包腔内积液降低心包腔内压，是急性心包填塞症的急救措施；通过穿刺抽取心包积液做生化测定，涂片寻找细菌和病理细胞，做结核杆菌或其他细菌培养，以鉴别诊断各种性质的心包疾病；通过心包穿刺，注射抗生素等药物进行治疗。

（二）胸腔穿刺术

[保定]

动物俯卧以便于胸腔内液体可由重力作用而位于胸腔的腹侧面，而气体则位于胸腔背面。配合的患畜可用手来保定。暴躁或者不安的动物可以用镇静剂使其安静：猫，0.1mL 克它命静脉注射；犬，0.05～0.15mL 乙酰丙嗪静脉注射；环丁甲二羟吗喃 0.2～0.4mg/kg 静脉注射（可以结合苯甲二氢 0.2mg/kg 静脉注射或咪达唑仑 0.1～0.2mg/kg 静脉注射，以增强镇定效果）。

[操作技术]

（1）对穿刺部位的皮肤进行剪毛，且无菌操作。

空气：吸出脊背部在第七到第九肋间的空气。

液体：吸出胸部在第七到第八肋间的液体，避免心跳过速。

（2）吸空气或者液体时使用合适的器械。

空气：20 或 22 号注射针头，三通开关，12～20mL 注射器。

液体：17 或 19 号注射针头，静注导管接头，三通开关，12～20mL 注射器。

用针穿过皮肤、肋间肌肉和腔壁胸膜。如果使用一个静脉注射导管，导管穿入胸腔大约几英寸然后抽出穿刺针。在开口位置的三向导管开关处应用负压进行注射。

［适应证］

胸腔积液时获取分析用的液体样本，也是诊断和治疗的一种方法。可排出液体，减轻呼吸困难。

（三）胸导管的放置

［保定］

为了确保胸导管插入，动物须侧卧保定，也可人工保定，但需要少量镇静剂镇定。一旦胸导管插入并且固定，可在胸部任何有利于排出液体或气体的部位抽吸。

［操作技术］

进行剪毛，无菌操作。对穿刺点 1 ~ 2 个肋骨后缘处的皮肤和肌肉组织进行局部浸润麻醉。穿刺点位置的选择与胸腔穿刺术相似，空气：脊背第七到第八肋间隙；液体：胸部第六到第八肋间隙。可一个或者多个导管从一侧或两侧同时插入。

胸导管插入处的皮肤用手术刀切开，将带套管针的胸导管从皮肤切口插入，沿皮下向头侧伸到所需部位，用力插入肋间肌肉进入胸腔。将套管针移开，导管用夹子夹住，末端与三向管单向瓣膜或者连续抽吸泵相连。松开夹子，确保导管不闭合，并且对导管置留处的皮肤缝合，用非水溶性软膏涂抹在出口位置。通过蝶状缝合将导管固定在胸部，轻轻包扎胸部防止导管移动。

［并发症］

肋间、胸廓内或者心脏血管撕裂，移走套管针时易造成气胸。在插入胸导管的几天内，要密切监控，必须确保胸导管置留明显，位置正确，并且不能来回活动；所有连接部位紧密，不能使空气进入胸腔；所有入口部位防止细菌感染。

［适应证］

胸导管留置于胸膜腔内可以重复利用，随时抽出胸膜内的液体；可以不断排出气体，以防止出现严重或紧张性气胸；有利于连接外在装置并且有利于向胸腔内注入抗生素和排出灌洗溶液。

二、 腹部穿刺术

（一）膀胱穿刺术

膀胱穿刺术指通过腹部穿刺膀胱收集尿液，这种尿液不含下泌尿道和生殖道细胞及碎屑和细菌。

［保定］

一般不需化学保定。后肢向背侧伸展，侧卧（猫和小型犬）。也可使用站位保定。

［操作方法］

动物前驱侧卧，后躯半仰卧保定。术部剪毛、消毒，0.5%盐酸普鲁卡因溶液局部浸润麻醉。膀胱不充满时，操作者一手隔着腹壁固定膀胱，另一手持接有7～9号针头的注射器，其针头与皮肤呈45°向骨盆方向刺入膀胱，回抽注射器活塞，如有尿液，证明针头在膀胱内。将尿液立即送检化验或细菌培养。如膀胱充满，可选12～14号针头，当针头刺入膀胱时，尿液便从针头射出。可持续地放出尿液，以减轻膀胱压力。穿刺完毕，拔下针头消毒术部。

［并发症］

进针处膀胱膜出血引起的暂时的血尿。尿液从进针处渗漏到腹腔内导致腹膜炎。

［适应证］

在尿路可能感染的病例，采尿进行总量、显微镜、化学、物理和微生物化验。鉴别分类尿中的细胞、结晶和细菌，有助于选择特效治疗方法，有助于鉴别肾脏感染或膀胱疾病与阴道、前列腺或尿道感染，有助于鉴别血尿的原发部位（如前列腺和肾脏出血）。

此外还有治疗作用，如下泌尿道阻塞的动物可暂时排出尿液，在被尿道污染前收集样品，在使用水冲压法给予大量液体前减轻膀胱压力。

（二）腹腔穿刺术

腹腔穿刺术指穿透腹壁，排出或抽吸腹腔液体，并进行诊断。

［保定］

动物站立或侧卧保定。

［操作技术］

1. 穿刺部位

在趾骨前缘腹白线一侧2～4cm处。

2. 穿刺方法

术部剪毛消毒，用0.5%盐酸利多卡因溶液局部浸润麻醉，先将皮肤稍微拉紧，再用套管针或14号针头垂直刺入腹壁，深度2～3cm。如有腹水经针头流出，使动物站起，以利于液体排出或抽吸。术毕，拔下针头，碘酊消毒。

［适应证］

多用于腹水症，减轻腹内压。也可通过穿刺，确定其穿刺液性质（渗出液或漏出液），进行细胞学和细菌学诊断，以及腹腔输液、给药和腹腔麻醉等。

三、其他常用穿刺术

（一）脑脊液收集

使用脑脊液管通过透皮针在蛛网膜下腔抽取脑脊液。

［保定］

犬、猫的穿刺常进行全身麻醉，进针时正确定位十分关键。池状穿刺，动物侧卧保定使头向胸部弯曲以打开环枕间隙，耳朵前拉以紧张皮肤，可在头下放一毛巾或沙袋稳定脊柱与桌面的距离。腰部穿刺，动物俯卧，助手将后腿拉向头侧以打开腰尾椎骨的关节间隙，脊柱必须保持直线。

［操作技术］

1. 池状穿刺

（1）距嘴 2cm 处从枕部隆起到第三颈椎的横突间的背颈部，剪毛，皮肤消毒。

（2）术者用左手触诊枕部隆起和环椎横翼。用食指触压枕部隆起和环椎两侧横翼三者的凹陷处，凹陷处为进针部位。

（3）透过皮肤、皮下组织和肌肉，慢慢刺入带探针的脊髓针。

大型犬：20 号，8. 89cm 针头。

小型犬和猫：22 号，3. 81 或 7. 62cm 针头。

（4）穿刺硬脑膜和蛛网膜。针头每刺入一层膜便抽出一次探针检查有无液体，在深推针头时要重置探针（小动物不使用探针，所以总会有液体）。

（5）当针头出现液体时，立刻装上三向阀门的脊髓压力计。压力计应该垂直于针头纵轴，并打开阀门使脑脊液流入压力计中。当压力计中液面稳定后读数（cm）。当测压时应确保身体各部位没有外压力，而且一定不能压迫颈静脉。

（6）将 3mL 的注射器接于三向阀门末端并小心地轻轻抽吸收集脑脊液。在测压和收集液体时不可移动针头。将压力计中的液体抽吸到注射器中以增加样品量。小动物（体重 <7kg）的脑脊液量比较少，会影响测压操作。因此，注射器应直接接于针头或将脑脊液滴注到无菌收集管中。

收集脑脊液的量：大型犬，1. 0 ~ 3. 5mL；小型犬、猫，0. 5 ~ 1. 5mL。

（7）需要的话，可以注入造影剂进行脊髓造影。

（8）小心且轻轻地拔针头。将液体保存在无菌管中以便进行显微镜、化学和微生物化验。

2. 腰部穿刺

（1）对背腰椎皮肤进行消毒。

（2）触诊腰椎的背脊柱，收集脑脊液的最佳位置位于 L4、L5 或 L5、L6 间隙。

（3）在刺入点的尾侧面，紧靠脊柱的背脊柱刺入 20 号或 22 号 8. 89cm 的脊髓针，针头向脊髓管刺入直到遇到脊柱板状面，针头应保持与脊柱平行。沿板状面前后移动直到其刺入关节间隙。后肢或尾巴的轻微抽动暗示进针正确。

（4）抽出探针，将注射器接于针头并轻轻抽吸直到出现液体，在抽吸过程中，针头进针深度应做轻微调整。腰部蛛网膜下腔间隙较小，而且仅可抽出少量液体（0. 5 ~ 2. 5mL）。

（5）在该部位若需要脊髓造影可以注射造影剂。

（6）抽出针头并将液体保存于无菌试管中进行显微镜、化学和微生物检查。

[并发症]

若进针不小心或控制不当，可能造成脑脊髓软组织被针刺伤。

[适应证]

当中枢神经系统器官损伤时采集脑脊液进行检查。近期有神经症状病史，检查到神经缺陷。向蛛网膜下腔注入造影剂，通过 X 射线有助于对脊髓损伤进行定位。

（二）骨髓活组织检查

通过用骨髓针抽吸或用环钻穿孔活检获得骨髓样本。

[保定]

（1）大多数骨髓活组织检查需要使用局部麻醉，或用轻度镇静剂。

（2）组织检查位置决定了保定位置。

髋骨翼：大型犬取站立或俯卧；小型犬或猫取后肢伸向腹侧，俯卧。

股骨近端：仰卧。

肋骨：俯卧或仰卧。

肱骨近端：仰卧。

其他少用部位：坐骨结节和胸骨。

[操作技术]

活组织检查部位剃毛、消毒，并用局部麻醉剂浸润麻醉。在皮肤上切一小口。选用 16 或 18 号 3.81cm 活组织检查针头。该针头带探针插入软组织中直至遇到骨的阻挡，旋转针头将针头刺入骨内。阻挡力下降说明针头已经穿透骨外层进入骨髓腔。将针头刺入骨髓后，取走针头，接上 12mL 注射器。注射器为负压，抽吸时动物有疼痛症状说明针头在骨髓腔内。当注射器中出现骨髓时，停止抽吸并拆掉注射器。

过分抽吸会导致样品混有外周血液。在玻片上快速涂片，并在福尔马林中保存所有凝结块，进行组织检查。样品也可送去进行培养。获得足够样品后，拔出针头。皮肤切口消毒。

[并发症]

可能对周围组织造成损害，针头在转接窝内位置不当可能对坐骨神经造成损害；肋骨活组织检查偶见气胸或肋骨间脉管破裂。

[适应证]

抽吸或髓心活组织检查：非再生性贫血，骨髓疾病（如脊髓或红细胞抑制或肿瘤），某些凝血疾病，特别是血小板。

髓心活组织检查：研究骨髓结构，当无法进行抽吸活组织检查时，寻找转移性或隐蔽性肿瘤时，骨的代谢性疾病。

（三）关节穿刺术

关节穿刺术指用针头经皮穿入滑膜腔收集滑液以进行实验室检查。

[保定]

根据动物性情选择使用局部麻醉剂和轻度化学镇静剂。对膝关节、跗关节、肘和肩关节进行穿刺多用仰卧保定，对腕关节进行穿刺使用仰卧或腹卧保定。

[操作技术]

对患病关节部位的皮肤进行消毒。在穿刺前触诊肿胀的关节囊或确定关节间隙。膝关节部分弯曲，可见膝盖的末梢边缘和胫骨结节的近端边缘。在两者之间通路的约 1/3 的位点进入关节。侧向平行于韧带，稍微偏向两股骨骨节中间的地方将针刺入关节之间。跗关节部分屈曲，穿刺针在脚底侧踝关节下侧向刺入胫跗关节。注意避免刺入侧位隐静脉后支。腕骨部分屈曲，通过正中面的桡腕关节或任何可触摸到的腕间位置刺入穿刺针进行抽吸。

接有 3mL 或 6mL 注射器的 22 号针头缓慢刺入皮肤、皮下组织、关节周围组织和滑液囊组织，进入滑液囊腔。抽吸注射器收集滑液。收集到足够的滑液后停止抽吸，拔出针头。将液体置于 EDTA 管中进行细胞学分析，并装于可移动培养基中或巯基乙酸盐肉汤中进行微生物检查。准备薄片涂片并风干。准备玻片时可检查液体黏性。怀疑为多发性关节炎的病例应抽吸多个关节的滑液。

[并发症]

皮肤准备工作不充分会使关节内引入细菌或污染样品。操作不规范时针头造成的滑液囊外伤可导致关节积血或关节软骨磨损。针头对关节周围血管的直接损害。

[适应证]

有助于诊断关节感染，对滑液进行分析有助于鉴别腐败性或感染性关节炎、免疫介导性关节炎、关节积血和外伤性滑液渗出。注入造影剂进行 X 射线拍照检查。滑液内治疗方法的使用。

（四）眼角膜穿刺术（眼前房穿刺术）

[麻醉]

眼神经传导麻醉，表面麻醉。

[术前准备]

眼结膜囊注入生理盐水青霉素溶液，固定上、下眼睑和瞬膜。

[穿刺方法]

一般位于角膜缘下方位置。穿刺器与虹膜平面呈 90°。以小指为支点，用腕部力量刺入前房。然后将针放平，与虹膜平行，放出前房的积液和血液，取出穿刺针。

[注意事项]

（1）穿刺针要锋利，术者用拇指和食指固定好针尖，以小指为支点，防止刺入过深。

（2）创口不能过大，防止虹膜脱出。

（3）术后防止眼内感染，应用抗生素或可的松溶液点眼。

［适应证］

外伤性前房积血超过瞳孔下缘。

单元六｜麻醉术

【知识目标】

麻醉术是外科手术的基本技术之一。麻醉可以确保人和动物安全，为顺利完成手术创造良好的条件。通过认识麻醉的种类及其基本原理，要求掌握局部麻醉的方法、用药；全身麻醉的分期及常用方法；全身麻醉监护的意义及抢救的措施。

【技能目标】

能根据宠物的状况及手术的种类选择适当的麻醉方法；能熟悉各种麻醉药物的药性并能恰当地应用；能规范化地应用各种局部麻醉和全身麻醉方法；能在手术过程中对宠物实施麻醉的监护，并能及时熟练地抢救麻醉意外。

【案例导入】

（一）基本资料

品种：金毛猎犬，年龄：11 月龄，性别：雄性，体重：30kg。

（二）病史

主诉：该犬活泼好动，温顺可爱。于 6d 前玩耍时误将一个直径为 4cm 的实心塑料玩具球吞食。2～3d 未见异常表现，4d 后出现减食，现吃食很少，且每次食后 4～6h 发生呕吐。口渴喜饮水。排少量软粪，不时有坐卧不安表现。

（三）临床检查

精神稍差，体温 38.8℃、呼吸 38 次/min、心跳 120 次/min，触诊胃部敏感、拒按。肠音低沉。胸骨末端两侧内上前方触压，触及一圆硬物有移动性。腹部 X 射线正位透视，发现在胃部靠近幽门区有一圆形阴影加深区。

初步诊断为胃内异物，建议胃切开术取出异物。

【课前思考题】

该犬如果手术取出异物，采取什么方法手术无痛？小动物临床中最常用哪类麻醉方式？常用的局部麻醉药物有哪几类？如果一旦出现麻醉意外应采取何种紧急抢救措施？犬、猫常用的非吸入麻醉药有哪几类，各自有什么特点？为什么要对麻醉动物施行监护？监护的范围和方式是什么？

良好的麻醉是使外科手术得以顺利进行的重要环节，因此麻醉是外科手术的基本技术之一。麻醉术的目的在于安全有效的消除手术疼痛，确保人和动物安全，使动物失去反抗能力，为顺利手术创造良好的条件。

临床麻醉大体分为3类，即全身麻醉、局部麻醉和电针麻醉。宠物临床上多用全身麻醉，局部麻醉较少用。

一、局部麻醉

局部麻醉是借助局部麻醉药选择性地作用于感觉神经纤维或感觉神经末梢，产生暂时的可逆性的感觉消失，从而达到无痛手术的目的。局部麻醉简便、安全，全身生理的干扰轻微，麻醉并发症和后遗症很少，适用范围广。

（一）局部麻醉药

常用局部麻醉药有盐酸普鲁卡因、盐酸利多卡因和盐酸丁卡因，其特点比较见表1-2。

1. 盐酸普鲁卡因（奴佛卡因）

临床上最常用的局部麻醉药，使用安全，药效迅速，注入组织1~3min即可出现麻醉作用。但药物易被各种组织中的脂酶水解而作用消失，所以作用时间较短，一次量可维持0.5~1h。此外，因本品穿透黏膜能力很弱，故不宜用于表面麻醉。如必须采用作为黏膜麻醉时，则需将溶液浓度提高至5%以上，临床上最多用做浸润麻醉剂，使用药液浓度为0.5%~1%，传导麻醉一般采用2%~5%溶液，脊髓麻醉用2%~3%溶液，关节内麻醉可用4%~5%溶液。

为了延长局部麻醉作用的时间，减少出血量并降低因吸收药物过多、过速而引起中毒的可能，在临床应用上，常在本品溶液中按每250~500mL加入1mL的0.1%肾上腺素溶液。

盐酸普鲁卡因用量过大能产生中毒。中毒时一般症状轻微，短时间内能自行耐过。严重者表现兴奋、狂躁、呼吸困难、脉搏增数、大出汗，甚至惊厥，后期由兴奋转为抑制和呼吸麻痹而死亡。中毒的解救应在兴奋期给以小剂量中枢神经抑制药，同时注意呼吸、循环变化，必要时采用吸氧、强心、输液等措施，如已进入抑制期则不能再用兴奋药解救。

2. 盐酸利多卡因

本品的局部麻醉强度和毒性在1%浓度以下时，与盐酸普鲁卡因相似，但在2%浓度以上时，局部麻醉强度可增强至2倍，并有较强的穿透性和扩散性，作用出现时间快、作用持久，一次用药量可维持1h以上。本品的毒性较盐酸普鲁卡因稍大，但对组织无刺激性，用于多种局部麻醉方法。

用作表面麻醉时，溶液浓度须提高至3%~5%，传导麻醉为2%溶液，浸润麻醉为0.25%~0.5%溶液，硬膜外麻醉为2%溶液。

3. 盐酸丁卡因

本品的局部麻醉作用强，作用迅速，并具有较强的穿透力，常用于表面麻醉。本品的毒性较盐酸普鲁卡因强12~13倍，而麻醉强度则强10倍。表面麻醉的强度较盐酸可卡因强10倍，而且点眼时不散大瞳孔，不妨碍角膜愈合。因此，近年来在角膜麻醉的应用上已取代了盐酸可卡因，常用浓度为0.5%溶液。

本品因毒性大，不适于浸润麻醉。作为鼻、喉、口腔等黏膜表面麻醉，可用1%～2%溶液。

表1-2　局部麻醉药的特点及用途

特点	盐酸普鲁卡因	盐酸利多卡因	盐酸丁卡因
组织渗透性	差	好	中等
作用显效时间	中等	快	慢
作用维持时间	短	中等	长
毒　性	低	中等	较高
用途	多用于浸润麻醉，也可用于传导麻醉、脊髓麻醉，较少用于表面麻醉	宜作传导麻醉，也作浸润麻醉、脊髓麻醉和表面麻醉	最多用于表面麻醉，不宜作浸润麻醉

（二）局部麻醉的方法

1. 表面麻醉

将药液滴、涂或喷洒于黏膜表面，让药液透过黏膜，使黏膜下感觉神经末梢感觉消失。一般选用穿透力较强的局部麻醉药，如1%～2%盐酸丁卡因（常用于眼部手术）、2%盐酸利多卡因（常用于猫气管插管前的咽喉表面麻醉）等。该方法广泛用于眼、鼻、口腔、阴道黏膜的麻醉。

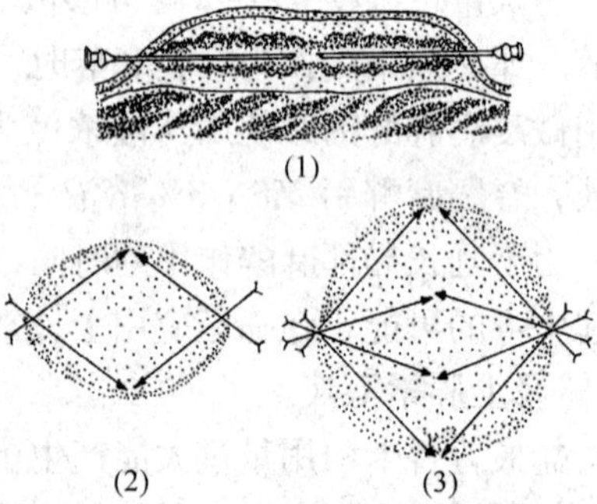

图1-13　浅表浸润麻醉
（1）直线浸润　（2）菱形浸润　（3）扇形浸润

2. 浸润麻醉

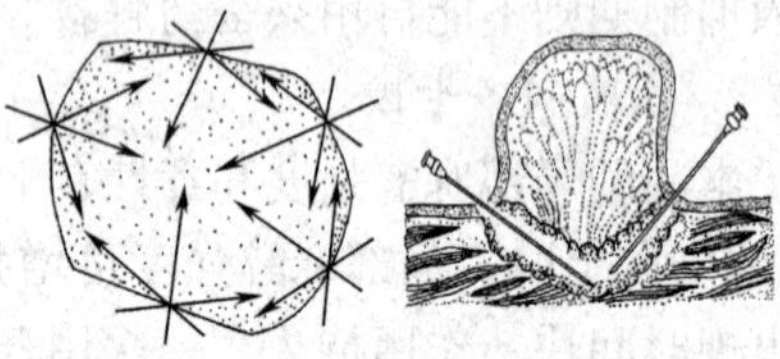

图1-14　多角形与基部浸润麻醉

沿手术切口线皮下注射或深部分层注射麻醉药，阻滞神经末梢，称为局部浸润麻醉。常用麻醉剂为0.25%～1%盐酸普鲁卡因溶液。为了防止将麻醉药直接注入血管中产生毒性反应，应该在每次注药前回抽注射器。一般是先将针头插至所需深度，然后边抽退针头，边注入药液。有时在一个刺入点可向相反方向注射两次药液。局部浸润麻醉的方式有多种，如直线浸润、菱形浸润、扇形浸润、基部浸润、分层浸润和锥形浸润等，可根据手术需要选用（各种浸润麻醉示意图见图1-13、图1-14及图1-15）。为了保证深层组织麻醉作用完全，也为了减少单位时间内组织中麻醉药液的过多积聚和吸收，可采用逐层浸润麻醉法。即用低浓度（0.25%）和较大量的麻醉药液浸润一层随即切开一层的方法将组织逐层切开。由于这种麻醉药液浓度很小，部分药液随切口流出或在手术过程中被纱布吸走，故使用较大剂量药液也不易引起中毒。

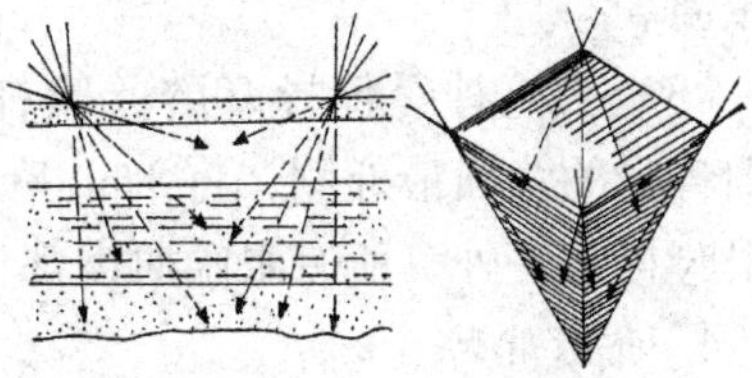

图1－15 分层及锥形浸润麻醉

此外，为了减少药物吸收的毒副作用、延长麻醉时间，常在药物中加入适量0.1%的盐酸肾上腺素。

3. 传导麻醉

将药液注入神经干周围，使该神经干所支配的区域产生麻醉作用，又称神经干阻滞麻醉。其优点是用药量少、麻醉的范围广。常用2%～3%盐酸普鲁卡因或1%～2%盐酸利多卡因溶液，可用于睑神经、臂神经丛等的传导麻醉。

（1）犬眶下神经传导麻醉　犬的眶下神经支配同侧所有上齿。进针部位有两种。

一是在眶下神经进入眶下管的入口（上颌孔）处，即翼突与腭的凹陷地方。一般犬在眼外角的下方大约2.5cm，在颧骨前方和下颚冠状突后方之间，用5cm长的20号针，对准凹陷处，慢慢刺入，一直到穿过颧骨线为止，然后将针指向上门齿，在3～3.5cm深处会遇到上颌孔。注射2%盐酸普鲁卡因2mL，同侧上齿被麻醉。另外，也可从最后臼齿的后方，用3～4cm长的针进行该神经的传导麻醉。

二是通过眶下孔进入眶下管。翻起犬上唇，在背侧到臼齿1/3处，通过触摸其边沿找到眶下孔。该处正好在唇黏膜折为齿龈的地方，对齿龈常规处理后，将针刺入眶下管内1～2cm，并注射2%盐酸普鲁卡因1～2mL，同侧的门齿、犬齿和1～2臼齿感觉即变迟钝。

（2）犬下颌神经传导麻醉

①下颌管：下颌管在下颌骨角突的前面，可摸到凹陷。用3cm长的22号针，在下颌的腹侧缘，垂直刺入，其深度1～2cm。在此处注射2%盐酸普鲁卡因溶液2mL，则同侧下颌的牙齿均被麻醉。

②颏孔：共有前、中、后3个颏孔，常以中颏孔作为注射点，该孔位于下颌第二前臼齿前面的基部，约在下颌骨背侧与腹侧缘的中间，其孔口用手触摸不到，必须用针尖进行探诊，将针刺入该孔内少许，注射2%盐酸普鲁卡因溶液1mL，则门齿、犬齿和1～2臼齿都受到麻醉。

犬的3个颏孔在形态方面有许多变化。另外，两侧下颌间有吻合情况，因此，在给药之后，所有门齿都处于麻醉状态。而给药的同侧其他部位，不发生麻醉作用。

（3）犬睑神经传导麻醉　睑神经是耳睑神经的分支，又是面神经的分支。在颧骨弓的背面最外侧，将 1mL 麻醉剂注射到皮下 1cm 深处即可达到麻醉。除了眼睑提肌之外，所有眼睑肌肉都将呈现麻醉。

4. 脊髓麻醉

将局部麻醉药注射到椎管内，阻滞脊神经的传导，使其所支配的区域无痛，称为脊髓麻醉。脊髓麻醉分为硬膜外腔麻醉和蛛网膜下腔麻醉两种。

（1）硬膜外腔麻醉　即将局部麻醉药注入硬膜外腔。本法可用于腹后部、尿道直肠或后肢的手术及断趾、断尾等，尤其适用于剖腹产。麻醉部位是最后腰椎与荐椎之间的正中凹陷处，大型犬的断尾可在第一至第二尾椎间实施。选择髂骨突起连线和最后腰椎棘突的交叉点，局部剪毛、消毒，皮肤先小范围麻醉。用 4～5cm 长的注射针在交叉点上慢慢刺入，在皮下 2～4cm 深度刺透弓间韧带时，有“扑哧”的感觉。若无此感觉，则是刺到骨上，可拔出针，改变方向重新刺入。如有脊髓液从针头流出，是刺入蛛网膜下腔所致，把针稍稍拔出至不流出脊髓液的深度即可，注入局部麻醉药，2% 盐酸普鲁卡因，0.5mL/kg 体重，用于骨折的整复；0.25mL/kg 体重，用于尾部、阴道、肛门的手术。

（2）蛛网膜下腔麻醉　即将局部麻醉药注入蛛网膜下腔，麻醉脊髓背根和腹根的麻醉方法。腰椎穿刺点位于腰荐结合最凹陷处。腰椎穿刺时，针头经过的层次分别为皮肤、皮下组织、棘上韧带、棘间韧带和黄韧带时会出现第一个阻力减退感觉。继续缓慢推进针头，待针头穿过硬脊膜和蛛网膜时，可出现穿刺过程中的第二个阻力减退感觉。拔下针栓，即见有脑脊液从针孔中流出。当判定穿刺正确后，接以吸有 2% 盐酸普鲁卡因的注射器，缓慢注入 5～10mL，然后再回吸脑脊液，若能畅通抽出，针头可一起拔下。经 3～10min，便可进行腹部、会阴、四肢及尾部所有手术。

（3）脊髓麻醉的注意事项　要注意注射药液的温度和注射速度。一次快速注入大量冷药液可引起呼吸紧迫、角弓反张或猝倒等严重反应。注入大量药液时要保持动物前高后低的体位，防止药液向前扩散，阻滞胸段的交感神经，使血管扩张，血压下降；或阻滞胸部神经引起呼吸困难或窒息。此外，还应该注意到侧卧保定的动物，其下侧的麻醉效果往往较上侧为好。

脊髓麻醉，尤其是蛛网膜下腔麻醉，要求严密消毒，否则有可能引起脑脊髓的感染。进针操作要谨慎，防止损伤脊髓，导致尾麻痹或截瘫等后遗症。

二、全身麻醉

全身麻醉是指用药物使中枢神经系统产生广泛的抑制，暂时使动物机体的意识感觉、反射活动和肌肉张力减弱和完全消失，但仍保持延髓生命中枢的功能，主要用于外科手术。

（一）全身麻醉的分期

全身麻醉药通常开始先抑制大脑皮层功能，随着剂量增大，逐渐抑制间脑、中脑、桥脑和脊髓，最后可抑制延髓。随着不同部位的中枢神经系统的抑制，会有一定的体征表现，根据这些表现可分成数个时期，借以判断麻醉的深度。

1. 第Ⅰ期（朦胧期或随意运动期）

此期是由麻醉开始至意识完全丧失而转入第Ⅱ期。此时主要是大脑皮层的功能逐渐被抑制。动物焦躁或静卧，对疼痛刺激反应减弱但反应仍然存在。瞳孔开始放大，各种反射灵活，站立的动物则平衡失调。

2. 第Ⅱ期（兴奋期或不随意运动期）

此期是由意识完全丧失至深而规则的自动呼吸开始时止。此时大脑皮层功能完全受抑制，皮层下中枢释放，动物反射功能亢进，出现不由自主运动，肌肉紧张性增加，血压升高，脉搏加快，瞳孔散大，呼吸不规则，眼球出现震颤。在猫科动物常分泌大量唾液，猫、狗可能出现呕吐。此时如果不受外界干扰，动物仍可安静度过，如受到外来刺激或过早进行手术，可出现强力挣扎、四肢划动、排粪尿等明显兴奋现象。

3. 第Ⅲ期（外科麻醉期）

此期是深而规则的呼吸开始至呼吸停止前阶段。外科手术主要在此期的前、中阶段进行。本期按其麻醉深度又分为4级。

（1）Ⅲ/1（Ⅲ期1级） 痛觉开始消失，但麻醉仍较浅，因而骨膜、腹膜及皮肤等3种敏感的组织仍略有感觉。此时动物呼吸规则，瞳孔开始缩小（如以阿托品作为术前用药则例外），眼睑、角膜及肛门反射仍然存在，眼球颤动缓慢。

（2）Ⅲ/2（Ⅲ期2级） 眼睑反射由迟钝至消失，角膜反射略呈迟钝，眼球颤动停止，瞳孔继续缩小，呼吸深而规则，肌肉出现松弛。

（3）Ⅲ/3（Ⅲ期3级） 角膜反射由迟钝渐趋消失，肋间肌开始麻痹（浅而略慢带痉挛性的胸式呼吸），瞳孔由于睫状肌的麻痹而逐渐放大。此时麻醉已深，血压开始下降，脉搏快而弱，肌肉完全松弛，第三眼睑脱出。

（4）Ⅲ/4（Ⅲ期4级） 是本期麻醉最深的一级，实际上已是麻醉过量，进入危险边缘。因此，在临床上不应达到这一深度。此时动物因呼吸中枢麻痹，呼吸浅且无规则，带有痉挛性并渐趋停止，血压下降，脉搏快而弱。括约肌松弛，有时尿失禁（尤其雌性动物）。瞳孔放大，对光反射渐消失。可视黏膜发绀，创口血液瘀黑。进入此级，应立即停止麻醉，并采取急救措施。

4. 第Ⅳ期（延髓麻痹期）

进入此期，麻醉已严重过度，故临床上严禁出现此期。此时呼吸终于停止，瞳孔全部放大，心脏因缺氧而逐渐停止跳动，脉搏和全部反射完全消失，必须立即抢救，否则死亡瞬即来临。

全身麻醉的分期完全是人为的，其区分的指征又受到诸如年龄、体质、品种以及个体的差异等因素影响。因此，我们判断麻醉的深度很难根据某一指征做出结论。比较合理的做法应该是综合呼吸、循环、反射、肌肉张力、眼部变化等，前后加以对比，并考虑其他因素的影响来判断麻醉的深度。

（二）全身麻醉前给药

1. 麻醉前给药的作用

（1）使动物安静，以消除麻醉诱导时的恐惧和挣扎。

（2）手术前镇痛。

（3）作为局部或区域麻醉的补充，以限制自主活动。

（4）减少全麻药的用量，从而减少麻醉的副作用，提高麻醉的安全性。

（5）使麻醉苏醒过程平稳。

2. 常用的麻醉前用药

（1）安定　肌肉注射给药45min后，静脉注射5min后，产生安静、催眠和肌松作用。犬、猫0.66～1.1mL/（kg·bw）。

（2）乙酰丙嗪　犬1～3mg/（kg·bw），猫1～2mg/（kg·bw）。

（3）吗啡　本品对犬、兔效果较好，犬2mg/（kg·bw），皮下或肌肉注射；兔和啮齿类3～5mg/（kg·bw）。

（4）阿托品　犬0.5～5mg，猫1mg，皮下或肌肉注射。

（三）全身麻醉的方法

根据麻醉药物种类和麻醉目的，给药途径有吸入、注射（皮下、肌肉、静脉、腹腔内）、口服、直肠内注入等多种。全身麻醉时，单用一种麻醉药效果不理想，应采用两种以上药物合并麻醉。常用全身麻醉方法有以下几种。

1. 吸入麻醉

用挥发性较强的液态麻醉药剂（如乙醚、氟烷、安氟醚、异氟醚等）或气体麻醉剂（如氧化亚氮、环丙烷等）通过呼吸道以蒸气或气体状态吸入肺内，经微血管进入血液以产生麻醉的方法，称为吸入麻醉。如果利用气管插管直接将麻醉气体送入气管，称为气管内麻醉。吸入麻醉的优点是较容易和迅速地控制麻醉深度和较快的终止麻醉，但缺点是操作较复杂，而且往往需要专用的麻醉装置。

（1）常用吸入麻醉药

①乙醚：为无色透明液体，有特殊气味，易挥发（沸点35℃），较空气重2.6倍。其蒸气易燃，甚至可能爆炸。在光和空气作用下乙醚可产生有毒的乙醛及过氧化物，故乙醚应装入有色瓶内，在阴凉处避光储存。可用于啮齿类动物麻醉。

②氟烷：无色透明，有水果样香味，无刺激性，易被动物吸入，不易燃易爆。该药麻醉性能强，诱导和苏醒均快，对呼吸道黏膜无刺激性，对肝肾功能无损害，是兽医临床最常用的吸入麻醉药。该药因麻醉性能强，对心肺有抑制作用，故在麻醉中应严格控制麻醉深度。为减少麻醉用药量，吸入麻醉前，需要麻

醉前用药和麻醉诱导（多用25%硫贲妥钠溶液）。临床上常与氧化亚氮或其他非吸入性麻醉药合并使用。

③安氟醚：无色、透明，具有乙醚样气味。麻醉性能强（麻醉浓度：犬、猫分别为2.2%和1.2%），但比氟烷、异氟醚弱。诱导和苏醒均迅速。

④异氟醚：有轻度刺激性气味。麻醉性能强，其麻醉浓度犬、猫分别为1.28%、1.63%。血压下降与氟烷、安氟醚相同，不过心率增加，心输出量和心搏动减少低于氟烷。对心肌抑制作用较其他氟类吸入麻醉药轻，不引起心律失常。本药对呼吸抑制明显，苏醒均比其他氟类吸入麻醉药快，更易控制麻醉深度。异氟醚在体内代谢很少，故对肝、肾影响更小。

（2）吸入麻醉需要的材料与设备　气管插管、套囊、牙垫、喉镜、麻醉机装置。

（3）插管方法　插管前应进行麻醉前给药（阿托品、镇静、镇痛药等）和诱导麻醉（静脉注射硫贲妥钠）。

①明视插管：犬正常的头部位置为口腔轴与气管轴呈90°，将犬嘴上举可使两轴的角度趋近180°，这时，把喉头下压，舌稍向前拉，易将插管插入气管。犬气管内插管时，主要取胸卧位，如操作者熟练，也可取侧卧位或仰卧位。在助手帮助下，头仰起，头颈伸直，打开口腔，操作者一手拉出舌头，另一手持喉镜柄，并将喉镜叶片伸入口腔压住舌基部和会厌软骨，暴露声门。选择适宜的气管插管，在其末端涂润滑剂后，沿喉镜弧缘插入喉部，并经声门裂，将其插入气管。气管插管以插至胸腔入口处为宜。其插管后端套入牙垫或用纱布绷带固定在上颌或下颌犬齿后方，以防滑脱。如咽喉部敏感妨碍插管，可用2%盐酸利多卡因溶液或追加硫贲妥钠，再插入。轻压胸侧壁，如气流从气管插管喷出，或触摸颈部仅一个硬质索状物，提示插管通过，调整挥发器挡位，控制麻醉深度。

②气管切开插管：如上、下颌骨折、口腔手术，不能经口腔气管插管时，可做气管切开插管。其优点是减少呼吸阻力，又能较顺利地排除气管内分泌物。

2. 非吸入麻醉

非吸入全身麻醉优点是操作简便、不需要特殊的麻醉装置、不出现兴奋期，也不严格要求掌握麻醉的深度等。但麻醉的缺点是不易灵活掌握用药剂量、麻醉深度和麻醉时间。

非吸入麻醉剂的输入途径：静脉内注射、皮下注射、肌肉注射、腹腔内注射、口服以及直肠灌注等。

（1）常用的非吸入麻醉药

①非巴比妥类非吸入性麻醉药：

a. 隆朋：商品名叫麻保静。其化学名称为2，6－二甲苯胺噻嗪。白色结晶体，易溶于氯仿、乙醚、苯，难溶于石油醚和水。临床上常以其盐酸盐配成2%～10%水溶液供肌肉注射、皮下注射或静脉注射用。它具有中枢性镇静、镇痛和肌松作用。隆朋的安全范围较大，毒性低，无蓄积作用。可以作为麻前给药，再施以吸入麻醉。

本品用药后通常出现心跳和呼吸次数减少，静脉注射时常出现短暂的血压升高，静脉注射后出现一过性房室传导阻滞，随即下降至较正常稍低的水平。为了预防房室传导阻滞的出现，可于用药前注射适量阿托品。隆朋作用出现的时间，一般肌肉注射后在10~15min，静脉注射在3~5min。通常镇静可维持1~2h，而镇痛作用的延续则为15~30min。

b. 氯胺酮：注射后对大脑中枢的丘脑－新皮质系统产生抑制，故镇痛作用较强，但对中枢的某些部位则产生兴奋。注射后虽然有镇静作用，但受惊扰仍能醒觉并表现有意识的反应，这种特殊的麻醉状态称为“分离麻醉”。本品根据使用剂量大小的不同，可产生镇静、催眠、麻醉作用，在临床用于犬、猫及多种野生动物的化学保定、基础麻醉和全身麻醉药。

由于氯胺酮对循环系统具有兴奋作用，可使心率增快38%，心排量增加74%，血压引高26%，中心静脉压升高66%，外周阻力降低26%，因此，静脉注射时速度要缓慢。本品对呼吸只有轻微抑制，对肝、肾功能未见不良影响，对唾液分泌有增强现象，事先注入少量阿托品可加以抑制。

c. 噻胺酮注射液（复方氯胺酮注射液）：是一个复合型的药物，其有效成分包括氯胺酮、隆朋，还有苯乙哌酯（类阿托品样药）。肌肉注射，给药后动物进入麻醉状态时比较稳定，由站立而自行倒卧，无明显的兴奋期，在麻醉期间体温下降，肌松良好，对呼吸有一定的抑制作用，应用剂量较大时对循环系统也有影响。本药的恢复期较长，且有复睡现象。噻胺酮给药方便，安全剂量的范围较宽，起效迅速，诱导和恢复都平稳，连续给药不蓄积，无耐受。

②巴比妥类麻醉药：

a. 硫贲妥钠：淡黄色粉末，味苦，有洋葱样气味，易潮解，在水中的溶解度尚好。但水溶液很不稳定，呈强碱性，pH 约为10。硫贲妥钠静脉注射的麻醉诱导和麻醉持续时间以及苏醒时间均较短，一次用药后的持续时间可以从2~3min 到25~30min 不等。这与剂量和注射速度密切相关。麻醉的深度与注射速度有关系，注射越快麻醉越深，维持时间越短。在静脉注射时，应将全量的1/2~2/3 在30s 内迅速注入，然后停注30~60s，并进行观察。如果体征显示麻醉的深度不够，再将剩余量在1min 左右的时间里注入，同时边注入边观察动物的麻醉体征，尤应注意呼吸的变化，一经达到所需麻醉程度即停止给药。以硫贲妥钠作为维持麻醉，可在动物有觉醒表现时，如呼吸加快、体动，再追加给药，在追加时也应密切注意观察动物麻醉体征的变化，达到所需麻醉的深度时应及时停止用药。

b. 戊巴比妥钠：白色的粉末（或结晶颗粒），易溶于水，无臭。本品易透过胎盘影响胎儿，甚至会造成胎儿死亡，故在妊娠动物或行剖腹产手术时不能用本品做麻醉。

作为麻醉剂量会对呼吸有明显的抑制现象，同时也影响循环系统，减少心排量。故在静注戊巴比妥钠时速度宜慢。当动物进入浅麻醉之后应稍暂停注射，并仔细观察呼吸和循环的变化，然后再决定是否继续给药。临床给犬静脉注射戊巴比妥钠进行麻醉时，在苏醒阶段不可静脉注射葡萄糖溶液（因有些病例需要术后输液），因为有的犬在给静脉注射糖后又重新进入麻醉状态，即所谓“葡萄糖反应”，有的甚至造成休克死亡。本药的麻醉平均持续时间在30min，犬为1～2h，猫的持续时间较长，可达72h，故应慎重。为了减少用量和减轻其副作用（苏醒期兴奋），可以在给本药之前注射氯丙嗪以强化麻醉。

c. 异戊巴比妥钠：白色结晶粉末，味苦，无异臭，易溶于水。进入体内的本品在肝脏中被氧化，然后经过肾脏从尿中排出，也有不经代谢以原形由尿中排出。主要用作镇静和基础麻醉。本品还可以用作鱼的麻醉剂，1%～2%溶液做腹腔注射，其剂量为30mg/（kg·bw）。

d. 环己丙烯硫巴比妥钠：淡黄色粉末或结晶，易溶于水，水溶液呈碱性，比较稳定。其临床作用和作用持续时间与硫贲妥钠相似。为短时作用型的巴比妥类药物，具有催眠和麻醉作用，对呼吸的抑制较硫贲妥钠轻。出现作用快，维持时间也短。动物被麻醉后，呼吸变慢变深而均匀，同时伴有良好的肌松作用。比戊巴比妥钠的麻醉效应快，苏醒也快（可伴有轻度兴奋）。用本品麻醉时，麻醉前应给予阿托品，以减少唾液腺体的分泌。

e. 硫戊巴比妥钠：淡黄色结晶，易溶于水，呈黄色透明液体，具有硫或大蒜样气味。本品属于超短时作用型的巴比妥类药物，用作短时间的静脉麻醉，它是硫代巴比妥类的同系物。其作用类似于硫贲妥钠，使用剂量稍低于硫贲妥钠。快速静脉注射显著抑制呼吸，但对心脏的影响则较轻，蓄积作用也较小。常用剂量时对肝、肾的影响不大，静脉注射给药30s可产生麻醉效应，根据用量的不同，可维持10～30min，常用4%溶液给宠物做静脉麻醉之用。

（2）犬的非吸入全身麻醉

①吗啡：吗啡对犬是比较好的麻醉剂。麻醉前应给予阿托品0.03～0.05mg/（kg·bw），皮下注射。20min后皮下注射吗啡，剂量1mg/（kg·bw），给药之后经过15～30min逐渐进入麻醉状态，可持续1～3h不等。给药后犬会表现不安，继而行动蹒跚迟钝，并有流涎、呕吐及排便、排尿等兴奋现象。然后对外界的反应淡漠，卧地不起，沉睡并进入麻醉状态，痛觉和知觉消失，而听觉的抑制稍差。

②硫贲妥钠：静脉给药25mg/（kg·bw），通常将硫贲妥钠稀释成2.5%的溶液，按体重折算总药量。先将1/2或是2/3以较快的速度静脉注射，大约为1mL/s。在注射过程中动物很快呈现肌松无力，眼睑反射减弱，呼吸均匀平稳，瞳孔缩小。剩余量需较慢给药，并密切注意观察动物在麻醉后的临床表现，当达

到所需要的深度时，应停止给药。如果静脉注射给药过快，或是剂量偏大，会严重抑制呼吸，甚至会使呼吸停止。有时为了延长麻醉的时间，常把静脉注射针留置在静脉内，当动物有所觉醒、骚动或有叫声时，再从静脉适量推入，用这种反复多次给药的方式，则可以延长所需的麻醉时间，能更好地配合完成手术。

③氯胺酮：用药前注射阿托品，防止流涎。注射阿托品后15min，肌肉注射氯胺酮10～15mg/（kg·bw），5min后产生药效，一般可有30min的麻醉持续时间，适当地增加用量也可相应延长麻醉持续时间。但是如果给药过多，可能出现全身性强直痉挛，如不能自动消失，可静注1～2mg/（kg·bw）的安定。临床上又常常将氯胺酮与其他神经安定药混用以改善麻醉状况。

（3）猫的非吸入全身麻醉

①氯胺酮：肌肉注射10～30mg/（kg·bw），麻醉持续30min左右。表现瞳孔扩大，肌松不全，流涎，运动失调而后倒卧，意识丧失，无痛。有的猫可能出现痉挛症状，若较长时间不缓解，可静脉注射戊巴比妥钠对抗。若要制止流涎，可在麻醉前皮下注射阿托品，剂量为0.03～0.05mg/（kg·bw）。此药在注射部位有刺激性疼痛。可以复合其他药物应用。

②巴比妥类：用量25 mg/（kg·bw），由静脉注射给药。必要时可以追加用药，一般追加量为第一次用药量的1/3。可以维持60min。有明显的抑制呼吸作用，对患有心、肺、肝、肾疾病的猫慎用。

③噻胺酮（复方氯胺酮）：猫对噻胺酮有较好的耐受性，一般临床用量为3～5 mg/（kg·bw），肌肉注射。给药后3～5min产生药效，可持续50～60min，个别猫恢复期较长。本品对猫比较平稳、安全、可靠。

④速眠新：剂量为0.1mg/（kg·bw），肌肉注射给药。个别猫需要加大剂量达0.2～0.3 mg/（kg·bw），并且表现进入麻醉延时，苏醒期也较长，但麻醉期间的肌松和镇痛效果均好。

（四）神经安定镇痛

为了减轻某些麻醉药物对机体的不良影响，尽量减少对中枢神经系统的过度抑制，在临床实践中逐步形成了神经安定镇痛的应用技术，它适用于某些不能接受深麻醉的动物，特别是原有心肺功能不全或肝肾功能差的动物。这种方法是将神经安定药和镇痛药合并应用，药量小，镇痛、镇静的效果均好，意识和反射所受的抑制比较轻，有时会使动物处于一种精神淡漠的清醒状态，但可以经受手术。

1. 速眠新注射液（846合剂）

主要成分是盐酸二氢埃托啡复合保定宁和氟哌腚醇，有良好的镇静、镇痛和肌松作用。其使用剂量：犬0.1～0.15 mL/（kg·bw），猫、兔0.2～0.3 mL/（kg·bw），鼠0.5～1 mL/（kg·bw）。注意本品与氯胺酮、巴比妥类药物有明显的协同作用，复合应用时要特别注意。对动物的心血管和呼吸系统有一定的抑制作用（阿托品、东莨菪碱有缓解作用），特效的解救药为苏醒灵4号，以1:（0.5～1）（容量比）由静脉注射给药，可以很快逆转846合剂的作用。

2. 舒泰

使用舒泰麻醉动物，被麻醉的动物呈熟睡状态，肌肉松弛作用好，止痛效果强，苏醒快。舒泰不抑制呼吸，不引起癫痫，但是会暂时引起动物体温降低。虽然舒泰对肝、肾无毒性，但是喉头、面部、咽部反射依然存在。

首先按照0.1 mg/（kg·bw）的剂量皮下注射阿托品，15 min后注射舒泰。犬用舒泰的使用剂量见表1－3。

表1－3　犬用舒泰的使用剂量

临床要求	肌肉注射量/（mg/kg）	静脉注射量/（mg/kg）	追加剂量/[mg/（kg·bw）]
镇静	7～10	2～5	－
小手术（小于30min）	4	－	－
小手术（大于30min）	7	－	－
大手术（健康犬）	5（麻前给药）	－	5
大手术（老龄犬）	－	2.5（麻前给药），5	2.5
气管插管（诱导麻醉）	－	2	－

临床上猫使用舒泰时，首先按照0.05 mg/（kg·bw）的剂量皮下注射阿托品，15 min后肌肉注射舒泰。猫的临床体检、疾病诊断、制动时的舒泰剂量是5 mg/（kg·bw）肌肉注射，小手术（绝育手术）的剂量是7～10 mg/（kg·bw）肌肉注射，追加剂量是2～5 mg/（kg·bw）肌肉注射；大手术（矫形于术等）的剂量是10～15 mg/（kg·bw）肌肉注射，追加剂量是5～7 mg/（kg·bw）肌肉注射。

在使用舒泰前12h宠物禁食，使用舒泰时注意宠物的体温，可使用眼药水避免眼睛干燥。舒泰不与吩噻嗪类麻前镇静药一起应用，因为容易使体温过低，抑制心功能；也不与氯霉素合用，因为其使舒泰的排出延迟。使用舒泰后30～120min内宠物苏醒，苏醒后宠物的肌肉协调性恢复快。舒泰可用于患癫痫病的宠物、糖尿病患畜和心脏功能不佳的宠物的麻醉。

（五）全身麻醉的监护与抢救

1. 手术宠物的监护

麻醉监护的目的是及早发觉机体生理平衡异常，以便能及时治疗。麻醉监护是借助人的感官和特定监护仪器观察、检查、记录器官的功能改变。由于麻醉监护是治疗的基础，因而麻醉监护需按系统进行，其结果才可靠。

（1）麻醉深度　麻醉深度取决于手术引起的疼痛刺激。应通过眼睑反射、眼球位置和咬肌紧张度来判断麻醉深度。呼吸频率和血压的变化也是重要的表现。如出现动物的跟球不再偏转而是处于中间的位置，且凝视不动，又瞳孔放大，对光反射微弱，甚至消失，乃是高深度抑制的表现，表示麻醉已过深。

（2）呼吸　几乎所有的麻醉药均抑制呼吸，因而必须确保呼吸的正常功能。其前提是充足的每分钟通气量。首先应注意观察呼吸的通畅度。吸入麻醉时，麻醉机的呼吸通路、气管内插管或是吸入面罩会影响呼吸的通畅度。若是呼吸道通畅度不好，甚至发生不同程度的阻塞时，则动物会表现呼吸困难，胸廓的呼吸动作加强，鼻孔的开张度加大，甚至黏膜发绀。

（3）循环系统　对血液循环系统的监控，主要是应用无创伤方法如摸脉搏、确定毛细血管再充盈时间和心脏听诊。有条件者，可应用心电图仪监护。

摸脉搏可从心率、节律及动脉充盈状况评价心脏效率。可在后肢的股动脉或麻醉下的舌动脉摸脉搏。

指压齿龈黏膜，观察毛细血管再充盈时间。犬毛细血管再充盈时间应不超过1～2s。当休克或明显脱水时，毛细血管再充盈时间则明显推迟。

心区的听诊应注意心跳的频率、心音的强弱（收缩力），判断有无异常变化。测量血压判断心搏情况。

（4）全身状态　对动物全身状态的观察，应注意神志的变化、对痛觉的反应以及其他一些反射，如眼睑反射、角膜反射、眼球位置等。动物处于休克状态时，神志反应很淡漠，甚至昏迷。

（5）体温变化　由于麻醉使动物的基础代谢下降，一般都会使体温下降，一般下降1～2℃或3～4℃不等。但动物的应激反应强烈或对某些药物的不适应（氟烷）可以发生高热现象。体温的测定以直肠内测量为好。

2. 抢救

抢救即心肺复苏是指当突然发生心跳呼吸停止时，对其迅速采取的一切有效抢救措施。心肺复苏能否成功，取决于是否快速有效地实施急救措施。

（1）基本检查　在开始实施急救措施前，应对动物做一快速基本检查，如呼吸、脉搏、可视黏膜颜色、毛细血管再充盈时间、意识、眼睑反射、角膜反射、瞳孔大小、瞳孔对光反射等，以便评价动物的状况。主要是评价呼吸功能和血液循环功能。

（2）心肺复苏技术　心肺复苏分为3个不同阶段：基础生命支持、继续生命支持和成功复苏后的后期复苏处理。通常这样的基本计划就足以急救成功，即呼吸道畅通、人工通气、建立人工循环、药物治疗。

①呼吸道畅通：首先必须检查呼吸道，并使呼吸道畅通。清除口咽部的异物、呕吐物、分泌物等。为使呼吸通畅和通气充分，必须做一气管内插管。如无法进行气管内插管，则需尽快做气管切开术。

②人工通气：在气管内插管之前，可作嘴-鼻人工呼吸。只有气管内插管可确保吹入气体不进入食道而进入肺中。气管内插管后，可方便地做嘴气管插管人工呼吸。尽可能地使用100%氧气做人工呼吸，频率为8～10次/min。每分钟呼

吸量约为150mg/（kg·bw）。每5次胸外心脏挤压，应做1次人工呼吸。

③建立人工循环：为不损害动物，只有在无脉搏时，才可进行心脏按压。仅在心跳停止的最初1min内，可施行一次性心前区叩击做心肺复苏。如心脏起搏无效，则应立即进行胸外心脏按压。动物尽可能右侧卧，在胸外壁第四到第六肋骨间进行胸外心脏按压，按压频率60～100次/min。可通过外周摸脉检查心脏按压的效果。心脏按压有效的标志是外周动脉处可感到搏动、紫绀消失、散大的瞳孔开始缩小，甚至出现自主呼吸。如在胸腔或腹腔手术期间出现心跳停止，则可采用胸内心脏按压。

④药物治疗：在心肺复苏期间，应一直静脉给药，勿皮下或肌肉注射给药。如果无静脉通道，肾上腺素、阿托品等药物也可经气管内施药。不应盲目做心脏内注射给药，这是心肺复苏时的最后一条给药途径。心肺复苏时所用药物见表1－4。

表1－4　心肺复苏时所用药物

适应证	治疗措施
心跳停止	肾上腺素，0.005～0.01mg/（kg·bw）静脉注射或气管内给药
补充血容量	全血40～60mL/（kg·bw）静脉注射
期外收缩、心室纤颤、心动过速	盐酸利多卡因，1～2mg/（kg·bw）静脉注射或气管内给药
心动缓慢、低血压	阿托品，0.05mg/（kg·bw）静脉注射或气管内给药
代谢性酸中毒	碳酸氢钠，1mmol/（kg·bw）静脉注射

⑤后期复苏处理：后期复苏处理包括进一步支持脑、循环和呼吸功能，防止肾功能衰竭，纠正水、电解质及酸碱平衡紊乱，防治脑水肿、脑缺氧，防治感染等。如果动物的状况允许，应尽快做胸部X线摄影，以排除急救过程中所发生的气胸、肋骨骨折等损伤。通过输液使血容量、血比容、血清电解质和pH恢复正常。犬的平均动脉血压应达到约12kPa（90mmHg），做好体温监控。

（3）预后　心肺复苏能否成功主要取决于时间。生命指征的消失并非没有异常征兆，因此可通过仔细的监控，在出现呼吸、心跳停止之前，及早识别异常征兆，及早实施心肺复苏。除了心肺复苏技术外，心肺复苏的成功率还取决于动物的疾病。心肺复苏成功后，应做好重症监控，防止复发。

三、麻醉的意义

（1）简化保定方法，节省保定人力。

（2）便于手术的操作，例如麻醉可减免腹腔手术时的内脏膨出，使肌肉松弛便于缝合，术部的安定便于某些细微的手术操作等。

（3）为无菌手术操作创造有利条件（因动物骚动时易造成污染）。

（4）避免手术的不良刺激，防止外伤性休克。

（5）在手术过程中避免人和动物的意外损伤，保证手术的安全顺利进行。

【知识链接】

1. 外科一次性无菌用品的应用

无菌的一次性物品使用方便，且安全可靠，因而得到广泛和快速的发展。现用于外科的一次性无菌物品除注射器、输液管外，还有帽子、口罩、手术衣、手术敷料、粘贴手术膜、不粘敷贴（也称手术创口垫）、缝合线、吸引器头和连管、药碗和导尿管等。这些物品的使用，无疑可减少无菌物品的准备工作，既方便又安全可靠，在一定程度上促进了外科无菌技术的发展。

2. 麻醉危险分类

参照美国麻醉师协会（简称 ASA）的分类，兽医麻醉风险分为以下 5 类（表 1 –5）。

表 1 –5　　兽医麻醉风险分类

分类	体况	年龄	举例
ASA Ⅰ	无器官损伤	6 周至 5 岁	去势术，结扎术等
ASA Ⅱ	轻度器官损伤	3 ~6 周，5 ~8 岁	年幼、年长、肥胖、骨折无休克、轻度糖尿病等
ASA Ⅲ	患严重系统疾病	3d 至 3 周，8 ~10 岁	贫血、厌食、中度脱水、轻度心脏病、中度发烧等
ASA Ⅳ	活动受限，生命危险	3d 以下、10 岁以上	严重脱水、休克、贫血、尿中毒、中毒症高烧、中度心脏病等。
ASA Ⅴ	濒死期，难于耐过	24h	持久性心、肺、肝、肾或内分泌性疾病，中度休克、颅部大损伤、严重外伤、肺栓塞等

3. 椎管局部解剖

脊柱由很多椎骨连接而成，各个椎骨的椎孔贯连构成椎管，脊髓位于椎管之中。在两个椎骨连接处的两侧各有一孔称椎间孔，为脊神经通出的地方。脊髓外被 3 层膜包裹，外层为脊硬膜，厚而坚韧；中层为脊蛛网膜，薄而透明；内层为脊软膜，有丰富的血管。在脊硬膜与椎管的骨膜之间有一较宽的间隙称为硬膜外腔，内含疏松结缔组织、静脉和大量脂肪，两侧脊神经即在此经过，向腔内注入麻醉药液，可阻滞若干对脊神经；脊硬膜与脊蛛网膜之间有一狭窄的腔，称为硬膜下腔，此腔往往紧贴一处故不能作脊髓麻醉之用；脊蛛网膜与脊软膜之间形成一较大腔隙，称为蛛网膜下腔，内含脑脊髓液，向前与脑蛛网膜下腔相通，麻醉药注入此腔可向前、后阻滞若干对在此经过的脊神经根。脊髓横断面模式图见图1-16。

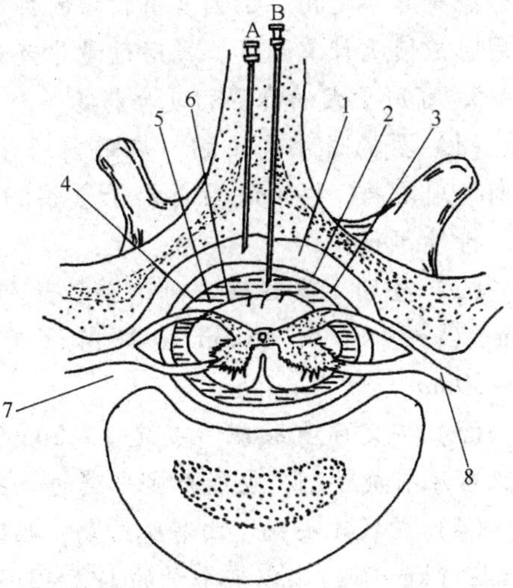

图1-16 脊髓横断面模式图

1—硬膜外腔 2—脊硬膜 3—硬膜下腔 4—脊蛛网膜 5—蛛网膜下腔 6—脊软膜 7—椎间孔 8—脊神经 A—硬膜外腔麻醉 B—蛛网膜下腔麻醉

4. 巴比妥类药物简介

1927年前后，已有人使用巴比妥类药物，严格来讲，这类药物属于催眠药物。这类药物很多都是巴比妥酸（丙酰脲）的衍生物，而巴比妥酸本身并无该类药物的作用。巴比妥类药物口服、直肠给药都容易吸收。其钠盐的溶解度好，可作为注射剂使用，其注射剂做肌肉注射给药吸收也很好。吸收后进入身体内的药物分布在所有的组织和体液中，且容易通过胎盘屏障影响胎儿。巴比妥类药物的作用，是阻碍兴奋冲动传至大脑皮层，从而对中枢神经系统起到抑制作用。药物进入脑组织的速度与该药物本身脂溶性的高低有密切关系。脂溶性比较低的，如苯巴比妥钠进入脑组织的速度甚慢，甚至静脉给药也需经过10多分钟才能呈现中枢的抑制作用。而脂溶性高者如硫贲妥钠极易透过血-脑屏障，发生作用轻快，静脉注射后30s就产生作用。但是很快又从脑中和血液中移向骨骼肌，最后又多进入脂肪，从而脑中的浓度又会很快下降。所以一次给药作用持续的时间很短，仅仅十几分钟。巴比妥是一大类常用的麻醉药。在催眠剂量下很少影响呼吸系统，但在麻醉剂量下则明显抑制呼吸中枢，过量时常可导致呼吸麻痹而死亡，必须充分给予注意，使用时应小心。麻醉剂量下也会抑制循环系统，导致血压降低。催眠剂量下很少影响基础代谢，而在麻醉剂量下则可抑制基础代谢，使体温降低。

巴比妥类的药物在体内由肝细胞微粒体的药物代谢酶氧化失效，其氧化物可以呈游离状态排泄（经肾）或是与硫酸基结合后由尿中排泄。有的可以以原形由肾脏排泄。排泄较慢的药物在使用时应注意防止蓄积中毒，如苯巴比妥钠。临床所用巴比妥类药物根据其作用时限不同，可以分成四大类别，即长时、中时、短时和超短时作用型4种。长时及中时作用型的巴比妥类药物多作为镇静、催眠或抗痉挛药用。而作为临床麻醉剂使用的则多属于短时或超短时作用型的。在兽医临床上与神经安定药或其他麻醉药协同用作复合麻醉的有硫贲妥钠、硫戊巴比妥钠和戊巴比妥钠等。短时和超短时作用型的巴比妥类药物可以少量多次给药，作为维持麻醉之用。但因其有较强的抑制呼吸中枢和抑制心肌的作用，故在临床应用时应慎重计算用量，严防过量导致动物死亡。

5. 可用于犬的麻醉的复合药物

（1）氯丙嗪+氯胺酮　麻醉前给予阿托品，以氯丙嗪3～4mg/（kg·bw）肌肉注射给药，15 min后再给予氯胺酮5～9mg/（kg·bw）肌肉注射，麻醉平稳，持续30min。

（2）隆朋+氯胺酮　麻醉前给予阿托品，先肌肉注射隆朋（麻保静）1～2mg/（kg·bw），15min后肌肉注射氯胺酮5～15mg/（kg·bw），持续20～30min。

（3）安定+氯胺酮　安定1～2mg/（kg·bw）肌肉注射，之后约经15min再肌肉注射氯胺酮，也能产生平稳的全身麻醉。

（4）戊巴比妥钠　由静脉给药，临时配制成5%葡萄糖水溶液，剂量为25～30mg/（kg·bw）。以安全量的1/2～2/3快速由静脉给药，动物不会表现出明显的兴奋而进入麻醉状态。随后则应减慢给药，在注射给药的同时，注意观察动物的反应，直到达到预定麻醉的深度为止。当动物进入较深的麻醉时表现出肌肉松弛，腹肌也松弛，开口时无抵抗力，眼睑反射消失。瞳孔缩小，对光反射变弱，脉搏强而稍快，呼吸变慢而均匀。麻醉持续时间与给药的剂量有关，一般能持续40～60min，恢复期较长，需要数小时，术后应给予保护，注意有复睡现象。

（5）安定镇痛类药物麻醉　对犬用安定镇痛的效果是肯定的，如速眠新、保定1号、保定2号等都有满意的效果。此外，兽医临床有不少人使用噻胺酮做犬的全身麻醉，效果也好。

6. 可用于猫的麻醉的复合药物

（1）隆朋+氯胺酮　麻醉前给予阿托品，这对猫很重要，15min后首先肌肉注射隆朋1～2 mg/（kg·bw），再经5min，肌肉注射氯胺酮5～15 mg/(kg·bw)。给予不同的剂量可使麻醉期长短不一。有报道以隆朋2.2 mg/（kg·bw）和氯胺酮4.4 mg/（kg·bw）的比例给猫做麻醉。

（2）氯丙嗪+氯胺酮　首先以盐酸氯丙嗪肌肉注射给药，剂量为1mg/（kg·bw），15min后再肌肉注射氯胺酮15～20mg/（kg·bw）。

7. 全身麻醉时可视黏膜的观察

可视黏膜的颜色可提供有关患畜的氧气供应和外周循环功能情况。这可通过齿龈以及舌部的黏膜颜色来判断。动脉血的氧饱和度降低表现为黏膜发绀。借助这种方法可粗略地判断缺氧的程度，因为观察可视黏膜的颜色受周围环境光线的颜色与亮度的影响。此外，当血红蛋白降低至5g/dl时也可出现黏膜发绀。但在贫血动物因氧饱和度极低，则不会明显见到黏膜发绀。观察可视黏膜的颜色为最基本的监护，应在手术期间定期进行。

8. 血压的监测

血压是心脏功能的一个重要指标，但在宠物测量血压有一定的困难，在犬可以测量后肢的股动脉。当然用动脉穿刺导入压力传感器的方法也可以精确测知血压，但会造成损伤，操作方法也烦琐，还需要一定特殊设备，在临床上比较少用。对外周循环的观察，可注意结膜和口色的变化以及毛细血管再充盈时间。在手术中，如果发现脉搏增数，心音如奔马音，结膜苍白，血管的充盈度很差，是休克的表现，多由于手术中出血过多，循环的体液和血容量不足，或是由于脱水等原因造成。而由于麻醉的过量过深，反射性血压下降，多表现心搏无力，心动过缓。心电图的监测可以了解生理活动的状态、心律的变化、传导状况的变化等。

【情境小结】

宠物外科手术是一门实践性较强的科学，所以正确的学习应该是使理论与实践紧密结合，在理论的指导下去实践，才有可能不断提高外科手术技术和综合判断能力。只有这样，对临床上遇到的问题才会做出较为可靠的判断，并能提出合理的手术方案。

宠物外科手术的学习应注意基本功的训练。所谓基本功是指对手术基本操作的熟练程度和对手术技巧的精通程度。这两个基本功都需以外科素养（无菌素养、对待组织的素养、对待器械的素养）作为前提。无菌素养是指外科医生在平时要养成良好的卫生习惯，在手术中自觉遵守无菌操作规程。器械是外科工作者的“武器”，对待器械的素养是指正确使用与保养外科器械，防止滥用手术器械的不良习惯。对待组织的素养是指养成爱护组织的习惯，反对轻率地、粗暴地、不正确地对待组织，使组织遭受不应有的损害，影响创口愈合和功能的恢复。为此应培养良好的无菌素养和团队精神，加强操作技术的锻炼，为做好宠物外科手术打下良好基础。

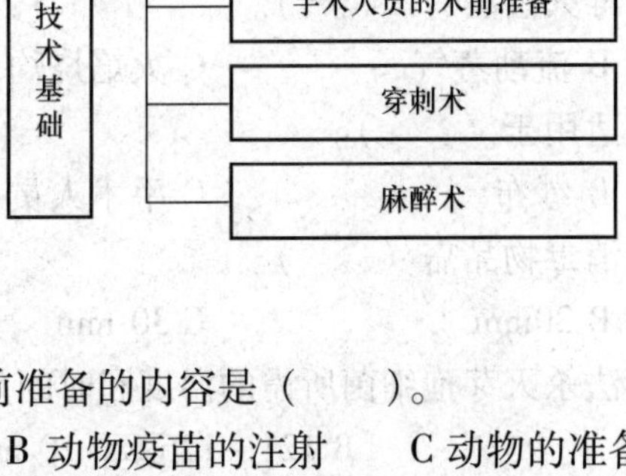

【情境测试】

1. 下列不属于术前准备的内容是（　）。

A 术者的准备　B 动物疫苗的注射　C 动物的准备　D 器械的准备

2. 刷手及清洗手术用品等属于外科无菌术的（　　）。

A 化学灭菌法　B 机械除菌法　C 物理灭菌法　D 以上都是

3. 有关无菌术包括的内容，下列哪项是正确的？（　）

A 无菌术　B 消毒法　C 无菌操作规则　D 以上都是

4. 下列不属于消毒法的是（　）。

A 甲醛蒸熏　B 紫外线照射　C 酒精浸泡　D 苯扎溴铵溶液浸泡

5. 下列属于化学灭菌法的是（　）。

A 清洗器械　B 常规消毒　C 紫外线照射　D 火烧灭菌

6. 新洁尔灭在用于器械和手臂的消毒时，常使用的浓度为（　）。

A 0.01%　B 0.1%　C 1%　D 2%

7. 甲醛作为熏蒸消毒的使用浓度为（　）。

A 10%　B 20%　C 40%　D 60%

8. 煮沸灭菌，杀死芽孢需要（　）。

A 10min 以上　B 20min 以上　C 30min 以上　D 60min

9. 下述消毒不能达到灭菌的是（　）。

A 高压蒸汽消毒敷料 30min，718.2kPa

B 在水中加碳酸氢钠为 2% 碱性溶液，煮沸 100℃10min

C 注射器用压力锅消毒 10min

D 新洁尔灭溶液浸泡刀片 10min

10. 下列不可用于高压灭菌的物品有（　）。

A 玻璃制品　B 搪瓷类　C 敷料　D 手术刀片

11. 下列关于高压蒸汽灭菌，说法错误的是（　）。

A 灭菌的原理是利用蒸汽在容器内聚集而产生压力，压力最高，温度也随之最高

B 高压蒸汽灭菌条件为：压力 0.1 ~ 0.137MPa，温度 121 ~ 126℃，时间 30min

C 只能够杀死一般细菌，不能完全杀死芽孢

D 能够杀死包括细菌芽孢在内的一切细菌

12. 常用的高温消毒灭菌法有（　）。

A 煮沸　B 流动蒸气　C 火焰烧灼　D 高压蒸饭锅

13. 高压蒸气灭菌适用于（　）。

A 刀、剪　B 纱布　C 手术人员手臂　D 缝针、丝绒

14. 用甲醛熏蒸法消毒物品需（　）。

A 10min　B 20min　C 30 min　D 60 min

15. 高压蒸气灭菌法杀灭芽孢细菌所需的温度和时间是（　）。

A 130℃，30 min　B 121 ~ 126℃，10 min

C 121 ~ 126℃，30min　D 100 - 121℃，30min

16. 下述无菌操作规则，不正确的是（　　）。
A 手术者的上肢前臂一旦触及有菌物后，应更换手套
B 手套有破口时，应即更换
C 无菌手术单湿透时，应加盖干无菌单
D 不能越过头部或术者背后传递无菌器械物品
17. 在手术无菌操作规则中，下列叙述错误的是（　　）。
A 皮肤切开或缝合之前，需用 70% 酒精再涂擦皮肤一次
B 切开空腔脏器前，要先用无菌纱布垫保护周围组织
C 术中手套破损或接触到有菌部位应更换无菌手套
D 手术人员一经洗手及穿衣和戴手套后，肩部以上及前胸可认为是无菌部位
18. 刀片、剪刀、缝针的消毒宜采用（　　）。
A 高压蒸汽灭菌　　B 煮沸　　C 火焰　　D 0.1% 新洁尔灭液浸泡
19. 金属手术器械最常用的灭菌方法是（　　）。
A 煮沸灭菌法　　B 高压蒸汽灭菌法
C 火焰烧灼灭菌法　　D 化学药品浸泡法
20. 关于手术器械和物品的化学药物浸泡消毒，下列说法错误的是（　　）。
A 化学药品消毒的能力受到药物的浓度、温度、环境、作用时间等因素的影响
B 手术器械在浸泡消毒前，应将沾染的污物进行清洗，尤其是器械表面覆盖的油脂
C 手术器械和物品经化学药品浸泡消毒后，不需用灭菌的生理盐水冲洗，可直接使用
D 此种方法不需特殊设备，使用方便，尤其适用于不宜用热力灭菌的器械和物品
21. 下列关于手术器械和物品灭菌后的保存，说法错误的是（　　）。
A 高压蒸汽灭菌的物品可存放一周，过期后需重新消毒才能使用
B 已打开的消毒物品只限 24h 内存放于手术间使用
C 煮沸消毒和化学药品消毒后的手术器械和物品必须在 12h 内使用，超过 12h 需重新消毒
D 手术器械和物品在灭菌后，应立即使用，不能保存
22. 适用于金属器械、玻璃制品及橡胶类物品消毒的方法是（　　）。
A 高压蒸汽灭菌法　　B 煮沸法　　C 火烧法　　D 化学药液浸泡法
23. 火烧法属于（　　）。
A 灭菌法　　B 消毒法　　C 两者都是　　D 两者都不是
24. 煮沸消毒金属器械时，为了增强杀菌作用和去污防锈，可加入（　　）。
A 氯化钠　　B 硫酸镁　　C 亚硝酸钠　　D 碳酸氢钠

25. 高压蒸汽灭菌手术器械包的灭菌条件为（　　）。
A 压力 40kPa，温度 90℃，时间 5min
B 压力 60kPa，温度 100℃，时间 10min
C 压力 80kPa，温度 105℃，时间 15min
D 压力 105kPa，温度 125℃，时间 30min
26. 锐利器械常用的消毒方法是（　　）。
A 高压蒸气灭菌　　B 煮沸法
C 70% 酒精浸泡 30min　　D 1∶1000 新洁尔灭浸泡 20min
27. 手术器械和敷料的常用灭菌方法是（　　）。
A 乳酸消毒　B 紫外线消毒　C 高压蒸气灭菌　D 甲醛熏蒸法
28. 不能高压蒸气灭菌的物品是（　　）。
A 手术剪　B 搪瓷罐　C 布类敷料　D 橡胶手套
29. 高温消毒灭菌法，效果最可靠的是（　　）。
A 高压蒸汽灭菌法　B 煮沸法　C 流动蒸汽灭菌法　D 烤箱烘烤
30. 手术人员在手术前正确的操作是（　　）。
A 用口罩遮住口唇，鼻外露
B 刷手后冲洗时手指朝下
C 从手指向上刷到平肘关节处
D 感染手术后必须重新刷手才能进行下一台手术
31. 手术室要求不大声讲话是为了（　　）。
A 安静　　B 遵守劳动纪律
C 怕影响医生的手术操作　　D 防止鼻咽部细菌喷出
32. 手术台上器械坠落，正确的处理是（　　）。
A 拾起再用　B 冲洗后再用　C 不能使用　D 可不用计数
33. 写好手术记录是很重要的，因为它是（　　）。
A 病历的组成部分
B 疾病的诊治档案，又是科研资料
C 具有法律文件的作用
D 必须由手术者填写或审查签字
34. 手术区常规消毒属以下哪种消毒法？（　　）
A 化学灭菌法　B 机械除菌法　C 物理灭菌法　D 以上都是
35. 灭菌法是指（　　）。
A 灭菌法就是消毒法
B 应用化学方法灭
C 用物理的方法杀灭一切活的微生物
D 应用紫外线灭菌

36. 预防手术切口感染最重要的措施是（　　）。
A 严格遵守无菌技术　　B 缝合切口前冲洗伤口
C 使用预防性抗生素　　D 纠正贫血和低蛋白血症
37. 应用最普遍、效果最可靠的灭菌方法是（　　）。
A 煮沸法　B 紫外线照射法　C 消毒剂浸泡法　D 高压蒸气灭菌法
38. 术部消毒时碘酊浓度是（　　）。
A 1% 碘酊　B 5% 碘酊　C 10% 碘酊　D 15% 碘酊
39. 动物皮肤的消毒应选用（　　）。
A 汞溴红或新洁尔灭　　B 碘酊和酒精
C 碘酊或新洁尔灭　　D 龙胆紫或碘酊
40. 手术区皮肤消毒常用（　　）。
A 2.5% ~3% 碘酊涂擦，75% 酒精脱碘
B 5% 碘酊涂擦，70% 酒精脱碘
C 1% 新洁尔灭
D 氨水
41. 非感染手术区皮肤消毒涂擦消毒剂的顺序是（　　）。
A 由手术区中心部向四周涂擦　　B 由手术区外周涂向术部中心
C 由手术区的上方涂向下方　　D 由手术区的一侧涂向另一侧
42. 无菌切口的消毒顺序是（　　）。
A 自下而上　B 无一定顺序　C 由切口向四周　D 由四周向切口
43. 手术时，下列铺无菌巾没有遵循原则的是（　　）。
A 除手术野外，至少有两层无菌巾遮盖
B 先铺操作者的对侧，或铺相对不洁区
C 无菌巾铺下后，不可再随便移动
D 如果巾单的位置不准确，只能由外向内移动以作调整
44. 关于肥皂刷手法正确的是（　　）。
A 范围应从手指尖到肘上 5cm
B 冲水时应将手指及肘均朝下
C 浸泡酒精范围应到肘上 3cm
D 范围应从手指尖到肘上 10cm
45. 新洁尔灭泡手最多使用多少次就不能继续使用？（　　）
A 10 次　B 20 次　C 30 次　D 40 次
46. 穿手术衣和戴无菌手套后，必须保持的无菌地带除双上肢外，还需包括（　　）。
A 整个胸、腹、背部　　B 整个颈、胸、腹、背、肩部
C 腰部以上的前胸和后背　　D 腰部以上的前胸和侧胸

47. 手术区的消毒范围，一般要包括手术切口周围（　　）。
A 10cm　　B 12cm　　C 15cm　　D 18cm
48. 连续手术时，关于更换手套及手术衣下列叙述正确的是（　　）。
A 不需更换　　B 先脱手术衣，再脱手套
C 先脱手套，再脱手术衣　　D 无需洗手，另穿手术衣
49. 刷手时，若肥皂带入新洁尔灭溶液中，会导致（　　）。
A 污染　　B 沉淀　　C 杀菌效力下降　　D 变性
50. 手术中如手套破损或接触到有菌区时应（　　）。
A 重新洗手　　B 以碘酊、酒精消毒　　C 终止手术　　D 另换无菌手套
51. 术者手、臂浸泡消毒时，酒精浓度为（　　）。
A 30%　　B 50%　　C 70%　　D 90%
52. 手术人员的无菌准备，下列叙述错误的是（　　）。
A 紧急手术来不及洗手时，可用3%碘酊涂擦双手及前臂，再经70%酒精脱碘，然后戴手套、穿手术衣
B 戴干手套，应先穿好手术衣，后戴手套
C 戴湿手套，应先戴好手套，后穿手术衣
D 连续手术应先脱手套，后脱手术衣
53. 手臂消毒法，可以起到的作用是（　　）。
A 消除和杀灭皮肤表面和深处的细菌
B 仅能消除和杀灭皮肤表面的细菌
C 减少皮肤表面的细菌
D 防止皮脂腺、毛囊里的细菌污染伤口
54. 手术进行中的无菌原则指的是（　　）。
A 手臂不应接触未消毒的物品
B 可以在手术人员背后传递手术用品
C 同侧手术人员调换位置时应背对背
D 切开空腔脏器前应保护周围组织
55. 下列关于手术前的一般准备，不正确的是（　　）。
A 术前应禁食
B 术前12h起禁食，胃肠道以外的手术可不禁食
C 大手术前需充分准备药品和器械备用
D 手术区备皮
56. 下列手术人员无菌技术不正确的是（　　）。
A 帽子必须完全盖住头发
B 先穿无菌手术衣再戴无菌手套
C 肘部触及有菌物后可继续手术，但应注意该处不再接触无菌区

D 戴无菌手套时，已消毒手指不能接触手套背侧部

57. 手术人员手臂刷洗消毒后，手臂应保持的姿势是（　　）。

A 手臂向上高举　B 手臂自然下垂　C 胸前拱手姿势　D 手臂向前伸

58. 下列哪种诊断技术诊断心包积液既安全又准确?（　　）

A 心包穿刺术　B 心脏听诊　C 心电图　D 超声心动图

59. 关于肝外伤中腹腔穿刺术的描述中，下列不恰当的一项是（　　）。

A 闭合性肝损伤出血少，腹腔穿刺灌洗法有效　B 阳性率是50%

C 安全简单的方法　D 灌洗液是澄清的说明腹腔没有出血

60. 早期诊断急性化脓性关节炎最有价值的方法是（　　）。

A 血常规　B 血培养　C X线平片　D 关节穿刺液检查

61. 当宠物诊断为妊娠合并急性阑尾炎，若行阑尾切除术，最佳的麻醉方式是（　　）。

A 全身麻醉　B 局部麻醉　C 腰椎麻醉　D 静脉麻醉

62. 局部麻醉药的脂溶性与其麻醉效能有关，脂溶性越高效能越强，其中脂溶性最低的是（　　）。

A 盐酸丁卡因　B 盐酸普鲁卡因　C 盐酸利多卡因　D 盐酸布比卡因

63. 局部麻醉药的毒性反应有（　　）。

A 尿潴留　B 惊厥　C 支气管痉挛　D 全脊髓麻醉

64. 局部麻醉药如果用量过大或误入血管可引起（　　）。

A 毒性反应　B 发热反应　C 特异性反应　D 过敏反应

65. 下列不属于麻醉方法分类的是（　　）。

A 复合麻醉　B 全身麻醉　C 表面麻醉　D 局部麻醉

66. 下列不属于局部麻醉药物的是（　　）。

A 盐酸丁卡因　B 硫喷妥钠　C 盐酸普鲁卡因　D 盐酸利多卡因

67. 下列属于局部麻醉药的是（　　）。

A 恩氟烷　B 氟烷　C 盐酸利多卡因　D 盐酸氯胺酮

68. 下列不属于局部麻醉方法的是（　　）。

A 表面麻醉　B 局部浸润麻醉　C 吸入麻醉　D 传导麻醉

69. 非吸入性麻醉药又被称为（　　）。

A 局部麻醉药　B 口服麻醉药　C 静脉麻醉药　D 诱导麻醉药

70. 局部麻醉的并发症包括（　　）。

A 晕厥　B 过敏　C 牙关紧闭　D 以上都是

71. 关于局部麻醉，下列说法不正确的是（　　）。

A 局部麻醉是麻醉药暂时阻断某些中枢神经的冲动传导

B 毒性反应常见的原因是一次用量超过病畜的耐量

C 作用部位血供丰富，局部麻醉药内未加肾上腺素也可导致毒性反应

D 过敏反应少见

72. 局部麻醉药物盐酸普鲁卡因中加入肾上腺素的浓度是（　　）。

A 1/200　　B 1/2000　　C 1/20000　　D 1/200000

73. 局部麻醉药物可以暂时性阻断机体一定区域内神经冲动的传导，特别是（　　）。

A 温度觉　　B 触觉　　C 痛觉　　D 压觉

74. 下列不宜用盐酸普鲁卡因的局部麻醉方法是（　　）。

A 表面麻醉　　B 浸润麻醉　　C 传导麻醉　　D 硬膜外麻醉

75. 扇形麻醉属于（　　）。

A 表面麻醉　　B 脊髓麻醉　　C 传导麻醉　　D 浸润麻醉

76. 关于传导麻醉，下列说法正确的是（　　）。

A 将药液滴、涂或喷洒于黏膜表面，让药液透过黏膜，使黏膜下感觉神经末梢感觉消失

B 沿手术切口线皮下注射或深部分层注射麻醉药，阻滞神经末梢

C 将药液注入神经干周围，使该神经干所支配的区域产生麻醉作用

D 将局部麻醉药注入椎管内，阻滞脊神经的传导，使其所支配的区域无痛

77. 预防全身麻醉后误吸最重要的措施是（　　）。

A 术前 12h 禁食，4h 禁水　　B 术前放置胃管

C 选择静脉麻醉　　D 术前用药选择苯巴比妥

78. 下列药物属于全身麻醉药的是（　　）。

A 盐酸普鲁卡因　　B 盐酸利多卡因　　C 盐酸氯胺酮　　D 盐酸丁卡因

79. 吸入性全身麻醉不可缺少的术前用药是（　　）。

A 苯巴比妥钠　　B 安定　　C 阿托品　　D 吗啡

80. 全身麻醉宠物，清醒前最危险的意外及并发症是（　　）。

A 呕吐物窒息　　B 体温过低　　C 意外损伤　　D 引流管脱落

81. 阿托品用于全身麻醉前给药的目的是（　　）。

A 解除内脏平滑肌痉挛　　B 减少呼吸道腺体及唾液腺分泌

C 扩张血管，改善微循环　　D 兴奋中枢神经系统

82. 全身麻醉药作用于（　　）。

A 中枢神经系统　　B 神经干　　C 神经末梢　　D 神经节

83. 下列麻醉方法属于全身麻醉的是（　　）。

A 静脉麻醉　　B 神经节阻滞麻醉

C 蛛网膜下腔阻滞麻醉　　D 硬脊膜外腔阻滞麻醉

84. 关于全身麻醉药，下列叙述错误的是（　　）。

A 抑制中枢神经系统功能　　B 使骨骼肌松弛

C 必须静脉注射给药　　D 使意识、感觉和反射暂时消失

85. 犬采用速眠新注射液麻醉过量中毒，可采用下列哪种药物解救？（　　）
A 吗啡　　B 阿托品　　C 苏醒灵 4 号　　D 肾上腺素
86. 犬采用非吸入麻醉时，使用的药物是（　　）。
A 硫酸镁　　B 静松灵　　C 异氟醚　　D 舒泰

情境二 手术基本操作技术

单元一 常用外科手术器械及其使用

【知识目标】

外科手术器械是施行手术的必须工具。手术器械的种类、式样和名称虽然很多，但其中有一些是各类手术都必须使用的基本器械。通过练习识别每一种外科器械，熟练地掌握这些器械的使用方法，保证手术基本操作的正确性，提高外科手术的成功率。

【技能目标】

能根据手术的目的和手术的局部解剖特点选择正确的外科手术器械。会在手术中运用常用外科手术器械，掌握每一种器械的功能。能按照器械助手的要求保管和传递器械。

【案例导入】

（一）基本资料

品种：藏獒犬，年龄：28月龄，性别：雄性，体重：62kg，免疫情况：免疫。

（二）病史

主诉：自己饲养的种犬，一周基本配种一次。该犬平时无任何异常，今天早晨配完狗后喜欢趴卧，不吃食也不喝水，想吃但吃进去就吐出来。表现肚子疼。

（三）临床检查

患犬临床表现精神苦闷，有疝痛症状，呕吐。腹部触诊无异常变化。但在左侧腹股沟处有一肿胀，触诊肿胀柔软，用力压迫肿胀不消失，疼痛。肿胀皮肤有硬感、红色。

【课前思考题】

根据该婺犬发病时间和临床症状判断可能患什么疾病，通过什么手段才能治疗？手术治疗需要准备哪些常用外科手术器械？这些手术器械怎么使用，有何特点？手术过程中器械的正确传递方法？

一、 基本手术器械及使用方法

常用的基本手术器械有手术刀、手术剪、手术镊、止血钳、持针钳、缝针、巾钳、肠钳、牵开器、有沟探针等。

（一）手术刀

手术刀主要用于切开和分离组织。有固定刀柄和活动刀柄两种，前者目前已少用，活动刀柄由刀柄和刀片两部分构成，手术时根据实际需要，选择长短不同的刀柄及不同大小和形状的刀片（图 2－1）。装刀方法是用止血钳或持针钳夹持刀片，装置于刀柄前端的槽缝内（图 2－2）。

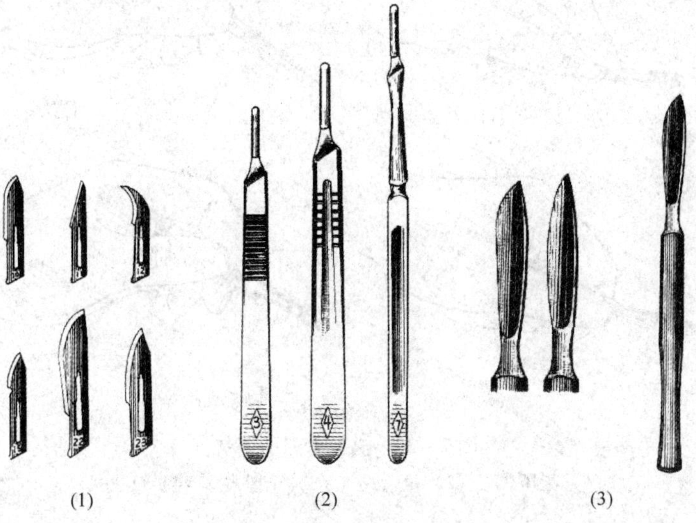

图 2－1　外科手术刀

（1）不同形状的刀片　（2）不同形状的刀柄　（3）固定刀柄型手术刀

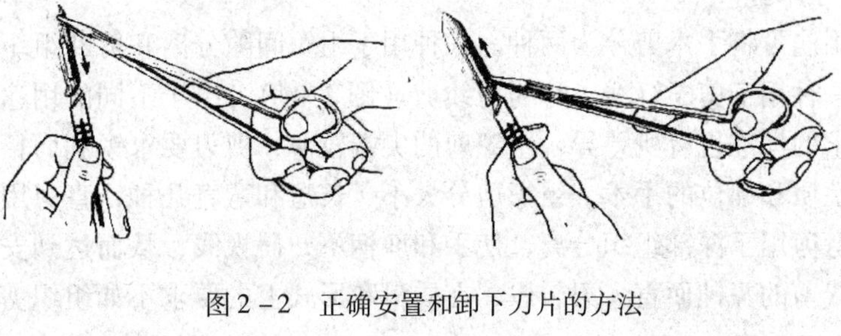

图 2－2　正确安置和卸下刀片的方法

在手术过程中，执刀方法必须正确，动作力量要适当。执刀的姿势和动作的力量根据不同的需要有下列几种（图2－3）。

1. 指压式

常用执刀法。以手指按刀背后1/3处，用腕与手指力量切割。适用于切开皮肤、腹腔及切断钳夹组织。

2. 执笔式

如同执钢笔。动作涉及腕部，力量主要在手指，适用于小力量短距离精细操作，用于切割短小切口，分离血管、神经等。

3. 全握式（抓持式）

力量在手腕。用于切割范围广、用力较大的切开，如切开较长的皮肤切口、筋膜、慢性增生组织等。

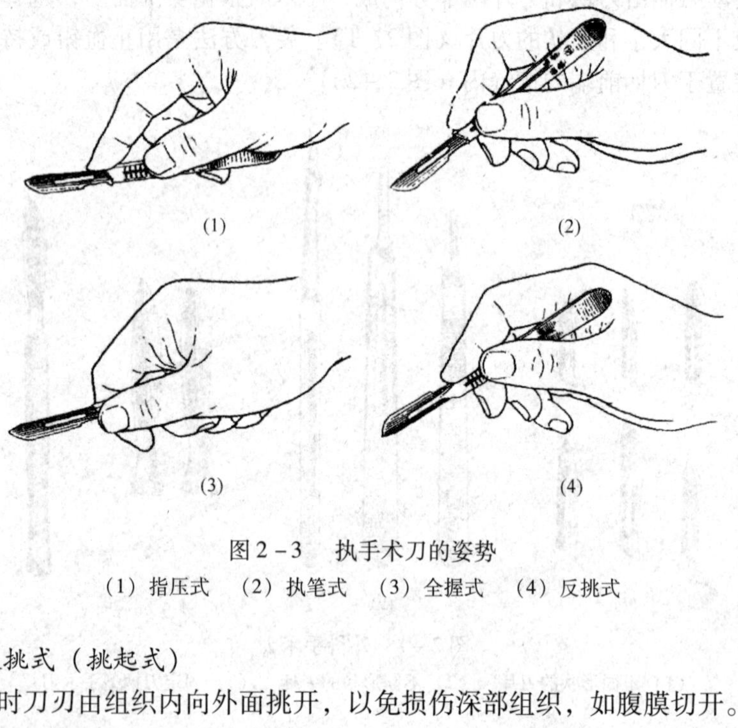

图2－3　执手术刀的姿势

（1）指压式　（2）执笔式　（3）全握式　（4）反挑式

4. 反挑式（挑起式）

使用时刀刃由组织内向外面挑开，以免损伤深部组织，如腹膜切开。

（二）手术剪

依据用途可将手术剪分为两种，一种用于组织间隙分离和剪断组织，称为组织剪；另一种用于剪断缝线，称为剪线剪（图2－4）。出于不同的用途，手术剪结构和要求的标准也有所差异。组织剪的尖端较薄，剪刃要求锐利而精细。为了适应不同性质和部位的手术，组织剪分大小、长短和弯直几种，直剪用于浅部手术操作，弯剪用于深部组织分离，使手和剪柄不妨碍视线，从而达到安全操作之目的。剪线剪的头钝而直，刃较厚，在质量和形式上的要求不如组织剪严格，但也应足够锋利，有时也用于剪断较硬或较厚的组织。

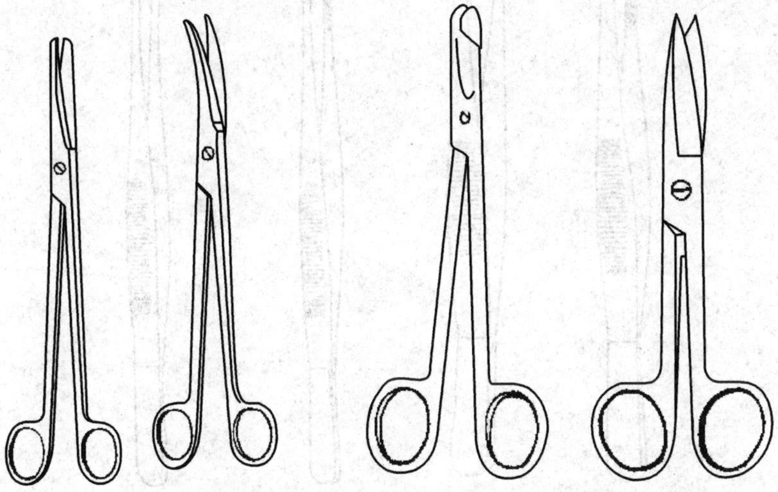

组织剪　　　　　　　　　　　　剪线剪

图2-4　组织剪与剪线剪

正确的执剪法是以拇指和无名指插入剪柄的两环内，但不宜插入过深，食指轻压在剪柄和剪刀交界的关节处，中指放在无名指环的前外方柄上，准确地控制剪的方向和剪开的长度，其他的执剪方法都有缺点，是不正确的（图2-5）。

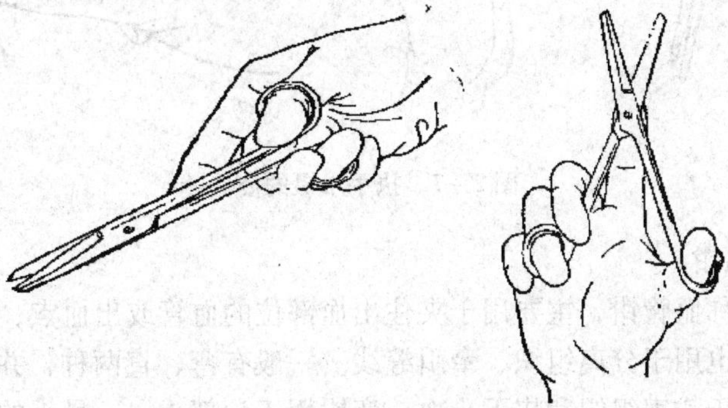

图2-5　执手术剪的正确姿势

（三）手术镊

手术镊用于夹持、稳定或提起组织以利于切开及缝合。镊的尖端分为有齿及无齿（平镊），又有短型与长型，尖头与钝头之别，可按需要选择。有齿镊损伤性大，用于夹持坚硬组织。无齿镊损伤性小，用于夹持脆弱的组织及脏器。精细的尖头平镊对组织损伤较轻，用于血管、神经、黏膜手术。常用的手术镊见图2-6。执镊方法是用拇指对食指和中指夹持镊的中部（图2-7），执夹力量应适中。

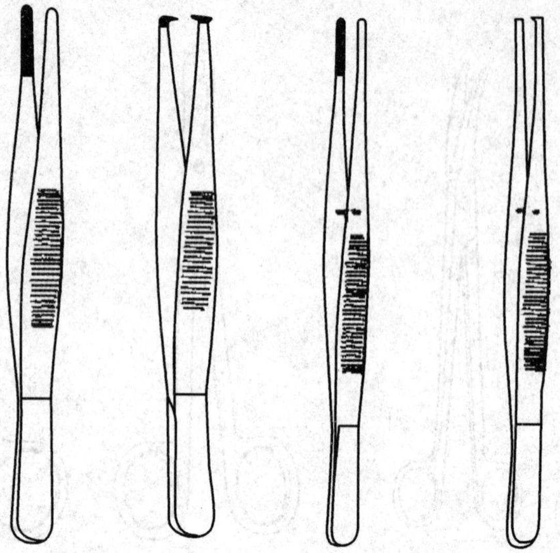

图 2－6　手术镊

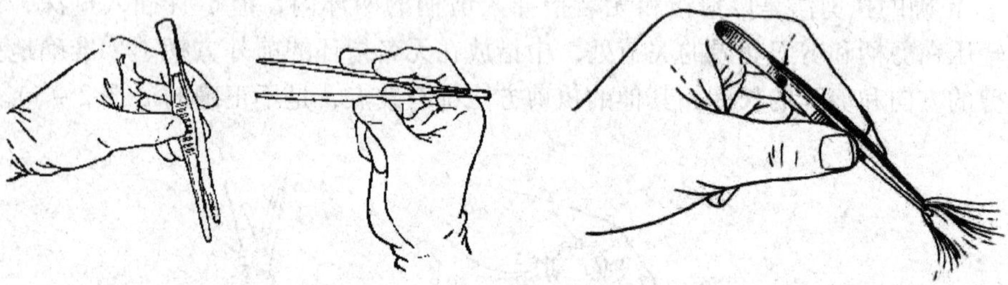

图 2－7　执手术镊的姿势

（四）止血钳

止血钳又称血管钳，主要用于夹住出血部位的血管或出血点，以达到直接钳夹止血，有时也用于分离组织、牵引缝线。一般有弯、直两种，并分大、中、小等型。直钳用于浅表组织和皮下止血，弯钳用于深部止血，最小的蚊式止血钳用于眼科及精细组织的止血。用于血管手术的止血钳，齿槽的齿较细而浅，弹性较好，对组织压榨作用和对血管壁及其内膜的损伤亦轻，称“无损伤血管钳”。止血钳尖端带齿的，称为有齿止血钳，多用于夹持较厚的坚韧组织（图 2－8）。

执拿止血钳的方式与手术剪相同。松钳方法：用右手时，将拇指及第四指插入柄环内捏紧，使扣分开，再将拇指内旋即可；用左手时，拇指及食指持一柄环，第三、四指顶住另一柄环，二者相对用力，即可松开（图 2－9）。

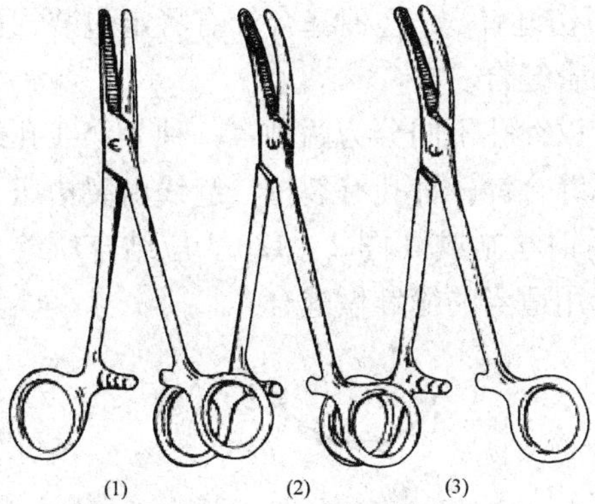

图 2－8 各种类型止血钳

（1）直止血钳 （2）弯止血钳 （3）有齿止血钳

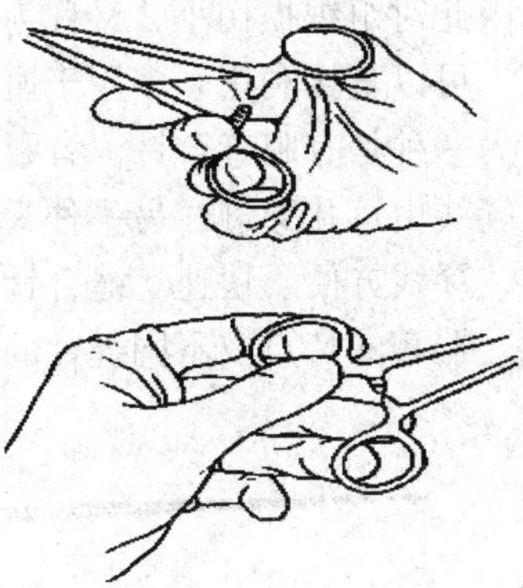

图 2－9 右手及左手松钳法

（五）持针钳

持针钳也称持针器，用于夹持缝针缝合组织，普通有两种形式，即握式持针钳和钳式持针钳（图 2－10），外科临床常使用握式持针钳。使用持针钳夹持缝针时，缝针应夹在靠近持针钳的尖端，若夹在齿槽床中间，则易将针折断。一般应夹在缝针的针尾 1/3 处，缝线应重叠 1/3，以便操作（图 2－11）。

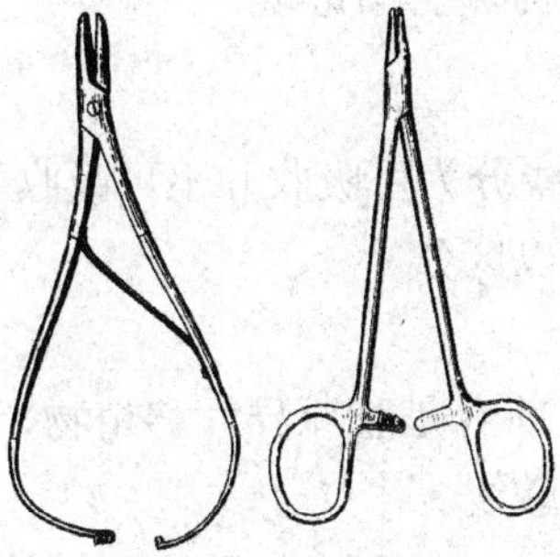

图 2－10 持针钳

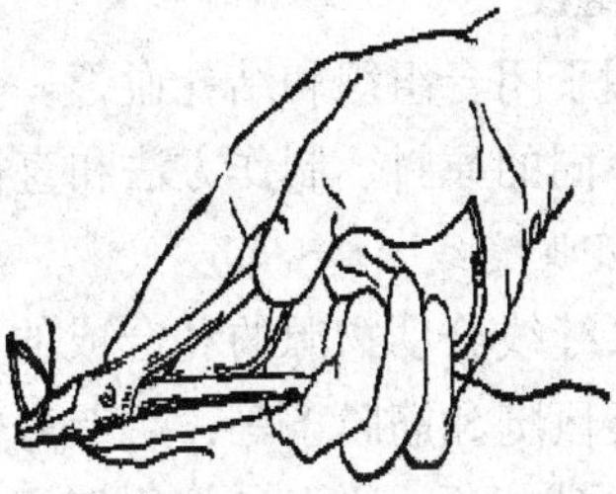

图 2－11 执持针钳法

（六）缝合针

缝合针主要用于闭合组织或贯穿结扎，分为直针、半弯针、弯针、圆针和三棱针等。规格分为直型、1/2 弧型、3/8 弧型和半弯型。缝合针尖端分为圆锥形和三角形。直针较长，需要较大的空间，适用于表面组织的缝合。弯针有一定的弧度，不需太大的空间，适用于深部组织的缝合，需用持针器操作，费时较长。圆针尖端呈圆锥形，尖部细，体部渐粗，穿过组织时可将附近血管或组织纤维推向一旁，损伤较轻，留下的孔道较小，适合大多数软组织如肠壁、血管和神经的缝合。三棱针前半部为三角形，较锋利，用于缝合皮肤、软骨、韧带以及瘢痕较多的坚韧组织，损伤较大。

有的缝线已包在针尾部，针尾较细，仅单股缝线穿过组织，使缝合孔道最小，因此对组织损伤小，又称为“无损伤缝针”。这种缝合针有特定包装，保证无菌，可以直接利用。多用于血管、肠管缝合。

另一种是有眼缝合针，有眼缝合针以针孔不同分为两种：一种为穿线孔缝合针，缝线由针孔穿进；另一种为弹机孔缝合针，针孔有裂槽，缝线由裂槽压入针眼内，穿线方便、快速。缝合针由不锈钢丝制成（图 2－12）。应结合所缝合的组织、器官的特点及不同缝针的特点选用适当的缝针做缝合。

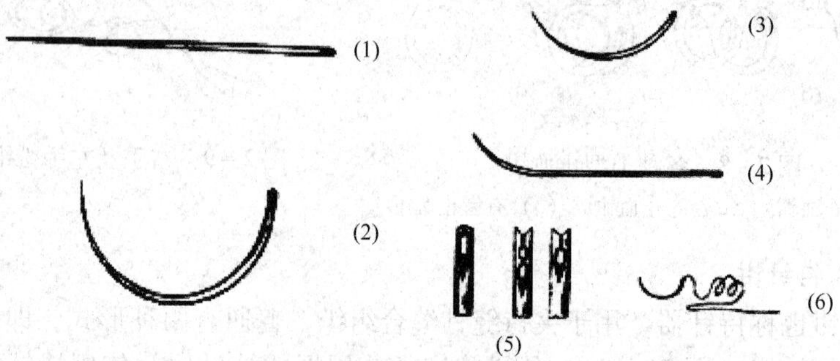

图 2－12　缝合针的种类

（1）直针　（2）1/2 弧型　（3）3/8 弧型　（4）半弯型

（5）无损伤缝针　（6）弹机孔缝合针针尾构造

（七）缝线

缝线用于闭合组织和结扎血管。一般缝线分为可吸收和不可吸收两大类，每类又可按不同的原料、制作方法和直径等加以区分。

1. 可吸收缝线

可吸收缝线分动物源的和合成的两类，前者是胶原异性移植物，包括肠线、胶原线、袋鼠腱和筋膜条等；后者为聚乙醇酸线。

（1）肠线　系由羊的小肠黏膜下层制成，一般是用化学灭菌，储存于无菌玻璃或塑料管内。肠线分普通肠线和铬制肠线两类，主要用于中空器官的缝合，在感染创中使用肠线缝合可减少不可吸收缝线所造成的难以愈合的窦道。

使用肠线应注意下列问题：

①从玻管贮存液内取出的肠线质地较硬，须在温生理盐水中浸泡片刻，待柔软后再用，但浸泡时间不宜过长，以免肠线膨胀、易断、影响质量。

②不可用持针钳、止血钳夹持肠线，也不要将肠线扭折，以防皱裂、易断。

③肠线经浸泡吸水后发生膨胀，较滑，当结扎时结扎处易松脱，所以须用三叠结，剪断后留的线头应较长，以免松脱。

④由于肠线是异体蛋白，在吸收过程中可引起较大的组织炎症反应。采用连续缝合，以免线结太多致使手术后异物性反应显著。

⑤在不影响手术效果的前提下，尽量选用肠线。

（2）聚乙醇酸线　聚乙醇酸线粗细均匀，完全吸收需40~60d以上，不足之处和肠线相同，打结时易滑脱，因此第一次打结时应绕两次，然后再打成三叠结或多叠结，其适应与禁忌与肠线相同。

2. 不吸收缝线

有非金属和金属线两种。非金属线如丝线、棉线、尼龙线等，常用者为丝线。金属线也有多种，最常用者为不锈钢丝，此外尚有铅丝、铜丝，但较少用。

（1）丝线　在外科手术中最常用，它的优点是富有柔韧性，组织反应小，质软不滑，打结方便，来源容易，价格低廉，拉力较好。

（2）棉线　棉线的组织反应较丝线小，价格也较丝线低，便于打结，但拉力远不如丝线。

（3）尼龙线　组织反应小，且可制成很细的线，多用于血管缝合。缺点是线结易松脱，且结扎过紧时易在线结处折断，不宜用于张力较大的深部组织缝合。

（4）金属线　多用不锈钢丝，消毒简便，刺激性小，拉力大，在污染伤口应用可减少感染的发生。缺点是不易打结，并有割断或嵌入组织的可能性，且价格较贵。不锈钢丝一般用于骨的固定，筋膜或肌腱缝合，有时也用于减张缝合。较粗的不锈钢丝用于减张缝合或骨的固定。用于减张缝合时，线间应垫以剖开的橡皮管，以防钢丝割入皮肤，并用扭紧代替打结。

（八）牵开器

牵开器，或称拉钩，用于牵开术部表面组织加强深部组织的显露，以利于手术操作。其根据需要有各种不同的类型，总的可以分为手持牵开器和固定牵开器两种。手持牵开器由牵开片和机柄两部分组成，按手术部位和深度的需要，牵开片有不同的形状、长短和宽窄（图2－13）。

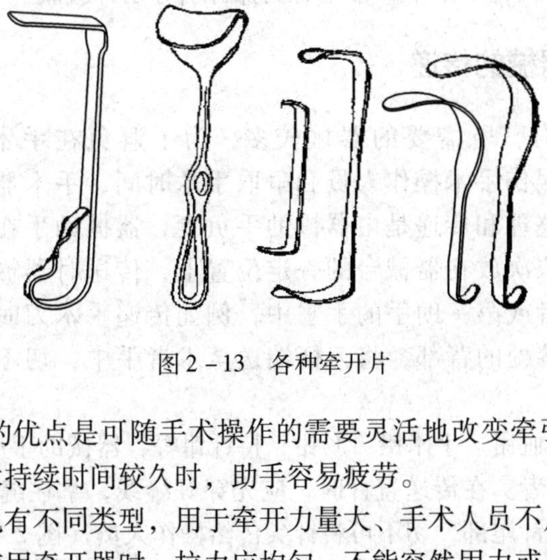

图2－13　各种牵开片

手持牵开器的优点是可随手术操作的需要灵活地改变牵引的部位、方向和力量。缺点是手术持续时间较久时，助手容易疲劳。

固定牵开器也有不同类型，用于牵开力量大、手术人员不足，或显露不需要改变的手术区。使用牵开器时，拉力应均匀，不能突然用力或用力过大，以免损伤组织。必要时用纱布垫将拉钩与组织隔开，以减少不必要的损伤。

（九）巾钳

巾钳用以固定手术巾，有多种样式，普通常用的巾钳如图2－14所示。使用方法是连同手术巾一起夹住皮肤，防止手术巾移动，以及避免手或器械与术部接触。

（十）肠钳

肠钳用于肠管手术，以阻断肠内容物的移动、溢出或肠壁出血。肠钳结构上的特点是齿槽薄、弹性好、对组织损伤小，使用时须外套乳胶管，以减少对组织的损伤（图2－15）。

图2－14　巾钳

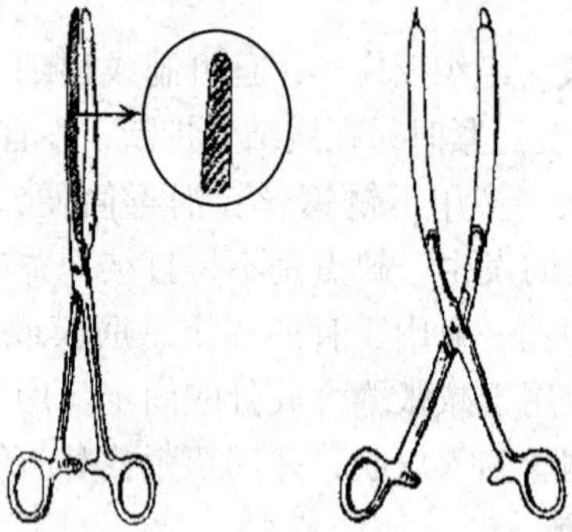

图2－15　肠钳

（十一）探针

探针分普通探针和有沟探针两种，用于探查窦道，借以引导进行窦道及瘘管的切除或切开。在腹腔手术中，常用有沟探针引导切开腹膜。

二、手术器械的传递

在施行手术时，所需要的器械较多，为了避免在手术操作过程中刀、剪、缝针等器械误伤手术操作人员和争取手术时间，手术器械须按一定的方法传递。器械的整理和传递是由器械助手负责，器械助手在手术前应将所用的器械分门别类依次放在器械台的一定位置上，传送时器械助手须将器械的握持部递交到术者或第一助手的手掌中，例如传递手术刀时，器械助手应控住刀柄与刀片衔接处的背部，将刀柄端送至术者手中，切不可将刀刃传递给术者，以免刺伤。

传递剪刀、止血钳、手术镊、肠钳、持针钳等，器械助手应握住钳、剪的中部，将柄端递给术者。在传递直针时，应先穿好缝线，拿住缝针前部送给术者，术者取针时应握住针尾部，切不可将针尖传给操作人员（图2－16）。

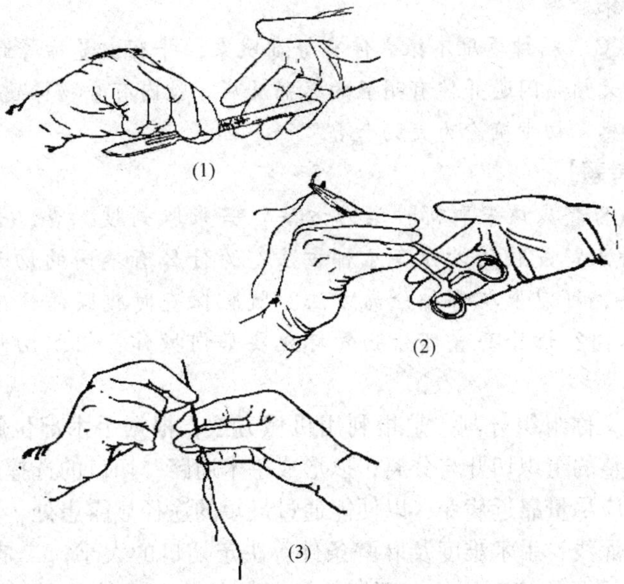

图 2－16　手术器械的传递
（1）手术刀的传递　（2）持针钳的传递　（3）直针的传递

单元二 | 组织切开

【知识目标】

通过学习识别机体的各种组织分离方法及选择的器械，能根据手术部位解剖生理的特点，把原来完整的组织切开与分离，以形成手术通路。掌握组织切开的注意事项。

【技能目标】

能根据手术部位解剖生理的特点，会把原来完整的组织切开与分离，以形成手术通路。能根据局部组织手术的需要会选择器械。掌握组织切开的原则。

【案例导入】

（一）基本资料

品种：北京犬，年龄：2.5 岁，性别：雄性，体重：2.5kg，免疫情况：免疫完全。

（二）病史

主诉：该犬平时活泼好动，每天喂两次食物，三天前突然出现呕吐，按普通的肠胃不适治疗，用胃腹安、爱茂尔、庆大霉素肌肉注射，连用 3d 未能见效。

（三）临床检查

体温39.8℃，精神萎靡不振，伴有努责现象，并有少量稀薄血色粪便排出。腹腔触诊，病犬频频闪避并伴有明显的疼痛反应，腔内有香肠样硬物，硬物两边与肠道有粘连感。初步确诊为犬肠套叠。

【课前思考题】

该犬患肠套叠应该采取哪种治疗方法？若采取剖腹探查，手术部位如何确定，有何特点？皮肤的切开有几种方法？为什么有不同的切开方法？腹部的肌肉有几层，可以采取哪种分离方法？腹腔探查时腹膜的分离与其他组织的分离有何不同？切除套叠部分肠管坏死要如何操作？组织切开应遵循哪些原则？

组织切开又称组织分割，是指利用机械方法，根据手术部位解剖生理的特点，把原来完整的组织切开与分离，以形成手术通路。切口的选择应考虑两个问题，一是切口应尽量靠近病变，以便能通过最短的途径显露患处，并根据动物的体型、病变的深浅、手术难度及麻醉条件等决定切口的大小；二是选择切口时，应注意不损伤重要的解剖结构，不影响该部位的生理功能，不留影响外观的瘢痕，以及需要时便于延伸。

根据组织性质，组织分割分为软组织（皮肤、筋膜、肌肉、腱）分割和硬组织（软骨、骨、角质）分割。软组织的分割又分为锐性分割与钝性分割两种。锐性分割通常称为切开，钝性分割通常称为分离。前者是用手术刀或手术剪作细致的割剪，必须非常熟悉局部解剖并要求在直视下进行，动作要准确和精细，一般用于皮肤、肌肉、筋膜、浆膜、黏膜、腱及厚肌肉组织的分割。后者是用手术刀柄、止血钳、钝头手术剪或手指进行，往往用于粘连或不涉及重要血管、神经，如扁平肌肉、组织间隙、肿瘤摘除、囊肿包膜外疏松结缔组织的剥离。钝性分离的优点是可以预防对神经和血管的意外损伤，避免组织过度开张，减少组织机能的破坏等。在手术过程中，锐性切开和钝性分离常是结合应用的。

一、软组织的切开

（一）皮肤切开法

1. 紧张切开

由于皮肤的活动性比较大，切开时易造成皮肤和皮下组织切口不一致，所以较大的皮肤开口应由术者与助手用手在切口两旁或上、下将皮肤展开固定，或由术者用拇指及食指在切口两旁将皮肤撑紧固定（图2－17），刀刃与皮肤垂直，用力均匀地一次切开所需长度和深度皮肤及皮下组织切口（图2－18），必要时也可补充运刀，但要避免多次切割，重复刀痕，以免切口边缘参差不齐，出现锯齿状的切口，影响创缘对合和愈合。

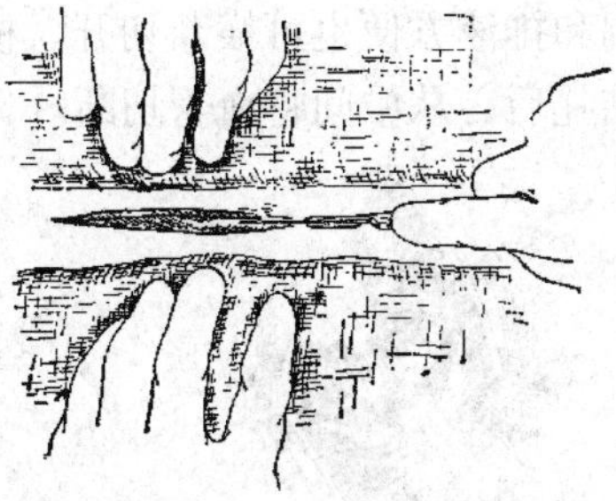

图2－17　皮肤紧张切开法

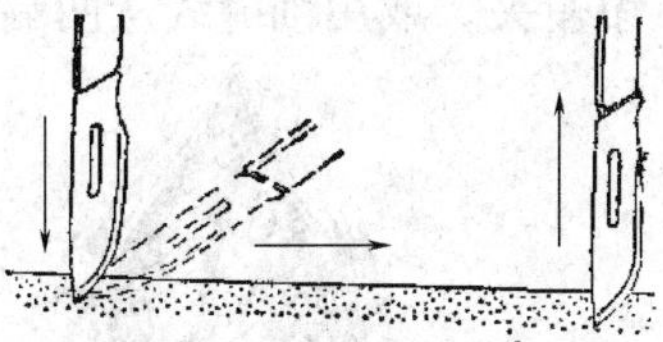

图2－18　运刀方式

2. 皱襞切开

在切口的下面有大血管、大神经、分泌管和重要器官，而皮下组织甚为疏松，为了使皮肤切口位置正确且不误伤其下部组织，术者和助手应在预定切线的两侧，用手指或镊子提拉皮肤呈垂直皱襞，并进行垂直切开（图2－19）。

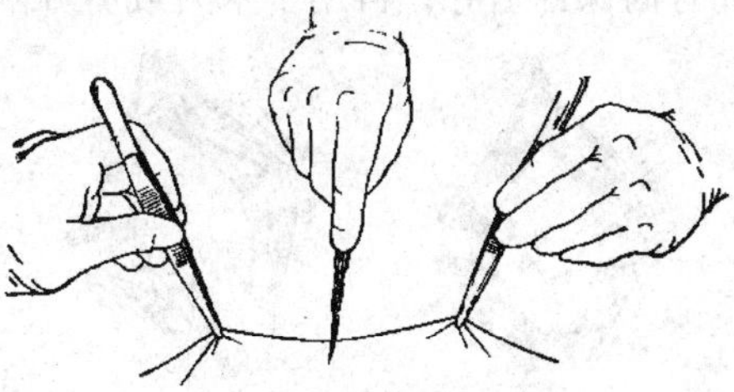

图2－19　皮肤皱襞切开法

在施行手术时，皮肤切开最常用的是直线切口，既方便操作，又利于愈合，但根据手术的具体需要，也可作下列几种形状的切口。

梭形切开：主要用于切除病理组织（如肿瘤、瘘管）和过多的皮肤。

“丁”字形及“十”字形切开：多用于需要将深部组织充分显露和摘除时。

（二）皮下组织及其他组织的切开

1. 皮下疏松结缔组织的切开

皮下结缔组织内分布有许多小血管，故多用钝性分离。方法是先将组织刺破，再用手术刀柄、止血钳或手指进行剥离。

2. 筋膜和腱膜的切开

筋膜和腱膜切开时用刀在其中央作一小切口，然后用弯止血钳在切口上、下将筋膜下组织与筋膜分开，沿分开线剪开筋膜。筋膜的切口应与皮肤切口等长。若筋膜下有神经血管，则用手术镊将筋膜提起，用反挑式执刀法作一小孔，插入有沟探针，沿针沟外向切开。

3. 肌肉的分离与切开

肌肉分离时一般是沿肌纤维方向作钝性分离（图2－20）。方法是顺肌纤维方向用刀柄、止血钳或手指扩大到所需要的长度，但在紧急情况下，或肌肉较厚并含有大量胶质时，为了使手术通路广阔和排液方便也可横断切开。横过切口的血管用止血钳钳夹，或用细缝线从两端结扎后，从中间将血管切断。

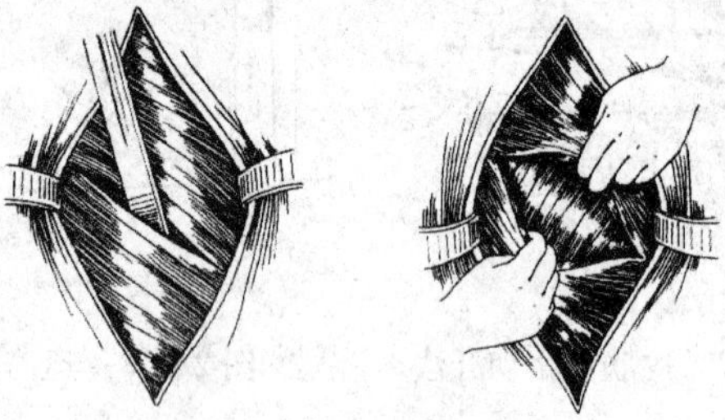

图 2－20　肌肉的钝性分离

4. 腹膜的切开

腹膜切开时，为了避免伤及内脏，可用组织钳或止血钳提起腹膜作一小切口，利用食指和中指或有沟探针引导，再用手术刀或剪分割（图 2－21）。

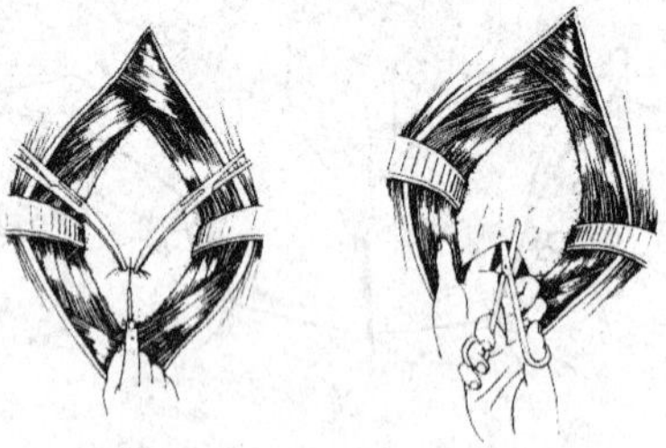

图 2－21　腹膜的切开

5. 肠管的切开

肠管侧壁切开时，一般于肠管纵带上纵行切开，并应避免损伤对侧肠管（图 2－22）。

图 2－22　肠管的侧壁切开

6. 索状组织的分割

索状组织（如精索）的分割除了可应用手术刀（剪）作锐性切割外，还可用刮断、拧断等方法，以减少出血。

7. 良性肿瘤、囊肿及内脏粘连部分的分离

对未机化的粘连可用手指或刀柄直接剥离，对已机化的致密组织，可先用手

术刀切一小口，再进行钝性剥离。剥离时手的主要动作应是前后方向或略施加压力于一侧，使较疏松或粘连最小部分自行分离，然后将手指伸入组织间隙，再逐步深入。在深部非直视下，手指左右大幅度的剥离动作应少用或慎用，除非确认为稀松的纤维蛋白粘连，否则，易导致组织及脏器的严重撕裂或大出血。对某些不易钝性分离的组织，可将钝性分离与锐性分割结合使用，一般是将弯剪伸入组织间隙，用推剪法，即将剪尖微张，轻轻向前推进，进行剥离。

二、 硬组织的分离

骨组织的分离，首先应分离骨膜，然后再分离骨组织。分离骨膜时应尽可能完善地保存健康部分，以利骨组织愈合，因为骨膜内层的成纤维细胞在损伤或病理情况下，可变为骨细胞参与骨的修复过程。

分离骨膜时，先用手术刀切开骨膜（切成“十”字形或“工”字形），然后用骨膜分离器分离骨膜。骨组织的分离一般是用骨剪剪断或骨锯锯断，当锯（剪）断骨组织时，不应损伤骨膜。为了防止骨的断端损伤软组织，应使用骨锉锉平断端锐缘，并清除骨片，以免遗留在手术创内引起不良反应或障碍愈合。

分离骨组织常用的器械有圆锯、线锯、骨钻、骨凿、骨钳、骨剪、骨匙及骨膜剥离器等（图 2－23）。

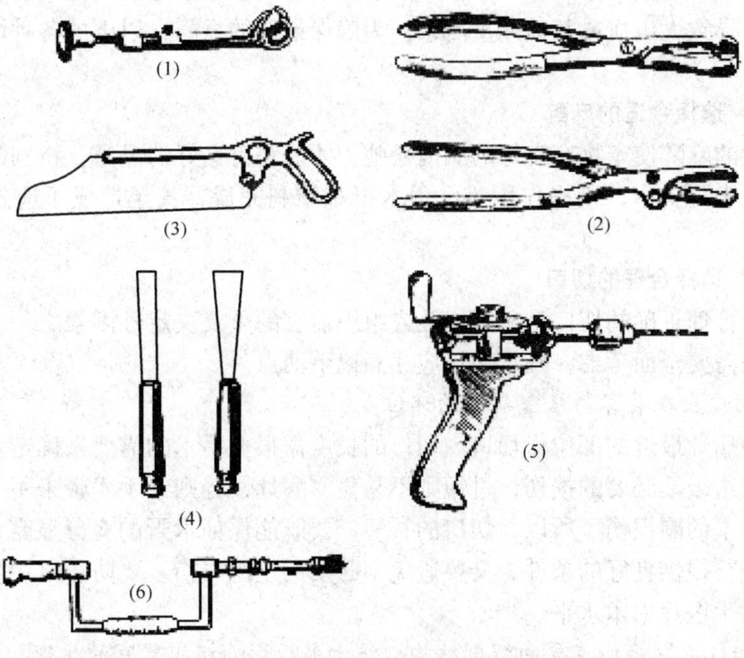

图 2－23　骨科常用手术器械

（1）三爪持骨器　（2）狮牙持骨器　（3）骨锯　（4）骨凿　（5）骨钻　（6）圆锯

三、 组织切开的原则

（1）切口的长度要适当并应靠近病变，以能通过最短的途径达到手术区，显露病变组织或病变器官。

（2）切开组织必须整齐，力求一次切开。手术刀必须与皮肤、肌肉垂直，防止斜切或多次在同一平面上切割，造成不必要的组织损伤。

（3）为了避免损伤大的神经、血管和腺体导管，减少手术中的出血，便于分离和缝合，为组织愈合创造条件，在软组织切开时，要尽可能按备皮的毛流方向和肌纤维方向分层切开，并沿组织间隙分离。但如果肌纤维的走向与神经、血管、腺体导管的方向不一致时，可不考虑肌纤维的方向，以免影响手术部位的生理功能。

（4）有利于创液的排出，特别是脓汁的流出。

（5）在分割骨组织前，先要分离骨膜，尽可能地保存其健康部分，以利骨组织愈合。在手术操作过程中要避免引起骨裂。

四、 手术野的显露

手术野的充分显露是保证手术顺利进行的重要条件。显露不充分，特别是在深部手术，将造成手术操作困难，不利于判别病变性质，甚至因此误伤重要组织或器官，导致大出血或其他严重后果。为确保最佳的显露，以下的各种因素必须注意。

（一）选择合适的麻醉

合适的麻醉使宠物有良好的肌肉松弛，才能获得良好的显露，特别是在深部手术，若术野狭窄，则操作困难，手术很难顺利完成，甚至造成不应发生的副损伤。

（二）选择合理的切口

选择合理正确的切口是显露病灶或组织器官的重要决定性因素之一。对切口的选择，需要全面考虑。确定切口应注意以下两点。

1. 切口应在最容易暴露病灶的部位

在距病灶最近的部位作切口。切口的长度需根据手术的需要来确定。切口过长将造成组织不必要的损伤，过短则不易显露病灶，轻则给手术带来不便，重则易造成手术的副损伤。所以，切口的长短，要既能保证术野的充分显露，为手术的顺利进行提供良好的条件，又要避免不必要的组织损伤。要防止以切口的长短来评价医生医疗手术水平。

2. 切口不得损伤重要的解剖结构，防止术后影响组织器官的生理功能

切口应选合理并顾及操作方便的部位，必要时可延长切口。最好避免在负重部位作切口。在关节部位作切口要以术后瘢痕收缩不影响功能为原则，因此在屈

曲面作切口时应与肢体的横径一致。

（三）选择合适的体位

合适的体位常可使深部手术获得较好的显露。一般是根据切口、手术的性质与需要，选择合适的体位，但应同时考虑体位对病畜局部或全身的影响。

（四）充分的拉开

拉钩或牵开器是显露中最常用的器械，充分应用可增加显露的范围，保证术野充分显露。

（五）良好的照明

采用多孔无影灯、子母无影灯、冷光源额灯等。

五、分离、游离解剖技术

（一）分离

手术中分离组织、病灶的操作是外科基本操作之一。解剖分离黏着的脏器及组织，可增加显露的范围。通过细致的解剖分离后，组织器官或病灶能得以充分显露。分离的主要方法有两类。

1. 锐性分离

利用锐利的刀或剪进行解剖。常用于较致密的组织，如腱膜、鞘膜和瘢痕组织等的剥离。此法对组织损伤较少，但必须在直视下进行，动作应精细准确。刀刃宜锋利，采用执笔式的执刀法。利用手指的伸缩动作进行切割，最好用小指靠在组织上，这样动作更精细、准确。刀刃应与所需切开的组织或组织间隙垂直，每次只切开一短距离。

用剪刀分离时，可将钝性分离及锐性分离结合使用，一般是将解剖剪闭合伸入组织间隙，然后张开分离，仔细观察确无重要组织后，再剪断。最好不直接剪，而用推剪的方法，即将剪刀尖微张，轻轻向前推进。此法虽可将不需结扎的小血管剪断，但不致将被致密组织裹着的较大血管、神经剪断。如操作较细致，一般不致损伤重要组织，解剖也较迅速。

2. 钝性分离

常用于疏松组织的解剖，如正常解剖间隙、较疏松的粘连、良性肿瘤或囊肿包膜外间隙等，有时对较致密的组织，可先用锐性剥离，切一小口后，再用钝性剥离。钝性剥离常用的工具为血管钳、闭合的解剖剪、刀柄、海绵钳夹纱布团、手指及各种特殊用途的剥离器等。钝性剥离时手法应轻柔，否则容易造成撕裂或损伤，特别是在粘连较多或慢性炎症的部位尤应注意。手指剥离是钝性分离中常用的方法之一，它不同于一般器械，可借感觉灵活移动，用于非直视下的深部剥离。剥离时手的主要动作应是前后方向或略施压力于一侧，使较疏松或粘连最少的部分自行分离，然后将手指伸入组织间隙再逐步深入。待显露充分后，便可使非直视分离变为直视分离。某些不易钝性分离的组织，应在直视下用双钳夹住切断，再贯穿缝合，切忌强行分离，以免出血。

（二）游离

器官、组织或病灶的显露通过基本的外科操作，即剪开、牵开、分离、剥离等各种解剖技术相互结合的操作方法，达到游离器官、组织或病灶的目的，进而做到充分的显露，保证手术的顺利进行。如两个器官粘连、界限不清，而其中之一为实质性器官，则可沿实质器官近缘进行钝性或锐性分离，根据实际情况或运用不同的解剖技术，实现两个器官的游离。譬如，肾切除时，脏器包膜由于炎症或粘连严重，在包膜外无法分离，可在包膜下剥离，游离肾脏；在脂肪瘤的切除过程中沿其被膜剥离瘤体，游离脂肪瘤。

单元三 | 止血

【知识目标】

通过教师的示教和学生的实际操作，识别手术过程中出血种类及不同血管出血表现的特点，了解对动物如何输血。掌握手术前的预防出血方法；术部术前的预防出血方法；动物手术术中的止血方法。

【技能目标】

能根据手术目的和手术部位的解剖特点设计该手术的止血计划，会在手术前采取止血方法，避免手术中大出血。能掌握术部的血管分布和血管特点，手术过程中能减少或不损伤血管，能在手术过程中采取相应的止血方法。

【案例导入】

（一）基本资料

品种：普通犬，年龄：2 岁，性别：雄性，体重：70kg，免疫情况：免疫完全。

（二）病史

主诉：该犬平时好斗，今天遇到一个黑色混种獒犬，两犬撕咬过程中该犬受伤了，撕了几个大口子，肚子上的伤口往外喷血。

（三）临床检查

体温 37℃，精神萎靡，口腔及眼结膜苍白，呼吸急促，在颈部、腹部多处有咬伤和撕裂伤。有的伤口还在流血。

【课前思考题】

处置新鲜创伤应首先采取哪一项措施？血管出血有几种类型，有何特点？输血应如何进行，注意哪些问题？手术过程中有哪些止血方法？大出血如何急救？

止血是手术过程中经常遇到而又必须立即处理的基本操作技术。手术中完善的止血，可以预防出血的危险和保证术部良好的显露，有利于争取手术时间，避免误伤重要器官，直接关系到施术动物的健康、切口的愈合和预防并发症的发生等。因此要求手术中的止血必须迅速而可靠，并在手术前采取积极有效的预防性止血措施，以减少手术出血。

一、 出血种类

（一）按照受伤血管的不同

1. 动脉出血

由于动脉管壁含有大量的弹力纤维，动脉压力大，血液含氧量丰富，所以动脉出血的特征为：血液鲜红，呈喷射状流出，喷射线出现规律性起伏并与心脏冲动一致。动脉出血一般自血管断端的近心端流出，指压动脉管断端的近心端，则冲动性血流立即停止，反之则出血状况无改变。具有吻合支的小动脉管破裂时，近心端及远心端均能出血。大动脉的出血须立即采取有效止血措施，否则可导致出血性休克，甚至引起死亡。

2. 静脉出血

血液以较缓慢的速度从血管中不断地均匀呈泉涌状流出，颜色为暗红或紫红。一般血管远心端的出血较近心端多，指压出血静脉管的远心端，则出血停止，反之出血加剧。

静脉出血的转归不同，小静脉出血一般能自行停止，或经压迫、填塞后停止出血，但若深部大静脉受损如腔静脉、股静脉、髂静脉、门静脉等出血，则常由于迅速大量失血的结果引起动物死亡。体表大静脉受损，可因大失血或空气栓塞而死亡。

3. 毛细血管出血

其色泽介于动、静脉血液之间，多呈渗出性点状出血。一般可自行止血或稍加压迫即可止血。

4. 实质出血

见于实质器官、骨松质及海绵组织的损伤，为混合性出血，即血液自小动脉与小静脉内流出，血液颜色和静脉血相似。由于实质器官中含有丰富的血窦，而血管的断端又不能自行缩入组织内，因此不易形成断端的血栓，而易产生大失血威胁生命，故应予以高度重视。

（二）按照血管出血后血液流至的部位不同

1. 外出血

当组织受损后，血液由创伤或天然孔流到体外时称为外出血。

2. 内出血

血管受损出血后，血液积聚在组织内或体腔中，例如胸腔、腹腔、关节腔等处，称为内出血。

（三）按照出血的次数和时间不同

1. 初次出血

直接发生在组织受到创伤之后。

2. 二次出血

主要发生在动脉，极少发生在静脉。指又一次出血。

3. 重复出血

多次重复出血，可见于破溃的肿瘤。

4. 延期出血

受伤当时并未出血，经若干时间后发生出血，称为延期出血。

二、 术中失血量的推算

手术中准确地推算失血量并及时予以补充，是防止发生手术休克的重要措施。临床上常用的推算失血量的简便方法有以下两种。

1. 称纱布法

虽然简单易行，但未能包括术野的体液蒸发和毛细血管断面在止血过程中形成血栓的消耗，所以得到的失血量常较实际的失血量少，误差在20%~30%。

计算方法如下：

失血量 =（血纱布重量 − 干纱布重量） + 吸引瓶中血量

手术前先称干纱布重量，吸血时用干纱布而不用盐水纱布，吸血瓶中的血量注意减除可能的盐水或其他液体量，重量单位为克，每毫升血液以1g计算。

2. 根据临床征象推算

失血的临床征象有兴奋不安，呼吸深快、浅快，尿量减少或无尿，静脉萎陷，毛细血管充盈迟缓，皮温发凉，眼结膜苍白，意识模糊等。但手术时，有许多临床征象不易觉察或表现不出来，因此多根据脉搏、脉压、静脉及毛细血管充盈情况来估计。

3. 注意事项

（1）上述的方法均有误差及不足之处，故在推算失血量时，应全面考虑，最好两种方法合并使用，不可单凭某一征象而作判断。

（2）实际失血量的推算常与血容量不一致，一般早期由于机体的代偿期作用，组织间液向血管内转移，致使血容量的减少较实际失血量低。而时间较长的复杂手术，血浆、体液向损伤部位组织间隙渗出，使实际血容量的减少比推算者高。

（3）在手术刺激下，抗利尿素增多，不可要求每小时尿量达到正常水平。注意这方面的因素则可避免输血输液过多。

三、 常用的止血方法

（一）全身预防性止血法

本方法是在手术前给动物注射增高血液凝固性的药物和同类型血液，借以提高机体抗出血的能力，减少手术过程中的出血。常用下列几种方法。

1. 输血

目的在于增高施术动物血液的凝固性，刺激血管运动中枢反射性地引起血管的痉挛性收缩，以减少手术中的出血。

2. 注射增高血液凝固性以及血管收缩的药物

（1）肌肉注射维生素 K 注射液，以促进血液凝固，增加凝血酶原。

（2）肌肉注射安络血注射液，以增强毛细血管的收缩力，降低毛细血管渗透性。

（3）肌肉注射酚磺乙胺（止血敏）注射液，以增强血小板功能及黏合力，减少毛细血管渗透性。

（4）肌肉注射或静脉注射对羧基苄胺（抗血纤溶芳酸），以颉颃血纤维蛋白的溶解，抑制纤维蛋白原的激活因子，使纤维蛋白溶酶原不能转变成纤维蛋白溶解酶，从而减少纤维蛋白的溶解而发挥止血作用。

（二）局部预防性止血法

1. 肾上腺素止血

本方法应用肾上腺素作局部预防性止血，常配合局部麻醉进行。一般是在每1000mL 盐酸普鲁卡因溶液中加入 0.1% 肾上腺素溶液 2mL，利用肾上腺素收缩血管的作用，达到减少手术局部出血的目的，其作用可维持 20min ~ 2h。但手术局部有炎症病灶时，因高度的酸性反应可以减弱肾上腺素的作用，此外，肾上腺素作用消失后，小动脉管扩张，如若血管内血栓形成不牢固，可能发生二次出血。

2. 止血带止血

本方法适用于四肢、阴茎和尾部手术，可暂时阻断血流，减少术中的失血，有利于手术操作。用橡皮管止血带或其代用品，如绳索、绷带，局部应垫以纱布或手术巾，以防损伤软组织、血管及神经。

橡皮管止血带的装置方法是：用足够的压力（以止血带远侧端的脉搏将消失为度），于手术部位上 1/3 处缠绕数周固定之，其保留时间不得超过 2 ~ 3h，冬季不超过 40 ~ 60min，在此时间内若手术未完成，可将止血带临时松开 10 ~ 20s，再重新缠扎。松开止血带时，要保持多次“松、紧、松、紧”，严禁一次松开。

（三）手术过程中止血法

1. 机械止血法

（1）压迫止血　是用纱布或泡沫塑料压迫出血的部位，以清除术部的血液，弄清组织和出血径路及出血点，以便进行止血。在毛细血管渗血和小血管出血时，如果机体凝血功能正常，压迫片刻，出血即可自行停止。为了提高压迫止血的效果，可选用温生理盐水、1% ~ 2% 麻黄素、0.1% 肾上腺素、2% 氯化钙溶液浸湿后扭干的纱布块作压迫止血。在止血时，必须是按压，不可擦拭，以免损伤组织或使血栓脱落。

（2）钳夹止血　利用止血钳最前端夹住血管的断端，钳夹方向应尽量与血管垂直，钳住的组织要少，切不可作大面积钳夹。

（3）钳夹扭转止血　用止血钳夹住血管断端，扭转止血钳 1 ~ 2 周，轻轻去钳，则断端闭合止血。如经钳夹扭转不能止血时，则应予以结扎。此法适用于小血管出血。

（4）钳夹结扎止血　是常用而可靠的基本止血法，多用于明显而较大血管出血的止血。其方法有以下两种。

①单纯结扎止血：用丝线绕过止血钳所夹住的血管及少量组织而结扎（图 2 - 24）。在结扎结扣的同时，由助手放开止血钳，于结扣收紧时即可完全放松，过早放松，血管可能脱出，过晚放松则结扎住钳头不能收紧。结扎时所用的力量也要大小适当，单纯结扎止血法适用于一般部位的止血。

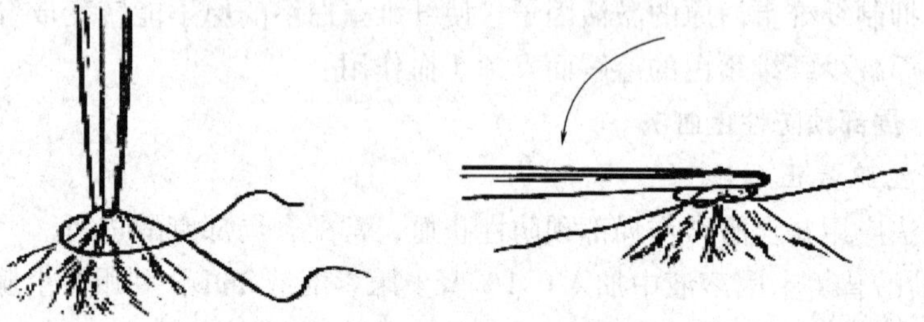

图 2 - 24　单纯结扎止血

②贯穿结扎止血：将结扎线用缝针穿过所钳夹组织（勿穿透血管）后进行结扎。常用的方法有“8”字缝合结扎及单纯贯穿结扎两种（图 2 - 25）。其优点是结扎线不易脱落，适用于大血管或重要部位的止血。在不易用止血钳夹住的出血点，不可用单纯结扎止血，而宜采用贯穿结扎止血的方法。

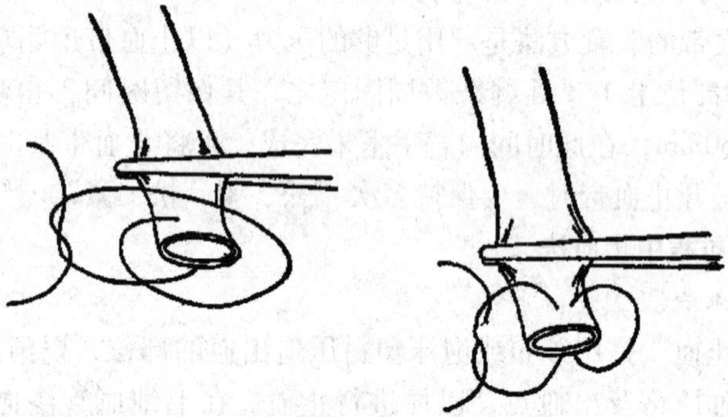

图 2 - 25　贯穿结扎止血

（5）填塞止血　本法是在深部大血管出血，一时找不到血管断端，而用灭菌纱布紧塞于出血的创腔或解剖腔内，压迫血管断端以达到止血之目的。在填入纱布时，必须将创腔填满，以便有足够的压力压迫血管断端。填塞止血留置的敷料通常在 12 ~ 48h 后取出。

2. 电凝及烧烙止血法

(1) 电凝止血　利用高频电流凝固组织的作用达到止血的目的。使用方法是用止血钳夹住血管断端，向上轻轻提起，擦干血液，将电凝器与止血钳接触，待局部发烟即可。电凝时间不宜过长否则烧伤范围过大，影响切口愈合。在空腔脏器、大血管附近及皮肤等处不可用电凝止血，以免组织坏死发生并发症。

电凝止血的优点是止血迅速，不留线结于组织内，但止血效果不完全可靠，凝固的组织易于脱落而再次出血，所以对较大的血管仍应以结扎止血为宜，以免发生继发性出血。

(2) 烧烙止血　是用电烧烙器或烙铁烧烙的作用，使血管断端收缩封闭而止血。其缺点是损伤组织较多，多用于弥散性的出血和一些摘除手术后的止血。使用烧烙止血时，应将电阻丝或烙铁烧得微红，才能达到止血的目的，但也不宜过热，以免组织炭化过多，使血管断端不能牢固堵塞。烧烙时，烙铁在出血处略加按压后即迅速移开，否则会导致组织黏附在烙铁上，当烙铁移开时而将组织扯离。

3. 局部化学及生物学止血法

(1) 麻黄素、肾上腺素止血　用1%～2%麻黄素溶液或0.1%肾上腺素溶液浸湿的纱布进行压迫止血。临床上也常用上述药品浸湿系有棉线绳的棉包作鼻出血、拔牙后齿槽出血的填塞止血，待止血后拉出棉包。

(2) 止血明胶海绵止血　明胶海绵止血多用于一般方法难以止血的创面出血，实质器官、骨松质及海绵质出血。使用时将止血海绵铺在出血面上或填塞在出血的伤口内，即能达到止血的目的，如果在填塞后加以组织缝合，更能发挥优良的止血效果。

(3) 活组织填塞止血　是用自体组织，如网膜，填塞于出血部位。通常用于实质器官的止血，如肝脏损伤用网膜填塞止血，或用取自腹部切口的带蒂腹膜、筋膜和肌肉瓣，牢固地缝在损伤的肝脏上。

(4) 骨蜡止血　外科临床上常用市售骨蜡制止骨质渗血，多用于骨的手术。

四、输血疗法

输血疗法是利用输入正常血液进行补血、止血、解毒的一种治疗措施。通过输血可迅速增加血容量及防止血液凝固，特别对一些重危病例的抢救尤为重要。

(一) 适应证与禁忌证

1. 适应证

大失血、血浆损失过多、休克、贫血、出血性疾病（白细胞和血小板减少及纤维蛋白原减少）、白血病、蛋白质缺乏症及恶病质等。

2. 禁忌证

严重的心脏疾病、肾脏疾病、肺水肿、肺气肿、血管栓塞症及脑水肿等。

（二）血型

目前已知犬有8个血型系列，其中DEA1.1、DEA1.2和DEA7血型能在无红细胞抗原的受血犬体内产生同种抗体，建议最好选择DEA1.1、DEA1.2和DEA7的阴性犬作为供血犬。猫有A、B两个红细胞抗原血型系统，但很少见到输血反应。

（三）输血的适应性检查

第1次输血较安全。第2次以后的输血具有危险性，应预先做交叉配血试验。交叉配血试验方法有两种：一种是受血动物的血清与供血动物的红细胞反应；另一种是受血动物的红细胞与供血动物的血清反应。一般多采用前一种方法。试验时，供血和受血动物都应采集新鲜血液，取含有4%红细胞（生理盐水3mL加血液1滴）的供血动物血液2滴于7mm×60mm的试管内，加入受血动物血清2滴，混合后室温放置15min，然后1000r/min离心1min，观察溶血或凝集与否。设置供血动物血清和同型红细胞对照管。试验管发生明显溶血或凝集的，为供血动物与受血动物的血型不相适合。

临床上，也可在大量输血前，先静脉输入少量（5～10mL）供血动物血液，5min后观察有无反应。或采用简易的“三滴法”配血试验：取供血动物1滴血液、受血动物1滴血液及1滴抗凝剂于载玻片上，混合后肉眼观察有无凝集。若无凝集，则可以输血。

（四）供血动物的选择

供血动物必须通过临床、血液学、血清学等方面的严格检查。选择的犬、猫应为成年、健壮，无传染病、寄生虫病、血液病、中毒病等，完成免疫注射，发育成熟而不过于肥胖。如为母犬或母猫，应未妊娠过或绝育。

（五）采血方法

采血应该在严格的无菌条件下进行，可用装有抗凝剂的注射器直接从供血动物的颈静脉或左心室采血，也可由颈动脉一次性放血。颈静脉和左心室采血量不应超过22mL/（kg·bw）。

（六）血液贮存

血液贮存的目的是防止血凝，延长红细胞在体外保存时间，从而保持离体血的活力，保证血液内的成分、血细胞的形态结构基本无变化。为了保持血液稳定不至凝结，必须在受血瓶（或采血注射器）内加入某种抗凝剂，常用的抗凝剂有以下几种。

1. 3.8%～4%枸橼酸钠溶液

应用时其与血液的比例为1∶9。

2. 枸橼酸葡萄糖合液

该药液是犬血最常用的抗凝剂。其既能抗凝，又是较好的血液保养液，同时也能供给血细胞能量和保持一定的pH，以维持生命。处方为：枸橼酸钠∶枸橼酸∶葡萄糖（注射用）∶重蒸馏水＝1.33∶0.47∶3.00∶1000.00，灭菌后备用。每

100mL 血液中加入枸橼酸葡萄糖合液 25mL。红细胞在这种保养液（4℃）贮存 15～17d，仍保持其活力。如超过 17d，可分离血浆继续贮藏。

3. 肝素

肝素能抑制凝血酶原和凝血酶的形成，且可和凝血酶发生抗凝作用。应用时可在 100mL 血液中加肝素 10mg，因肝素抗凝维持时间较短，故肝素血不能长期保存，应于 24～48h 内输用。

（七）输血方法

1. 输血途径

有静脉内、动脉内、腹腔内、骨髓内、肌肉或皮下等输血途径。犬、猫最常用的是前后肢静脉内输入，也可采用颈静脉输血。

（1）静脉内输血　用 20 号针头刺入颈静脉或小隐静脉，先注入生理盐水 5mL 然后接上贮血瓶，以 5～10mL/min 的速度注入血液。

（2）动脉内输血　急性休克时最适用动脉输血。犬用股动脉，注射压比患犬的动脉压高 2.666kPa 为好，50～100mL/min 为宜。

（3）骨髓内输血　在不能使用血管的情况下，可将血液注入胸骨或长骨的骨髓内。

2. 输血量及输入速度

静脉输血的量和输入速度必须适当。输血过量或过快，可加重心血管负担，引起肺水肿及急性充血性心力衰竭。特别是高度贫血动物的输血，更应注意。犬一次最大输血量为全血量的 10%～20%。一般输血量可按小动物体重的 1%～2% 输入，也可按下列公式计算。

输血量 = 受血动物体重（kg）×90×［期望 PCV 值（%）－受血动物 PCV 值（%）］÷供血动物 PCV（%）

PCV（packed cell volume）为红细胞比容。

临床上常于输血前给犬肌肉注射地塞米松 10～20mg，可减轻输血的不良反应。输血速度，犬开始 15min 内应慢，以后加快。急性大出血时，可按 100mL 血用 5～6min 输入的速度，一般以 5mL/min 为宜。猫正常输血速度为 1～3mL/min。

（八）输血种类

根据输入的成分可分为输全血、输红细胞、输血小板、输粒细胞、输血浆等。这些方法各有利弊，应按临床实际选择应用。

（1）输入红细胞　用生理盐水等悬浮的红细胞溶液，因无血浆成分存在，减少了心血管系统的负担，对高度贫血、溶血性疾病、老龄及衰弱的动物，具有较高的安全性。

（2）输入血浆成分　可代替全血用于补充循环血量，也可作为抗体输入，适用于大面积烧伤和严重下痢等。

（3）输入血小板　指输入富含血小板的血浆，适用于血小板减少症、恶性肿瘤和再生障碍性贫血等，也可减少手术中出血。

（九）输血反应

1. 原因

（1）发热反应　是输血易发生的一种反应。主要是由致热原引起，这可能是血液保存液和采血用具被污染，或因免疫反应引起。

（2）过敏反应　主要是抗原抗体反应，由活化补体和血管活性物质释放引起。

（3）溶血反应　当输血配血不当和输血技术不过关，在输血过程中或输血后出现红细胞大量破坏。

2. 症状

主要表现为发热、不安、眼睑浮肿、呕吐、流涎、恶寒战栗、心悸亢进、痉挛、荨麻疹、呼吸困难、血红蛋白尿及黄疸等。

3. 处置

当出现副作用时，应立即停止输血，注射强心剂、高渗葡萄糖溶液、碳酸氢钠溶液、肾上腺素溶液及糖皮质激素类药物如地塞米松等。在肝脏功能障碍时，可注射蛋氨酸、葡萄糖酸钙、葡萄糖溶液及维生素 B、维生素 C、维生素 K 等。发生过敏反应时，可注射抗组胺制剂、可的松及钙制剂等，此外还应对症治疗。

单元四 | 缝合

【知识目标】

通过多媒体的演示、教师的辅导和学生反复练习，识别临床上应用结的种类，每种结的打法及作用；识别缝合的种类及临床作用。掌握各种结的打结技术和各种缝合法的缝合技术。

【技能目标】

能根据手术目的和局部解剖特点选择合理的缝合线，会对不同的组织采取相应的缝合方法，能根据局部组织特点、缝合线的特点及缝合方法选择决定正确的打结方法。掌握打结及缝合的原则。

【案例导入】

（一）基本资料

品种：巴哥犬，年龄：4 岁，性别：雄性，体重：8kg，免疫情况：免疫完全。

（二）病史

主诉：该犬平时非常活泼好动，每天和邻居家小男孩玩。昨天小孩拿的一块橡皮泥可能被巴哥犬误吞，今天中午突然出现呕吐，给肠胃消化药无效。

（三）临床检查

体温 39℃，精神稍有萎靡不振，伴有努责现象，并有少量带黏液的粪便排出，腹痛。腹腔触诊，病犬频频闪避并伴有明显的疼痛反应，腔内有小球样硬物，初步确诊为犬肠梗阻。

【课前思考题】

案例中的巴哥犬患的肠梗阻经保守疗法无效需要如何治疗？手术过程中遇到的血管若采取结扎止血，一般用哪种结？如果梗阻段的肠管发生坏死需肠吻合术，选择什么种类缝合线，如何缝合，注意哪些事项？腹壁的各层组织应采取什么缝合方法，选择哪种结？缝合遵守哪些原则？打正确的结应注意哪些问题？缝合种类有哪些？如何拆掉缝合线？

缝合是将已切开、切断或因外伤而分离的组织、器官进行对合或重建其通道，保证良好愈合的基本操作技术。缝合的目的是为手术或外伤性损伤而分离的组织或器官予以安静的环境，给组织的再生和愈合创造良好条件；保护无菌创免受感染；加速肉芽创的愈合，促进止血和创面对合以防裂开。

缝合应分层进行，并使组织层次严密，良好对合是愈合的基本条件。但缝合处不应有过大张力，以免阻碍血液循环，用丝线强力牵拉脆弱组织会导致组织的切割或撕脱。正确的对合不应有死腔或空隙，以免引起积液或积血，使愈合延迟或引起感染，不正确的缝合会在皮下形成张力或残留死腔。

一、 打结

打结是外科手术最基本的操作之一，正确而牢固地打结是结扎止血和缝合的重要环节，熟练地进行打结不仅可以防止结扎线的松脆而造成的创伤裂开和继发性出血，而且可以缩短手术时间。

（一）结的种类

1. 方结（平结）

方结是外科手术中最常用的结，也是最基本的结，适用于各种结扎止血和缝合。它是由两个方向相反的单结构成。该结的特点是由于两个单结方向相反，结扎后线圈内张力越大，结扎线越紧，不易自行变松或自行滑脱。

2. 三叠结（加强结）

三叠结是在方结的基础上再加一个与第二个单结方向相反的单结，共三个结。使结变得更为牢固、安全及可靠。三叠结主要用于结扎重要组织和较大的血管以及张力较大时的组织缝合。如果结扎线是羊肠线或合成线，结扎时多用此结。

3. 外科结

打第一个结时绕两次，使摩擦面增大，然后打一个方向相反的单结，使线间的摩擦面及摩擦系数增大，从而增大安全系数。此结牢固可靠，多用于大血管、张力较大的组织和皮肤缝合。

4. 假结（斜结）

此结易松脱，是打结过程中常见的错误结。

5. 滑结

打方结时，两手用力不均，只拉紧一根线，虽两手交叉打结，结果仍形成滑结，这也是一种错误结。各种结见图 2－26。

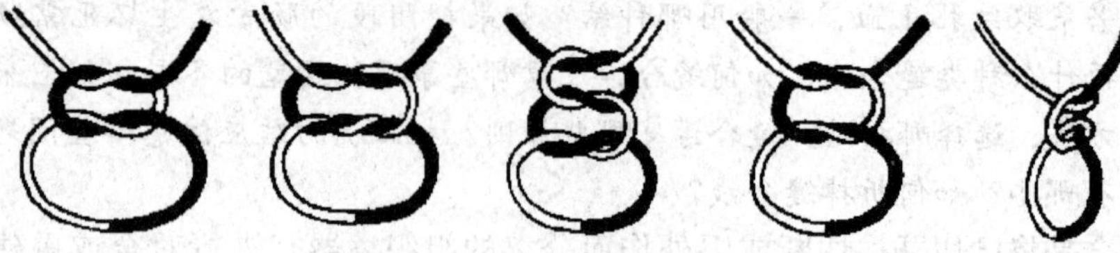

方结　外科结　三叠结　假结（斜结）　滑结

图 2－26　各种线结

（二）打结方法

1. 单手打结

此为常用的一种方法，简单迅速。左右手均可打结。虽个人打结的习惯常有不同，但基本动作相似（图 2－27）。

2. 双手打结

除了用于一般结扎外，对深部或张力大的组织缝合，此结扎较为方便可靠（图 2－28）。

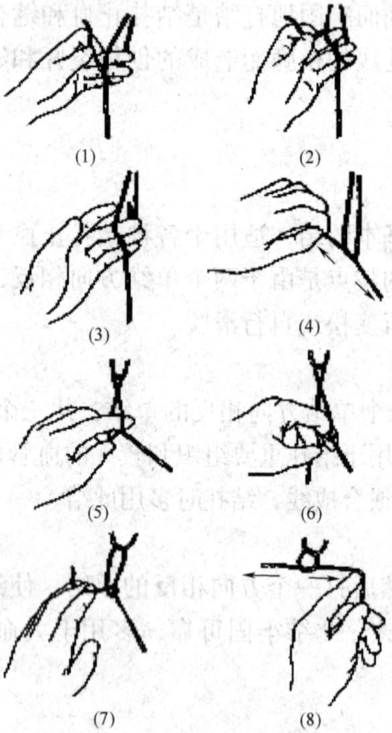

图 2－27　左手单手打结

（1）～（8）为操作顺序

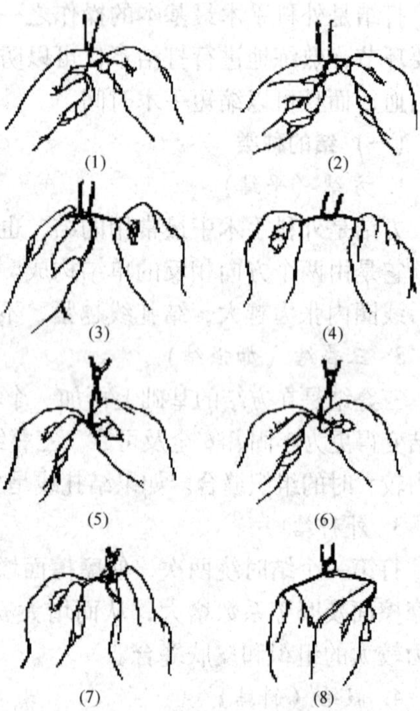

图 2－28　双手打结

（1）～（8）为操作顺序

3. 器械打结

器械打结是指用持针钳或止血钳打结。适用于结扎线过短、狭窄的术部、创伤深处和某些精细手术的打结。方法是把持针钳或止血钳放在缝线的较长端与结扎物之间，用长线一端的缝线环绕血管钳一圈后，再打结即可完成第一结，打第二结时用相反方向环绕持针钳一圈后拉紧，成为方结（图 2－29）。

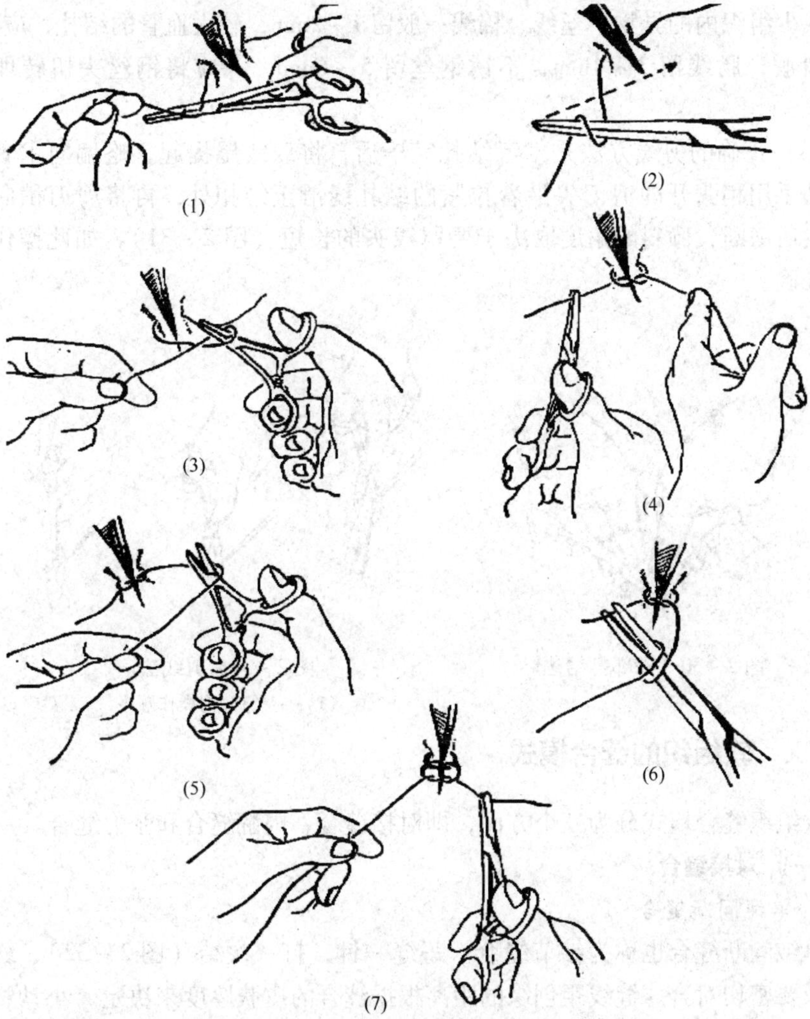

图 2－29　器械打结
（1）～（7）为操作顺序

（三）打结注意事项

（1）打结收紧时要求三点成一直线，即左、右手的用力点与结扎点成一直线，不可成角向上提起，否则容易使结扎点撕脱或结松脱。

（2）无论用何种方法打结，第一结和第二结的方向不能相同，否则即成假结。如果两手用力不均，只拉紧一根线，可成滑结，均应避免。

（3）用力缓慢均匀，两手的距离不宜离线太远，特别是深部打结时，最好用两手食指按在线结近处，以指尖顶住双线，两手握住线端，徐徐拉紧，否则易松脱（图2－30）。埋在组织内的结扎线头，在不引起结扎松脱的原则下，应剪短以减少组织内的异物，丝线、棉线一般留1～2mm，较大血管的结扎，应略长，以防滑脱，肠线留3～4mm，不锈钢丝留5～6mm，并应将钢丝头扭转埋入组织中。

（4）正确的剪线方法是术者结扎完毕后，将双线尾提起，略偏向术者的左侧，助手用稍张开的剪刀尖沿着拉紧的结扎线滑至结扣处，再将剪刀稍向上倾斜，然后剪断，倾斜的角度取决于要留线头的长短（图2－31），如此操作比较迅速准确。

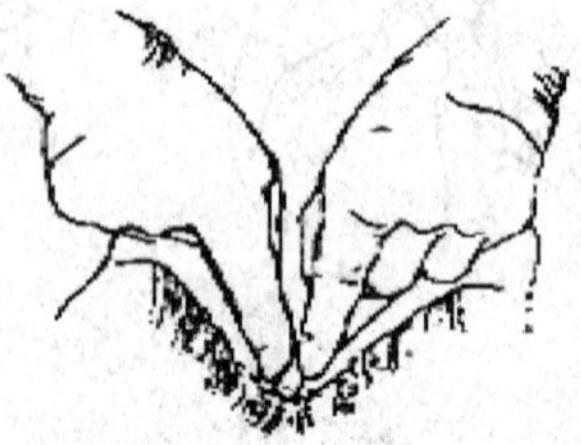

图2－30　深部打结法

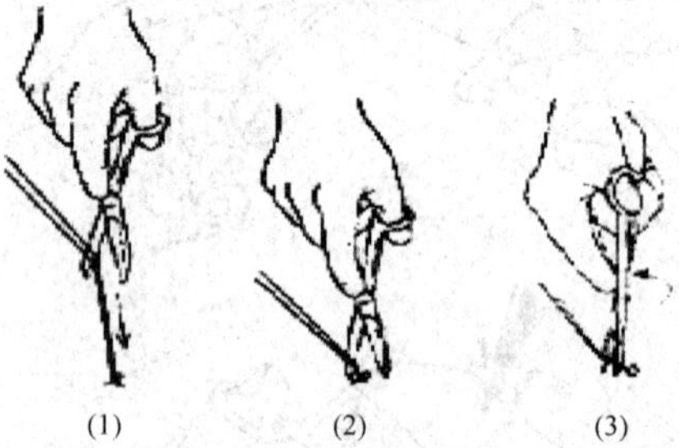

图2－31　剪线法

（1）～（3）为操作顺序

二、软组织的缝合模式

软组织缝合模式分为三个方面，即对接缝合、内翻缝合和张力缝合。

（一）对接缝合

1. 单纯间断缝合

单纯间断缝合也称为结节缝合。每缝一针，打一次结（图2－32），缝合要求创缘要密切对合。缝线距创缘的距离根据缝合的皮肤厚度来决定，小动物一般为3～5mm。缝线间距要根据创缘张力来决定，使创缘彼此对合，一般间距0.5～1.5cm。打结在切口一侧，防止压迫切口。用于皮肤、皮下组织、筋膜、黏膜、血管、神经、胃肠道缝合。

优点：操作容易，迅速。在愈合过程中，即使个别缝线断裂，其他邻近缝线不受影响，不致整个创面裂开。能够根据各种创缘的延伸张力正确调整每个缝线张力。如果创口有感染可能，可将少数缝线拆除排液。对切口创缘血液循环影响较小，有利于创伤的愈合。

缺点：需要较多时间，使用缝线较多。

2. 单纯连续缝合

单纯连续缝合是用一条长的缝线自始至终连续地缝合一个创口，最后打结。以后每缝一针以前，对合创缘，避免创口形成皱褶，使用同一缝线以等距离缝合，拉紧缝线，最后留下线尾，在一侧打结（图 2－33）。常用于具有弹性、无太大张力的较长创口。用于皮肤、皮下组织、筋膜、血管、胃肠道缝合。

优点：节省缝线和时间，密闭性好。

缺点：一处断裂，全部缝线拉脱，创口哆开。

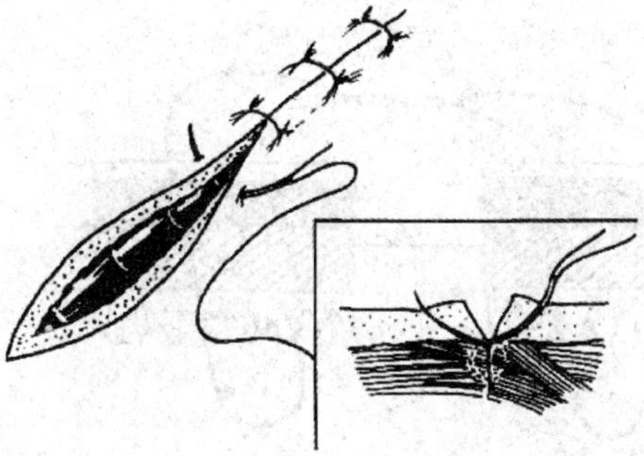

图 2－32　单纯间断缝合

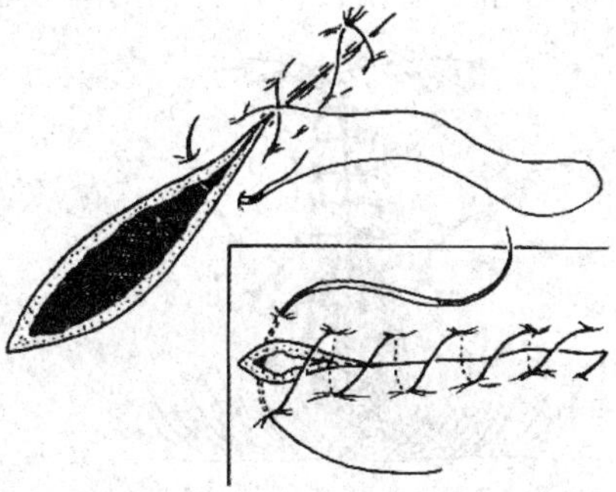

图 2－33　单纯连续缝合

3. 表皮下缝合

这种缝合如图 2－34 所示，适用于小动物表皮下缝合。缝合在切口一端开始，缝针刺入真皮下，再翻转缝针刺入另一侧真皮，在组织深处打结。应用连续水平褥式缝合平行切口。最后缝针翻转刺向对侧真皮下打结，埋置在深部组织内。一般选择可吸收性缝合材料。

优点：能消除普通缝合针孔的小瘢痕，操作快，节省缝线。

缺点：具有连续缝合的缺点，这种缝合方法张力强度较差。

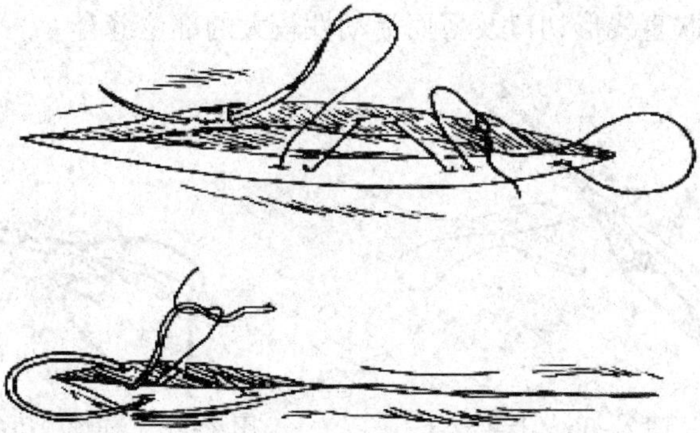

图 2－34　皮下缝合

4. 压挤缝合

压挤缝合用于肠管吻合的单层间断缝合。犬、猫肠管吻合的临床观察认为，该法是很好的吻合缝合法，也用于大动物的肠管吻合。

压挤缝合法如图2－35所示。缝针刺入浆膜、肌层、黏膜下层和黏膜层进入肠腔。在越过切口前，从肠腔再刺入黏膜到黏膜下层。然后越过切口，转向对侧，从黏膜下层刺入黏膜层进入肠腔。在同侧从黏膜层、黏膜下层、肌层到浆膜层刺出肠表面。两端缝线拉紧、打结。这种缝合使浆膜、肌层相对接，黏膜、黏膜下层内翻。这种缝合使肠组织本身相互压挤，可以很好地防止液体泄漏，使肠管吻合密切对接，保持正常的肠腔容积。

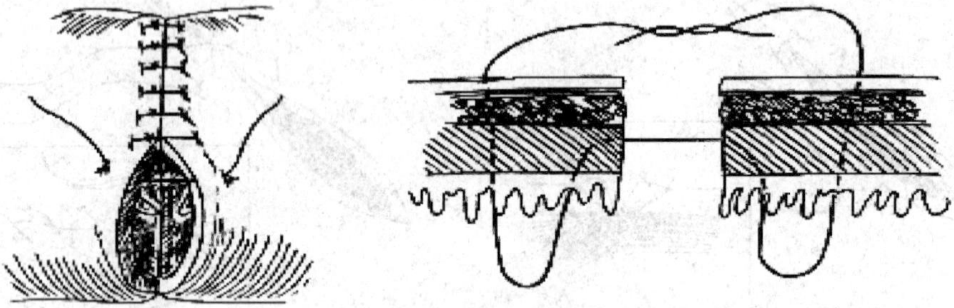

图2－35　压挤缝合

5. 十字缝合

这种缝合法如图2－36所示。第一针开始，缝针从一侧到另一侧做结节缝合，第二针平行第一针从一侧到另一侧穿过切口，缝线的两端在切口上交叉形成十字型，拉紧打结。用于张力较大的皮肤缝合。

6. 连续锁边缝合

这种缝合方法与单纯连续缝合基本相似。在缝合时每次将缝线交锁（图2－37）。此种缝合能使创缘对合良好，并使每一针缝线在进行下一次缝合前就得以固定。多用于皮肤直线形切口及薄而活动性较大的部位缝合。

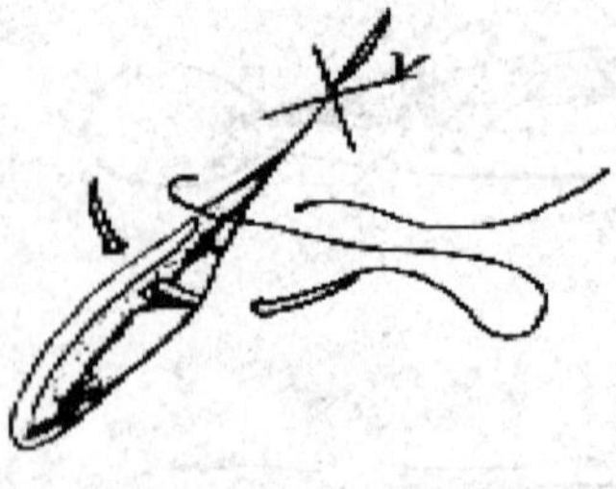

图2－36　十字缝合

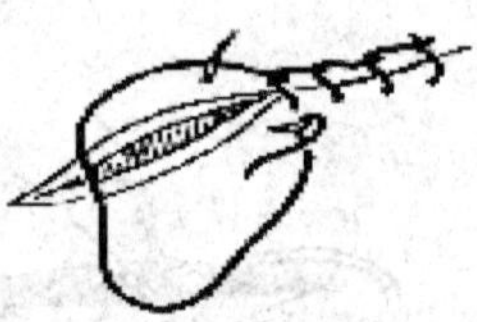

图2－37　连续锁边缝合

（二）内翻缝合

内翻缝合用于胃、肠、子宫、膀胱等空腔器官的缝合。

1. 伦勃特（Lembert）缝合

伦勃特缝合又称垂直褥式内翻缝合。分为间断与连续两种，常用的为间断伦勃特缝合。在胃肠或肠吻合时，用以缝合浆膜肌层。

（1）间断伦勃特缝合　缝线分别穿过切口两侧浆膜及肌层进行打结，使部分浆膜内翻对合，用于胃肠道的外层缝合（图2－38）。

（2）连续伦勃特缝合　于切口一端开始，先做一浆膜肌层间断内翻缝合，再用同一缝线做浆膜基层连续缝合至切口另一端（图2－39）。其用途与间断内翻缝合相同。

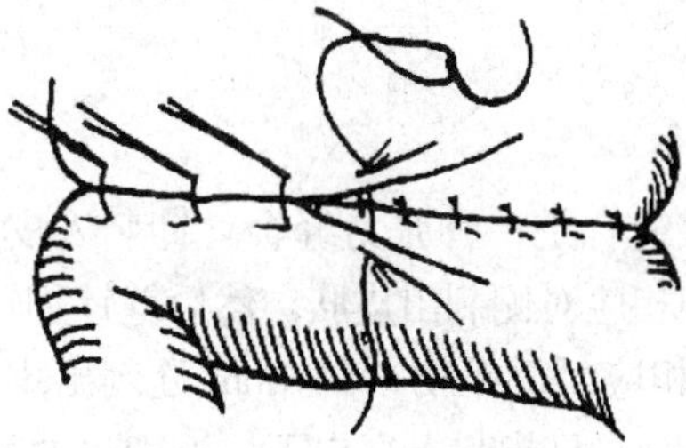

图2－38　间断伦勃特缝合

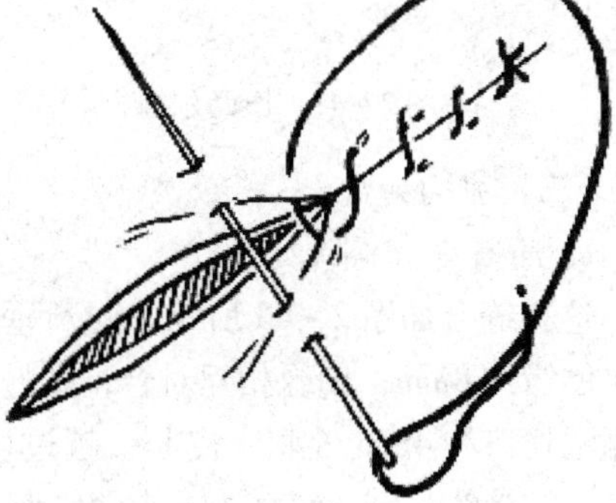

图2－39　连续伦勃特缝合

2. 库兴（Cushing）缝合

库兴缝合又称连续水平褥式内翻缝合法。缝合方法是于切口一端开始先做一浆膜肌层间断内翻缝合，再用同一缝线平行于切口做浆膜肌层连续缝合至切口另一端（图2－40）。适用于胃、子宫浆膜肌层缝合。

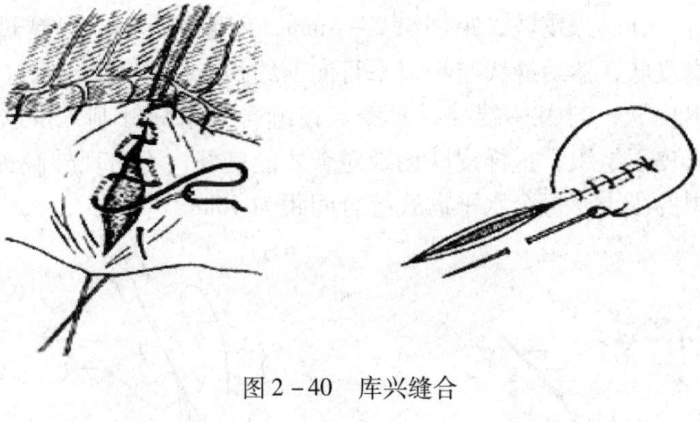

图2－40　库兴缝合

3. 康乃尔（Connel）缝合

这种缝合法与连续水平褥式内翻缝合相同，只是在缝合时缝针要贯穿全层组织，当将缝线拉紧时，肠管切面即翻向肠腔（图2－41）。多用于胃、肠、子宫壁缝合。

4. 荷包缝合

荷包缝合即做环状的浆膜肌层连续缝合。主要用于胃、肠壁上小范围的内翻缝合，如缝合小的胃、肠穿孔。此外还用于胃、肠、膀胱等引流固定的缝合方法（图 2－42）。

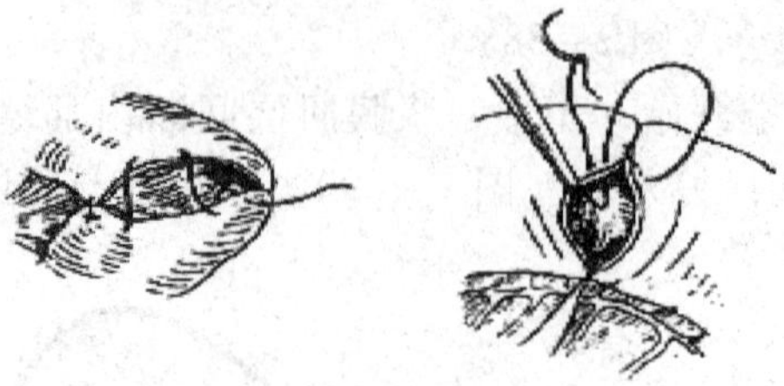

图 2－41　康乃尔缝合

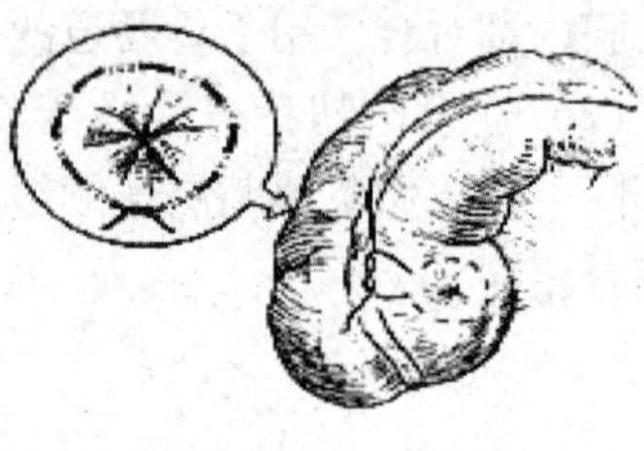

图 2－42　荷包缝合

（三）张力缝合

1. 间断垂直褥式缝合

这种缝合如图 2－43 所示。间断垂直褥式缝合是一种张力缝合。针刺入皮肤，距离创缘约 8mm，创缘相互对合，越过切口到相应对侧刺出皮肤。然后缝针翻转在同侧距切口约 4mm 处刺入皮肤，越过切口到相应对侧距切口约 4mm 处刺出皮肤，与另一端缝线打结。该缝合要求缝针刺入皮肤时，只能刺入真皮下，近切口的两侧刺入点要求接近切口，这样皮肤创缘对合良好，不能外翻。缝线间距为 5mm。

优点：该缝合方法比水平褥式缝合具有较强的抗张力强度。对创缘的血液供应的影响较小。

缺点：缝合时，需要较多时间和较多的缝线。

2. 间断水平褥式缝合

这种缝合如图 2－44 所示。间断水平褥式缝合是一种张力缝合，特别适用于犬的皮肤缝合。针刺入皮肤，距创缘 2～3mm，创缘相互对合，越过切口到对侧相应部位刺出皮肤，然后缝线与切口平行向前约 8mm，再刺入皮肤，越过切口到相应对侧刺出皮肤，与另一端缝线打结。该缝合要求缝针刺入皮肤时刺在真皮下，不能刺入皮下组织，这样皮肤创缘对合才能良好，不出现外翻（图 2－45）。根据缝合组织的张力，每个水平褥式缝合间距为 4mm。

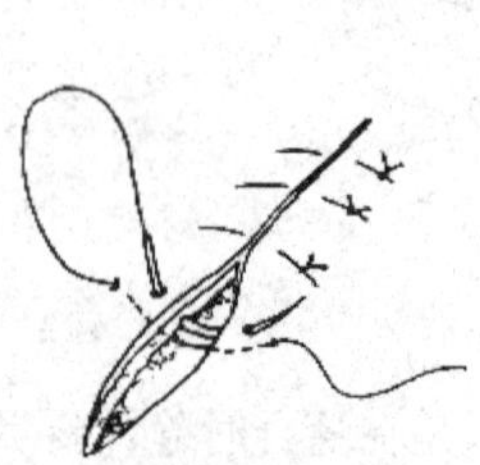

图 2－43　间断垂直褥式缝合

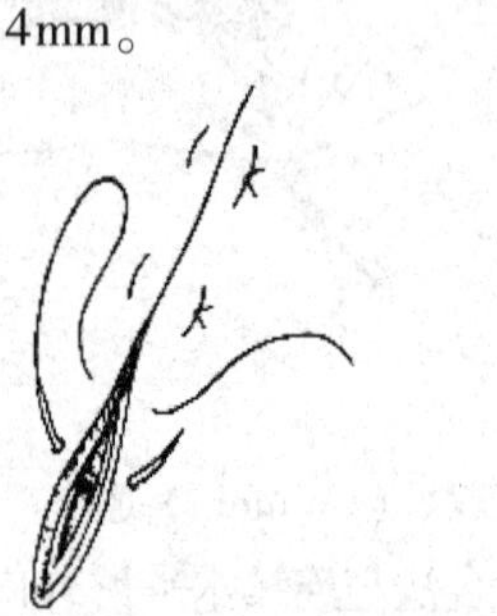

图 2－44　间断水平褥式缝合

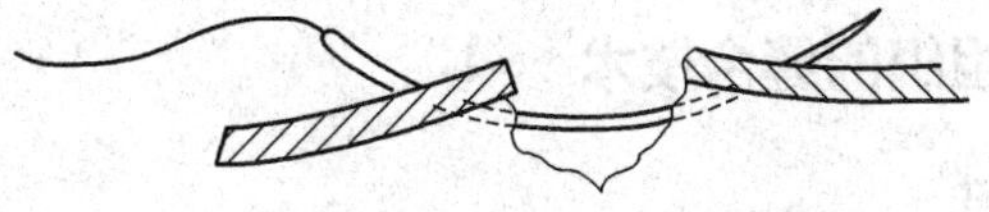

(1)

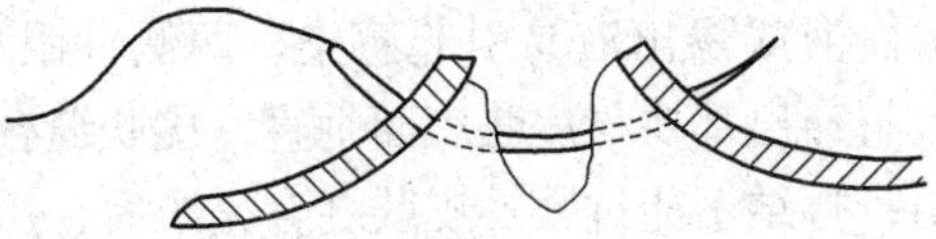

(2)

图 2-45　水平褥式缝合的位置

(1) 正确缝合位置 (2) 不正确缝合位置

优点：使用缝线较节省，操作速度较快。该缝合具有一定抗张力条件，对于张力较大的皮肤，可在缝线上放置胶管或纽扣，增加抗张力强度。

缺点：该缝合方法对初学者操作较困难。根据水平褥式缝合的几何图形，该缝合能减少创缘的血液供应。

3. 近远-远近缝合

近远-远近缝合是一种张力缝合。第一针接近创缘垂直刺入皮肤，越过创底，到对侧距切口较远处垂直刺出皮肤。翻转缝针，越过创口到第一针刺入侧，距创缘较远处垂直刺入皮肤，越过创底，到对侧距创缘近处垂直刺出皮肤，与第一针缝线末端拉紧打结（图 2-46）。

优点：该缝合方法创缘对合良好，具有一定抗张力强度。

缺点：切口处有双重缝线，需要缝线数量较多。

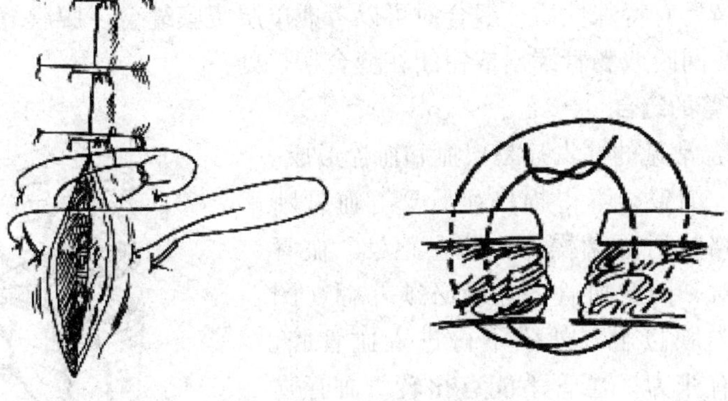

图 2-46　近远-远近缝合

三、 各种软组织的缝合技术

（一）皮肤的缝合

缝合前创缘必须对好，缝线要在同一深度将两侧皮下组织拉拢，以免皮下组织内遗留空隙，滞留血液或渗出液易引起感染。两侧针眼离创缘0.5～1cm，距离要相等，针的穿入与穿出都要与皮肤表面垂直，皮肤缝合采用间断缝合，缝合后应在创缘侧面打结，打结不能过紧。皮肤缝合完毕后，用有齿镊或止血钳对创口进行校正，防止造成皮缘的外翻、内卷或彼此重叠现象，以致影响愈合，必须再次将创缘对好。

（二）皮下组织的缝合

缝合时要使创缘两侧皮下组织相互接触，一定要消除组织的空隙。使用可吸收性缝线，打结应埋置在组织内。

（三）筋膜的缝合

筋膜缝合应根据其张力强度选用不同的方法。筋膜的切口应该与张力线平行，不能垂直于张力线。所以，筋膜缝合时要垂直于张力线，使用间断缝合。大量筋膜切除或缺损时，缝合使用垂直褥式或近远－远近等张力缝合法。

（四）肌肉的缝合

肌肉缝合要求将纵行纤维紧密连接，瘢痕组织生成后，不能影响肌肉收缩功能。缝合时，应用结节缝合分别缝合各层肌肉。宠物手术时，肌肉一般是纵行分离而不切断，因此肌肉组织经手术细微整复后，可不需要缝合。对于横断肌肉，因其张力大，应该在麻醉或使用肌松剂的情况下连同筋膜一起缝合，进行结节缝合或水平褥式缝合。

（五）腹膜的缝合

犬的腹膜具有特殊性质，缝合时可以考虑单层腹膜缝合。腹膜缝合必须完全闭合，不能使网膜或肠管漏出或钳闭在缝合切口处。

（六）血管的缝合

血管缝合常见的并发症是出血和血栓形成。操作要轻巧、细致，不得损伤血管壁。血管断端吻合要严格执行无菌操作，防止感染。血管内膜紧密相对，因此血管的边缘必须外翻（图2－47），让内膜接触，外膜不得进入血管腔。缝合处不宜有张力，血管不能有扭转。血管吻合时，应该用弹力较低的无损伤的血管夹阻断血流。缝合处要有软组织覆盖。

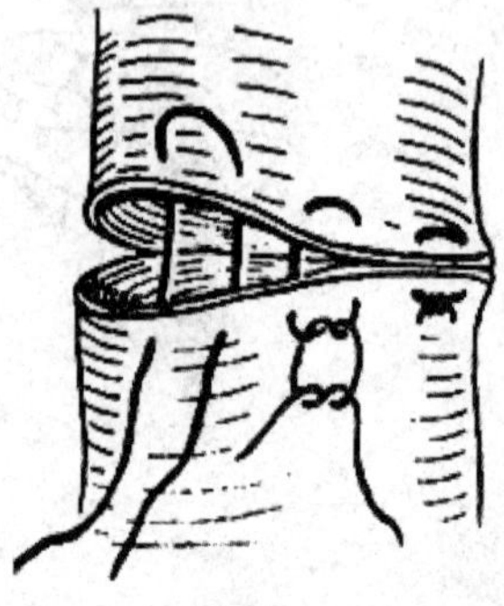

图2－47　血管水平褥式外翻缝合

（七）神经的缝合

神经缝合依损伤程度不同，可分为端端缝

合和部分端端缝合两种。

1. 端端缝合

端端缝合用以修复神经干完全断裂。对新鲜损伤，经清创后，用利刃修切神经干两断端，使断面整齐，然后在神经两端的内外侧各缝一针，作为固定牵引线，按 2 ~ 3mm 的针距、2mm 左右的边距，用细丝线做结节或单纯连续缝合。前侧缝合完毕后，调换固定缝线，使神经翻转 180°以同法缝合后侧（图 2 – 48）。缝合后，神经应置于健康肌肉或皮下组织内覆盖。

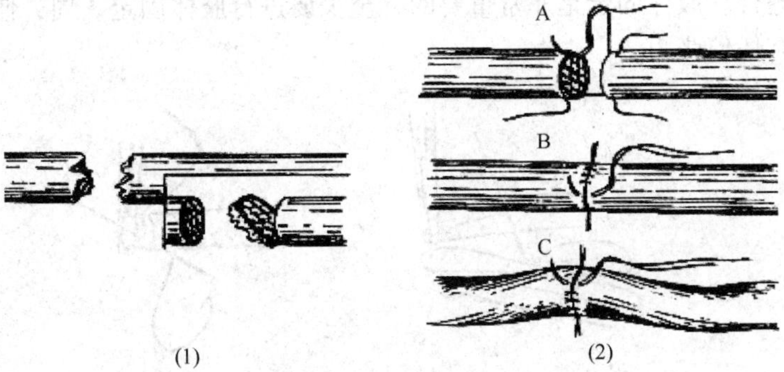

图 2 – 48　神经端端缝合

（1）新鲜神经损伤的处理　（2）神经端端缝合法：A. 定点缝合　B. 缝合前侧　C. 缝合后侧

2. 部分端端缝合

部分端端缝合用于修复部分断裂的神经干，对新鲜的神经部分切割断面整齐者，可直接做结节缝合。反之，用利刃切除损伤部分，再行部分端端缝合。

对晚期神经部分断裂伤，应将神经充分显露并游离出来，在健康与损伤的交界处，纵切神经外膜，仔细地分开损伤与正常的神经束，切除神经纤维瘤或瘢痕组织，将两断端对合后做结节缝合（图 2 – 49）。缝合时要消除部分张力，以免断端接触不良妨碍神经再生。

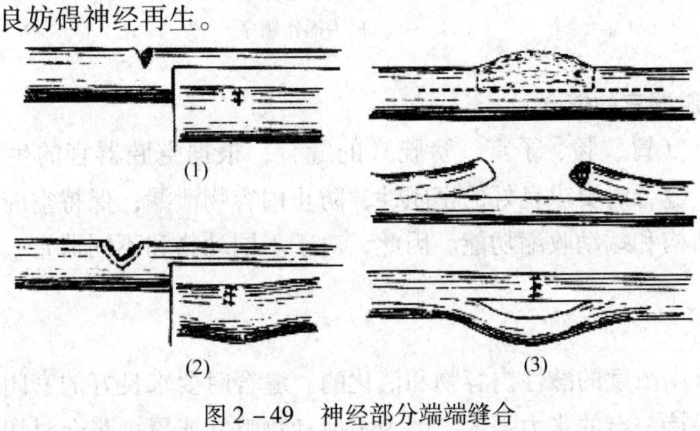

图 2 – 49　神经部分端端缝合

（1）损伤断面整齐者可直接缝合　（2）断面有挫伤者，经清创并切除损伤部分再缝合

（3）对陈旧性神经部分损伤缝合时，先切除神经纤维瘤或瘢痕组织，再行部分端端缝合

（八）腱的缝合

腱的断端应紧密连接，如果末端间有裂缝被结缔组织填补，将影响腱的功能。操作要轻柔，不能使腱的末端受到挫伤而引起坏死。缝合部位周围粘连会妨碍腱愈合后的运动，因此，腱的缝合要求腱鞘要保留或重建；腱、腱鞘和皮肤缝合部位，不要相互重叠，以减少肌腱周围的粘连，手术必须在无菌操作下进行。腱的缝合使用白奈尔（Bunnell）氏缝合，缝线放置在腱组织内，保持腱的滑动功能（图2－50）。腱鞘缝合使用结节缝合和非吸收性缝合材料，特别使用特制的细钢丝缝合。肢体固定是非常重要的，至少要进行肢体固定3周，使缝合的腱组织不能有任何张力。

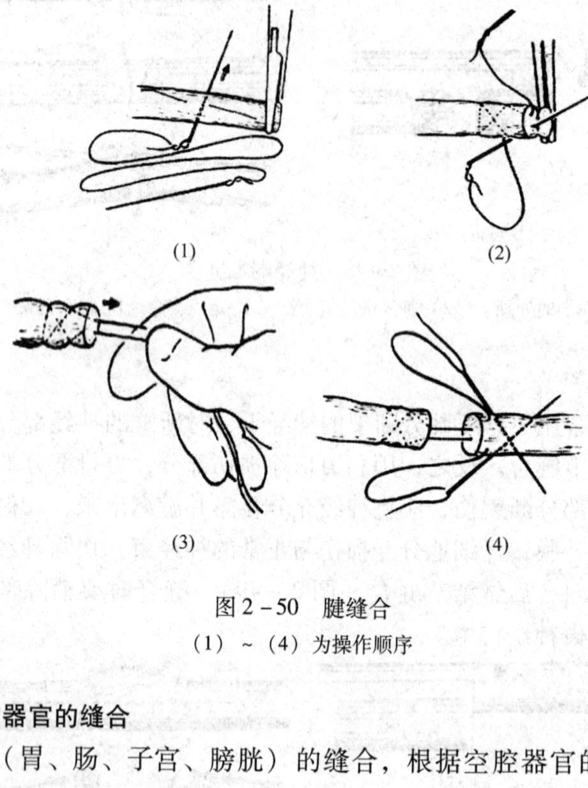

图2－50　腱缝合

（1）～（4）为操作顺序

（九）空腔器官的缝合

空腔器官（胃、肠、子宫、膀胱）的缝合，根据空腔器官的生理解剖学和组织学特点，缝合时要求良好的密闭性，防止内容物泄漏；保持空腔器官的正常解剖组织学结构和蠕动收缩功能。因此，对于不同动物和不同器官，缝合要求是不同的。

1. 胃缝合

胃内具有高浓度的酸性内容物和消化酶。缝合时要求良好的密闭性，防止污染；缝线要保持一定的张力强度，因为术后动物呕吐或胃扩张会对切口产生较强压力；术后胃腔容积减少，对动物影响不大。因此，胃缝合第一层采用连续全层缝合或连续水平褥式内翻缝合。第二层缝合在第一层上面，采用浆肌层间断或连续垂直褥式内翻缝合。

2. 小肠缝合

小肠缝合后3~4h，纤维蛋白覆盖密封在缝线上，产生良好的密闭条件，术后肠内容物泄漏发生机会较少。由于小肠肠腔较小，缝合时要特别注意防止造成肠腔狭窄。犬、猫的小肠缝合使用单层对接缝合，肠管外用网膜覆盖，并用2针可吸收缝线将网膜与肠系膜固定在一起。常用压挤缝合法，能达到良好对接，不易发生泄漏、狭窄和感染。缝合切口愈合快，有少量纤维结缔组织沉积，反应轻微，愈合后瘢痕较小，肠腔直径变化很小。

3. 大肠缝合

大肠内容物呈固态，细菌含量多。大肠缝合的并发症是内容物泄漏和感染。内翻缝合是唯一安全的方法。内翻缝合部位血管受到压迫，血流阻断，术后第3天黏膜水肿、坏死，第5天内翻组织脱落。黏膜下层、肌层和浆膜保持接合强度。术后14d左右瘢痕形成，炎症反应消失。

4. 子宫缝合

剖腹取胎术实行子宫缝合有其特殊的意义，因为子宫缝合不良会导致母畜不孕、术后出血和腹腔内粘连。犬、猫子宫空腔器官缝合时，要求使用小规格缝线，因为大规格缝线通过组织时，对组织损伤严重。

空腔器官缝合的缝合材料选择是重要的，应该选择可吸收性缝合材料，常使用聚乙醇酸缝线，具有一定张力强度，有特定的吸收速率，不易受蛋白水解酶或感染影响，操作方便。但是不宜暴露到膀胱和尿道内。铬制肠线也常用于胃、肠道手术，但是不能暴露到胃、肠道内，否则易受到胃、肠酶的作用很快丧失张力强度。丝线常用于空腔器官缝合，操作方便，打结确实，但是易发生感染，因此应该注意无菌技术。丝线用于膀胱和胆囊缝合时，不要暴露到膀胱和胆囊内，以防诱发结石形成。空腔器官缝合时，最好使用无损伤性缝针、圆体针，以减少组织损伤。

（十）实质器官的缝合

实质器官包括肝、肾、脾等组织。由于不同的器官组织解剖结构不同，其缝合方法是不同的。肝脏的缝合分为两种情况：浅表裂创，创面无活动性出血，可用1/0号肠线做结节缝合修补，每针相距1~1.5cm；较深裂创，可做褥式缝合，肝组织小范围缺损，可在创面填塞带蒂大网膜后，再以1/0号肠线做创口两侧贯穿缝合，缝线先穿过大网膜，后穿过肝实质；肝组织完全断裂，创面有活动性出血，应该先结扎出血点，将血管从创面钝性分离，结扎，然后以1/0号肠线平行创缘做一排褥式缝合，再在上述褥式缝合外方，以1/0号肠线做两侧贯穿缝合，使创口对合（图2-51）。

肾组织切开后，对小的出血点，压迫止血即可，然后用手指将两瓣切开肾组织紧密对合，轻轻压迫，用纤维蛋白胶接起来，不需要肾组织褥式缝合，只需要连续缝合肾脏被膜，称为无缝合肾切开闭合。

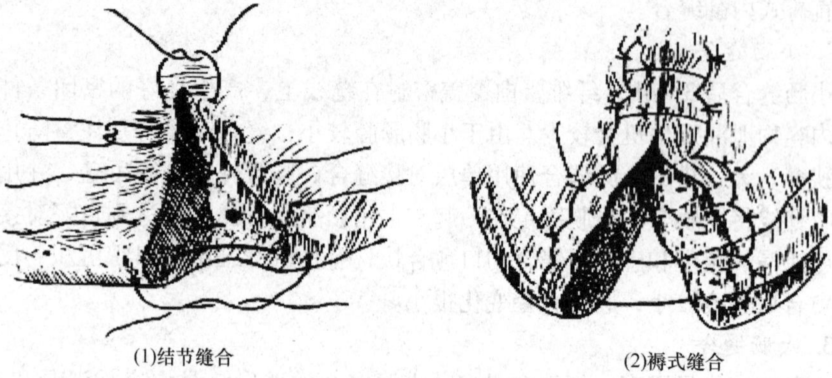

图 2-51　肝破裂缝合法

四、 骨的缝合技术

骨缝合是应用不锈钢丝或其他金属丝进行全环扎术和半环扎术。

1. 全环扎术

全环扎术是应用不锈钢丝紧密缠绕 360°，固定骨折断端，不适用短的斜骨折。此方法骨折断片能充分整复，适用于圆柱形骨，例如股骨、肱骨、胫骨等。如果用于圆锥形骨，容易滑脱，应该在骨皮质上做成缺口，配合骨髓针内固定，效果最好。该法不适用于邻近关节和骨骺端的固定，一个金属丝不能同时固定邻近的两个骨，例如桡骨和尺骨，缝合处距骨折断端不少于 5mm（图 2-52）。骨折处固定只应用一个金属丝缠绕不确实，容易滑脱。

2. 半环扎术

金属丝通过每个骨折片上钻好的小孔，将骨折端连接、固定，称为半环扎术。金属丝从皮质穿入骨髓腔，由对侧骨折片皮质出口穿出，然后两个金属丝末端拧紧（图 2-53）。这种方法容易出现骨断片旋转，配合螺钉固定可以避免。

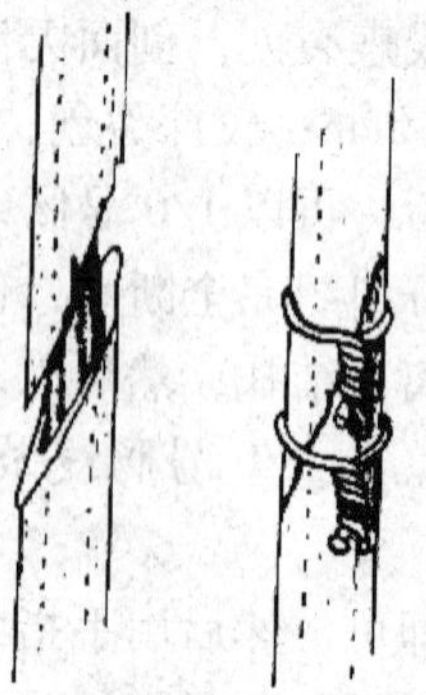

图 2-52　全环扎术

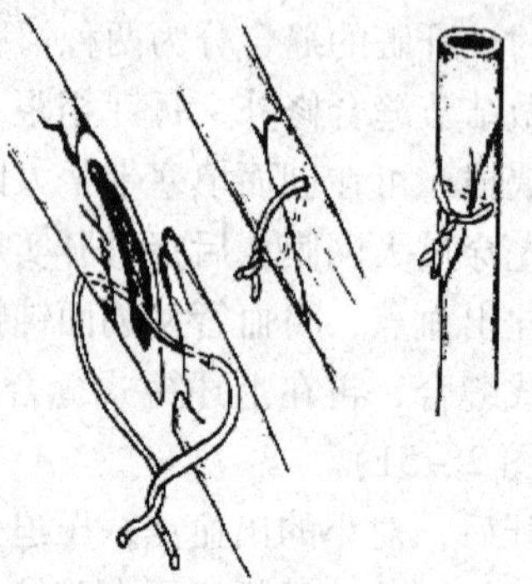

图 2-53　半环扎术

五、 缝合的原则

（1）严格遵守无菌操作。

（2）缝合前必须彻底止血，清除凝血块、异物及无生机的组织。

（3）使创缘均匀接近，在针孔间要有一定距离，以防拉穿组织。

（4）缝针刺入和穿出部位应彼此相对，针距相等，否则易使创伤形成皱襞和裂隙。

（5）凡无菌手术创或非污染的新鲜创，经外科常规处理后，可作对合密闭缝合，具有化脓腐败过程以及具有深创囊的创伤可不缝合，必要时作部分缝合。

（6）在组织缝合时，一般是同层组织相缝合。缝合、打结应有利于创伤愈合，如打结时要适当收紧，应防止拉穿组织；缝合时不宜紧，否则将造成组织缺血。

（7）创缘、创壁应互相均匀对合，皮肤创缘不得内翻，创伤深部不应留有死腔、积血和积液。在条件允许时，可作多层缝合。正确与不正确的切口缝合见图 2－54。

（8）缝合的创伤，若在手术后出现感染症状，应迅速拆除部分缝线，以便排出创液。

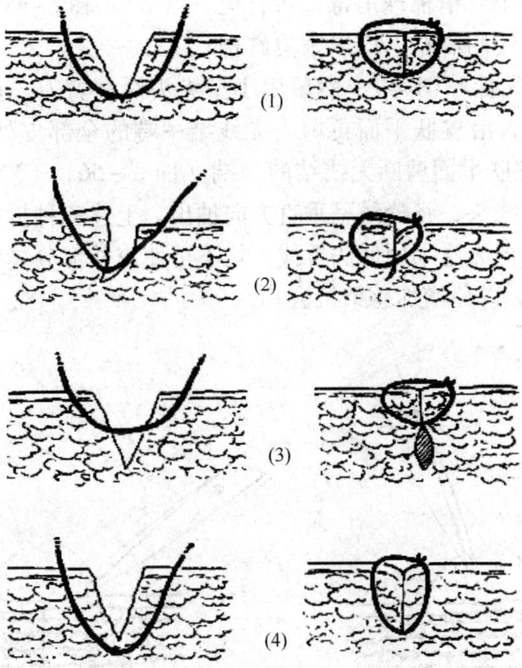

图 2－54　正确与不正确的切口缝合

（1）正确的缝合　（2）两皮肤创缘不在同一平面，边缘错位

（3）缝合太浅形成死腔　（4）缝合太紧皮肤内陷

六、拆线

一切皮肤缝线均为异物，不论是愈合伤口或感染伤口均需拆线。胸、腹部及四肢切口缝线在手术后5~7d拆除；头皮及颈部切口缝线3~5d拆除；背中线切口拆线时间较晚，可延至术后7~9d拆线；四肢关节处10~12d拆线。大多数愈合良好的切口，在7d时拆除普通缝线（丝线），14d拆除张力缝线。肠线可以不拆，待其自然吸收脱落。

在特殊情况下，拆线时间可不按上述规定，有时拆线可分期进行，先间隔拆去一部分，过1~2d后再拆其余部分。有时甚至可暂不拆线。

拆线方法是先夹起线头，将剪刀插进空隙从由皮内拉出的部分将线剪断（图2-55）。如果缝线结扎太紧，就会嵌到皮内，使拆线困难，加重拆线时的疼痛。因此，拆线时，可先用生理盐水棉球轻压伤口，并除去血迹结痂，使缝线清晰暴露，以干棉球擦干，再用酒精棉球消毒（一般缝合伤口，若无血迹结痂，则仅用酒精棉球消毒即可；但黏膜及会阴部不可使用酒精，应以汞溴红棉球或0.1%新洁尔灭棉球消毒），然后用小型尖头锐利剪刀，在缝线的中央剪断[图2-56，(1)]，沿皮肤平面再剪去无线结一端的全部皮外线头[图2-56，(2)]，或直接齐皮肤平面剪断无线结的一端[图2-56，(3)]，最后用镊子夹住有线结的一端的线头，将缝线呈垂直方向抽出。上述三种拆线方法，可按不同情况，灵活采用。但无论采用何法拆线，均不可使皮外部分缝线再从伤口内通过[图2-56，(4)]。以免增加感染机会。

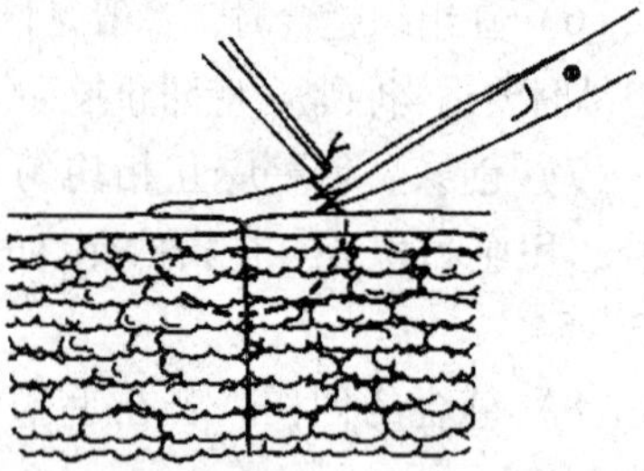

图2-55　剪线法

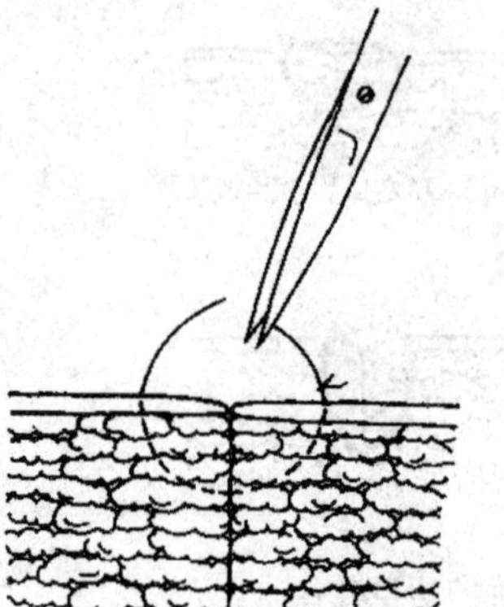

(1)

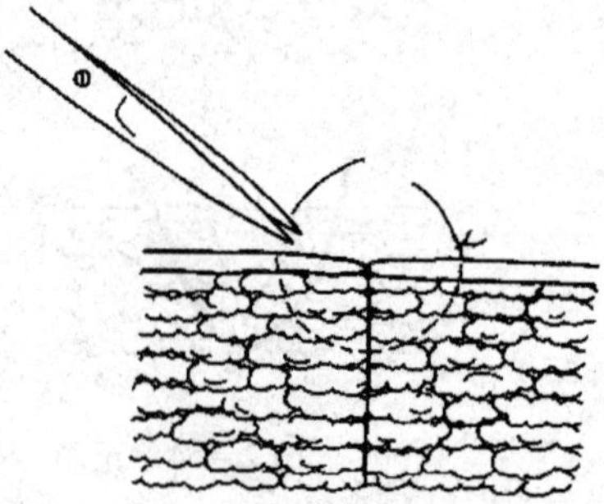

(2)

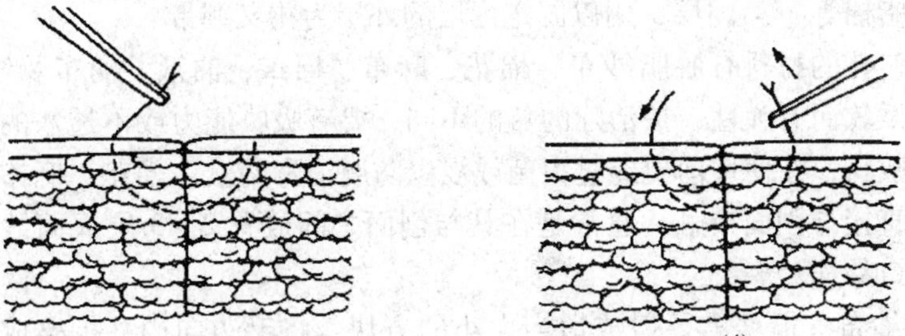

(3)　　　　　　(4)

图 2－56　拆线方法

单元五 | 包扎

【知识目标】

通过指导教师的演示和学生在宠物实体上的实际操作，识别宠物包扎的作用和包扎需要的材料，了解包扎的分类。掌握各种包扎方法、包扎技术及其作用。

【技能目标】

能根据宠物手术或外伤部位选择包扎材料、制订包扎方案。会根据需要包扎部位的解剖特点制作一些绷带。能操作掌握各种包扎技术。

【案例导入】

（一）基本资料

品种：牧羊犬，年龄：6 岁，性别：雌性，体重：30kg，免疫情况：免疫完全。

（二）病史

主诉：昨天中午用氢氧化钠给犬的运动场消毒，该犬以为拿盆喂食急忙跑来。主人用脚踹它，正好踹到前腿，然后犬瘸着跑了。次日更瘸，左前腿不敢着地。

（三）临床检查

体温 38.5℃，精神正常，走路左前肢呈悬垂不敢着地。触诊腕关节疼痛躲闪。经 X 射线检查腕关节骨折。

【课前思考题】

案例中的牧羊犬腕关节骨折如何固定？选择的固定包扎法需要哪些材料？包扎在临床上有哪些共同作用？卷轴绷带包扎有哪几种，如何包扎？起到固定作用的包扎方法有哪些，如何操作？结系绷带如何操作，主要用于哪些部位？

一、包扎材料

广义绷带是固定和保护创伤的材料，包括内层和外层两部分，敷料（包括纱布块、脱脂棉等）为内层，用以固定内层的外层为狭义绷带。

用作包扎的材料有脱脂纱布、棉花、麻布、棉布、油纸、油布及纱布卷等。它们必须柔软而有弹性，按治疗的目的不同，要有吸收能力或不透水的作用。贴近伤口的敷料，在使用前要经过灭菌或浸以防腐消毒药液，棉花、麻布、棉布等敷料不可直接与创面接触，通常是在其与创面之间放置 2～3 层灭菌纱布，防止棉花与创口粘连。

（1）纱布　根据需要剪成适当大小的方块，将毛边向内，折叠成 5～10cm 的方块，每 10 块包成一包，放在纱布罐内灭菌，用以覆盖伤口、止血、填充创腔以及吸液等。

（2）棉花　一般用脱脂棉花，用以吸液、保温、防止感染。为防止与创面粘着，应先覆以灭菌纱布再覆盖棉花。

（3）棉布　使用白布作复绷带、三角带、多头绷带、明胶绷带等。

（4）防水材料　有油纸、油布、胶布、蜡纸等。一般放在纱布或棉花外层，用以防水，避免伤口浸湿污染。

（5）麻布　有亚麻布、帆布或麻袋片等，用以保护绷带。

（6）卷轴绷带　使用棉布、麻布及棉纱布制成，分三列、四列、五列等。按创伤的位置、大小、形状及动物种类选择使用。

二、绷带的种类及包扎方法

根据临床和局部解剖的特点，常用的绷带有卷轴绷带、结系绷带、复绷带、胶质绷带、支架绷带、夹板绷带和石膏绷带。

（一）卷轴绷带

通常称为绷带或卷轴带，是将布剪成狭长的带条，用卷绷带机或手卷成。一般由纱布或棉布制成。为了加压于局部，也可使用特制的由一种弹性网状织品制成的弹力绷带。卷轴绷带分为单头绷带、双头绷带、“丁”字形绷带。绷带卷由一头卷起称单头绷带，从两头卷起称双头绷带。“丁”字形绷带是由两个卷轴绷带制成，即将一个绷带卷的开端垂直地缝在双头绷带卷的中央。

1. 基本包扎法

一般以左手持绷带的开端，右手持绷带卷，以绷带的背面紧贴肢体表面，由左向右缠绕。当第一圈缠好之后，将绷带的游离端反转盖在第一圈绷带上，再缠第二圈压住第一圈绷带。然后根据需要进行不同形式的包扎法缠绕。无论用何种包扎法，均应以环形开始并以环形终止。包扎结束后将绷带末端剪成两条打个半结，以防撕裂。最后打结于肢体外侧，或以胶布将末端加以固定。卷轴绷带的基本包扎有如下几种。

（1）环形包扎法　用于其他形式包扎的起始和结尾，以及用于系部、掌部、跖部等较小创口的包扎。方法是在患部把卷轴带呈环形缠数周，每周盖住前一周，最后将绷带末端剪开打结或以胶布加以固定。

(2) 螺旋形包扎法　以螺旋形由下向上缠绕，后一圈遮盖前一圈的1/3～1/2。用于掌部、跖部及尾部等的包扎。

(3) 折转包扎法　又称螺旋回反包扎。用于上粗下细径圈不一致的部位，如前臂和小腿部。方法是由下向上做螺旋形包扎，每一圈均应向下回折，逐圈遮盖上圈的1/3～1/2。

(4) 蛇形包扎　又称蔓延包扎。斜行向上延伸，各圈互不遮盖，用于固定夹板绷带的衬垫材料。

(5) 交叉包扎法　又称“8”字形包扎。用于腕、跗、球关节等部位，方便关节屈曲。包扎方法是在关节下方做一环形带，然后在关节前面斜向关节上方，做一周环形带后再斜行经过关节前面至关节的下方。如上操作至患部完全被包扎后，最后以环形带结束。

2. 注意事项

(1) 按包扎部位的大小、形状选择宽度适合的绷带。太宽使用不便，包扎不平，太窄难以固定，包扎不牢固。

(2) 包扎时要求迅速确实，用力均匀，松紧适宜，避免一围松，一围紧，压力不可太大，以免发生外循环障碍，但也不宜太松，以免脱落和固定不牢，在操作中绷带不得脱落污染。

(3) 在临床治疗中不宜使用湿绷带进行包扎，因为湿布不仅会刺激皮肤而且容易造成感染。

(4) 对四肢部的包扎须按静脉血流方向，从四肢的下部开始向上包扎，以免静脉瘀血。

(5) 卷轴带的缠绕总是以环形带开始，以环形带终止，包至最后末端应妥善固定以免松脱，一般用胶布贴住比打结更为光滑、平整、舒适，如果采用末端撕开系结，则结扣不可置于隆突处或创面上，结的位置也应避免啃咬而松结。

(6) 包扎尾绷带时，尾根部的环形带不能压迫过紧，否则易引起尾部血液循环障碍，甚至引起局部干性坏死而脱落。

(7) 包扎应美观，绷带应平整无皱褶，以免发生不均匀的压迫。交叉或折转应成一线，每圈遮盖多少要一致，并除去绷带边上活动的线头。

(8) 解除绷带时，先将末端的固定结松开，再朝缠绕相反方向以双手相互传递松解，解下的部分应捏在手中，不要拉得很长或拖在地上，紧急时可以用剪刀剪开以解除。

(9) 对破伤风等厌氧菌感染的创口，不宜用绷带包扎。

（二）结系绷带

结系绷带又称缝合包扎，是用缝线代替绷带固定而做的一种保护手术创口或减轻伤口张力的绷带。结系绷带可装在宠物肢体的任何部位，其方法是在圆枕缝合的基础上，利用游离的线尾，将若干层灭菌纱布固定在圆枕之间和创口之上，如图 2－57 所示。

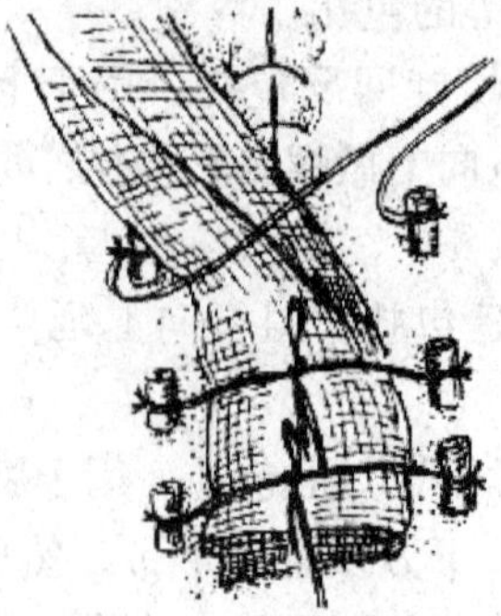

图 2－57　结系绷带

（三）复绷带

复绷带是按宠物体一定部位的形状而缝制的，具有一定结构、大小的双层盖布，在盖布上缝合若干布条以便打结固定。复绷带虽然形式多样，但都要求装置简便、固定确实。装置复绷带应注意以下几点问题。

（1）盖布的大小、形状应适合患部解剖形状和大小的需要，否则外物容易进入患部。

（2）包扎固定须牢靠，以免宠物运动时松动。

（3）绷带的材料与质地应优良，以便经过处理后反复使用。

（四）支架绷带

支架绷带是在绷带的基础上，内有作为固定敷料的支柱装置的一种绷带。这种绷带应用于宠物的四肢时，为套有橡皮管的软金属丝或细绳构成的支架，借以牢固地固定敷料，而不因动物的走动失去它的作用。背腰部的支架绷带为被纱布包住的弓状金属支架，使用时可用布条或软绳将金属架固定于患部。支架绷带具有防止摩擦、保护创伤、保持创伤安静和通气的作用，可为创伤的愈合提供良好条件。如图 2－58 所示。

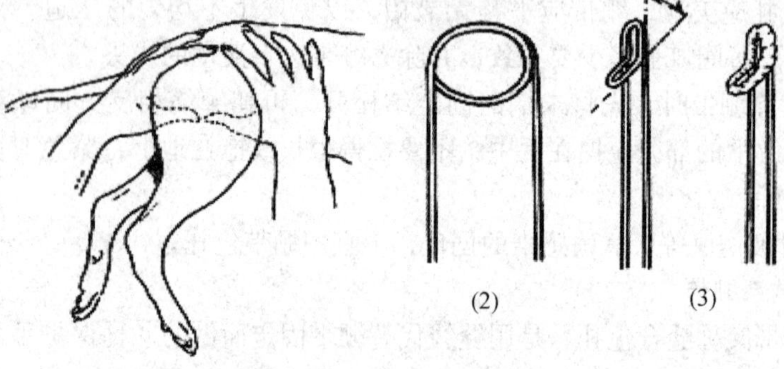

(1)　(2)　(3)

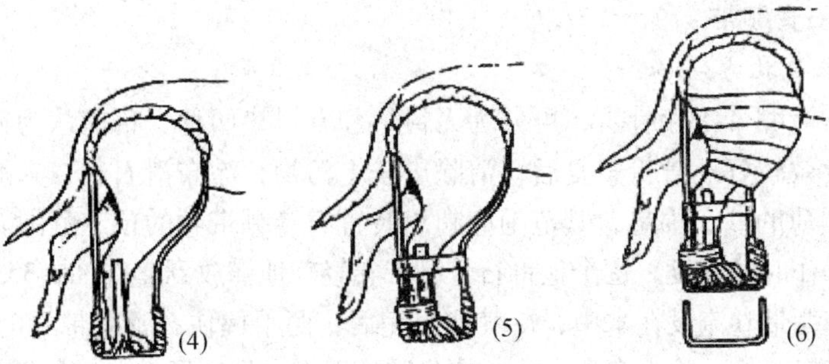

图 2－58　改良托马斯支架绷带

（1）测大腿的直径　（2）用铝棒卷曲一圈半　（3）圈下 1/2 屈曲呈 45°，并用绷带包扎
（4）支架圈套入大腿，按动物站立姿势和高度屈曲两支架杆，并用绷带或胶带缠绕其远端
（5）支架向腹股沟托紧，用胶带将脚缠绕固定在支架远端　（6）如犬重于 13kg，再在支架底部附加一铝棒，最后用棉花和绷带缠绕固定整个支架

（五）夹板绷带

夹板绷带是借助于夹板的作用达到保持患部安静，避免加重损伤、移位和使伤部进一步复杂化的一种起制动作用的绷带，分为临时夹板绷带和预制夹板绷带两种。前者通常用于骨折、关节脱位时的紧急救治，后者可作为较长期的制动。

临时夹板绷带可用胶合板、普通薄木板、竹板等作为夹板材料。预制夹板绷带常用金属丝、薄铁板、木料、塑料板、纤维板等制成适合四肢解剖形状的夹板。无论临时夹板绷带或预制夹板绷带，皆由作为衬垫的内层、夹板和各种固定材料构成。

夹板绷带的包扎方法是先将患部皮肤洗净，包上较厚的棉花、纱布棉花垫或毡片等衬垫并用蛇形带加以固定，然后装置夹板。夹板的宽度视需要而定，长度既应包括骨折部上下两个关节，使上下两个关节同时得到固定，又要短于衬垫材料，避免夹板两端损伤皮肤。最后用螺旋带或结实的细绳加以捆绑固定，铁制夹板可加皮带固定。如图 2－59 所示。

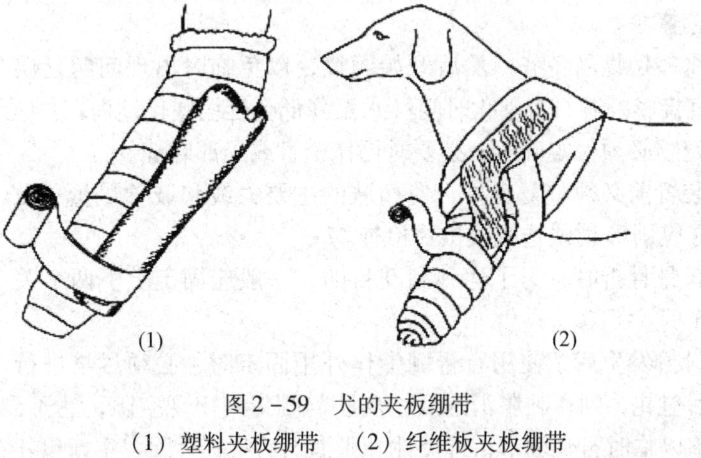

图 2－59　犬的夹板绷带

（1）塑料夹板绷带　（2）纤维板夹板绷带

（六）石膏绷带

1. 基本包扎方法

应用石膏绷带治疗骨折，可分为无衬垫和有衬垫两种，目前认为使用无衬垫石膏绷带疗效较好。骨折整复后，清除皮肤上污物，涂布滑石粉，在肢体上、下端各绕一圈薄的纱布棉垫，其范围应超出装置石膏绷带卷的预定范围。

根据操作时的速度，逐个地将石膏绷带卷轻轻地横放到盛有30～35℃的温水桶中，使整个绷带卷淹没在水中，待气泡出完后，两手握住石膏绷带卷的两端取出，用两手掌轻轻对挤，除去多余水分，从病肢的下端先作环形带，后作螺旋带向上缠绕直至预定的部位，每缠一圈绷带，都必须均匀地涂抹石膏泥，使绷带紧密结合。骨的突起部放置棉花垫加以保护。石膏绷带上、下端不能超过衬垫物，而且松紧也要适宜。根据伤肢重力和肌肉牵引力的不同，可缠绕6～8层。在包扎最后一层时，必须将上下衬垫向外翻转，包住石膏绷带的边缘，最后表面涂石膏泥。石膏绷带数分钟后即可成型，但为了加速绷带的硬化，可用电吹风机吹干。

在开放性骨折及其他伴发创伤的四肢疾病时，为了观察和处理创伤，常应用有窗石膏绷带。“开窗”的方法是在创口上覆盖消毒的创伤压布，用大于创口的杯子或其他器皿放于布巾上，杯子固定后，绕过杯子按前法缠绕石膏绷带，待石膏未硬固之前用刀作窗取下杯子即成窗口，窗口边缘用石膏泥涂抹平滑。有窗石膏绷带虽有便于观察和处理创伤之优点，但其缺点是可引起静脉瘀血和创伤肿胀。有窗石膏绷带若窗孔过大，往往影响绷带的坚固性，为了满足治疗上的需要和不影响绷带的坚固性，可采用矫形石膏绷带。其制作方法是用5～6层卷轴石膏绷带缠绕于创伤的上、下部，即先作出窗孔，待石膏硬化后于无石膏绷带部分的前后左右各放置一条弓形金属板即“桥”，代替一段石膏绷带，金属板的两端放置在患部上下方绷带上，然后再缠绕3～4层卷轴石膏绷带加以固定。

为了加强石膏绷带的硬度和固定作用，可在卷轴石膏绷带缠绕后的第三、四层停止缠绕，修整平滑并置入夹板材料，使之成为石膏夹板绷带。

2. 注意事项

（1）将一切物品备齐，然后开始缠绕，以免临时出现问题延误时间，由于水的温度直接影响着石膏硬化时间（水温降低会延缓硬化过程），应予注意。

（2）宠物必须保定确实，必要时可作全身或局部麻醉。

（3）装置前必须整复良好，使病肢的主要力线和肢轴尽量一致，为此，在装置前最好应用X射线透视或摄片检查。

（4）长骨骨折时，为了达到制动目的，一般应固定上下两个关节，才能达到制动的作用。

（5）骨折发生后，使用石膏绷带作外用固定时，必须尽早进行。若在局部出现肿胀后包扎，则在肿胀消退后，皮肤与绷带间出现空隙，达不到固定作用。此时，可施以临时石膏绷带，待炎性肿胀消退后将其拆除，重新包扎石膏绷带。

（6）缠绕时要松紧适宜，过紧会影响血液循环，过松会失去固定作用。缠绕的基本方法是把石膏绷带贴上去，而不是拉紧了缠上去，每层力求平整，为此，应一边缠绕一边用手将石膏泥抹平，使其厚薄均匀一致，骨的突起部需用衬垫予以保护。

（7）未硬化的石膏绷带不要指压，以免向下凹陷压迫组织，影响血液循环或发生溃疡、坏死。

（8）石膏绷带敷缠完毕后，为了使石膏绷带表面光滑美观，可用干石膏粉加少许水调成糊，涂在石膏夹表面，使之光滑整齐。石膏夹两端的边缘，应修理光滑并将石膏绷带两端的衬垫翻到外面，以免摩擦皮肤。

（9）最后用铅笔或毛笔在石膏夹表面写明装置和拆除石膏绷带的日期，并尽可能标记出骨折线或其他必要信息。

3. 石膏绷带的拆除

石膏绷带拆除的时间，应根据不同的动物和病理过程而定，一般3～4周，但在下列情况应提前拆除或拆开另行处理。

（1）石膏夹内有大出血或严重感染。

（2）病畜出现原因不明的高热。

（3）包扎过紧，肢体受压，影响血液循环。表现为病畜不安，食欲减少，末梢部肿胀，爪温变冷。

（4）肢体萎缩、石膏夹过大或严重损坏失去作用。

由于石膏绷带干燥后十分坚硬，拆除时多用专门工具，包括锯、刀、剪、石膏分开器等（图2－60）。拆除的方法是：先用热醋、双氧水或饱和食盐水在石膏夹表面划好拆除线，使其软化，然后沿拆除线用石膏刀切开、石膏锯锯开或石膏剪逐层剪开。为了减少拆除时可能发生的组织损伤，拆除线应选择在较平整和软组织较多处。外科临床上也常直接用长柄石膏剪沿石膏绷带近端外侧线纵行剪开，然后用石膏分开器将其分开，石膏剪向前推进时，剪的两页应与肢体的长轴平行以免损伤皮肤。

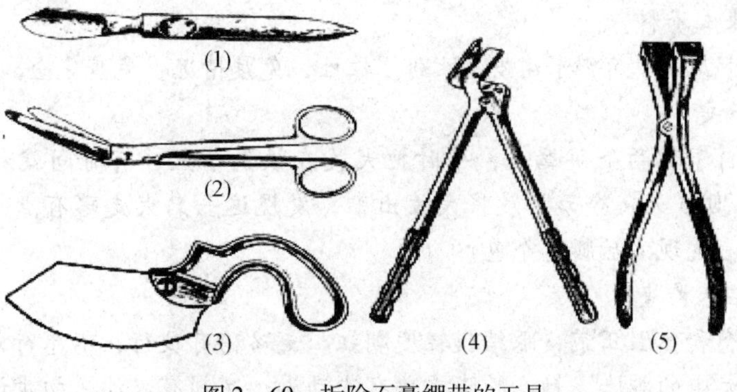

图2－60 拆除石膏绷带的工具

（1）石膏刀 （2）石膏剪 （3）石膏手锯 （4）长柄石膏剪 （5）石膏分开器

三、绷带的作用

保护作用：防止微生物及其他异物侵入伤口，避免外界因素的刺激，保持外用药物不流失等。

压迫作用：压迫患部，防止出血、渗血、创面肉芽组织过度增生、疝内容物脱出等。

减张作用：利用绷带的紧缩作用，减少创伤部位的组织张力。对不便缝合的创伤，可促使创缘接近；对缝合的创伤，有避免组织撕裂或缝线拉断的作用。

吸收作用：利用包扎绷带内层的吸水性吸收创伤分泌物。

保温作用：保持或提高患部温度，增强血液循环，加速炎症的消退或伤口的愈合。

固定作用：用以保持患部安静，在某种情况下尚有一定的支撑作用。如骨折、肌腱断裂、关节脱位等，在局部整复后，应用夹板绷带包扎加以固定支撑。

单元六 | 冲洗引流

【知识目标】

通过对案例中脓肿治疗的介绍，讲述冲洗和引流的相关知识，识别冲洗和引流的适应证，了解冲洗、引流遵循的原则，掌握冲洗及引流操作技术和物品的使用。

【技能目标】

能根据宠物所发生的疾病制订治疗方案；能按照治疗方案选择冲洗和引流的器械和物品；对临床上出现的每种冲洗或引流操作技术熟练操作。对冲洗或引流操作过程中可能出现的问题能及时处理。

【案例导入】

（一）基本资料

品种：萨摩犬，年龄：4 岁，性别：雄性，免疫情况：免疫完全。

（二）病史

主诉：自家养两条萨摩犬，平时把犬关在铁笼子里，有时间就放出来遛一遛。因出差 20 多天，今天早晨将犬放出来，发现这一只犬走路有点瘸，有时舔舐。仔细一看发现右后腿有个包。

（三）临床检查

精神状态和体温正常，眼结膜轻度潮红。走路稍有跛行，不愿行走。在右后肢有一小碗大小的肿胀，触诊肿胀柔软有波动感，穿刺有浓汁。初步诊断该萨摩犬患有脓肿。

【课前思考题】

该萨摩犬患的脓肿应采取什么治疗方案？如果把脓肿切开需要用哪种药物冲洗？冲洗中应注意哪些问题？术后需不需要引流，如果需要应如何操作？引流应遵循的原则是什么？做引流时应注意哪些问题？可用于引流的材料有哪些？

冲洗引流是外科领域内操作简单、应用广泛的基本技术之一。它对外科疾病的治疗、合并症的预防有重要作用。

一、冲洗

冲洗是利用某些液体将创面、体腔或组织腔隙、空腔脏器清洁的处理手段，是无菌术技术的基本方法。常用的冲洗液有：清水，0.9%生理盐水，3%双氧水，新洁尔灭液，灭滴灵液，灭菌王液，0.2%高锰酸钾液以及各种抗生素稀释液。

（一）清创术

清创时可选用适当的麻醉方法，如小创口可选用局部麻醉，下肢常用脊髓麻醉等。手术步骤如下。

1. 处理创口及周围皮肤

用无菌纱布盖住创口、周围皮肤被毛；洗手戴手套，创口更换无菌纱布，用软毛刷和肥皂液刷洗周围皮肤，用清水或生理盐水冲洗干净，重复刷洗两遍。有油腻者可用乙醚擦拭，去掉敷盖纱布，更换手套，用大量生理盐水冲洗创口。

2. 清除坏死组织和异物

用剪刀彻底剪除污染的皮下组织或已有明显损伤的脂肪组织。注意深层各种组织的损伤情况，去除刺激不收缩和切割不出血的肌肉，切除已严重污染并因挤压破损的肌腱，但切勿切除神经。有血管损伤应止血，主要的血管受损伤时必须予以修补。

3. 修复损伤的组织与缝合创口

用生理盐水冲洗创口，撒布抗生素。根据创口的预后状况采取相应的缝合措施。

（二）冲洗的注意事项

（1）要无菌操作，处理开放性创口时，要消毒皮肤（包括剃毛）后再进行局部冲洗。

（2）动作轻柔，避免再损伤，例如脏器、大血管周围的冲洗。

（3）注意动物状态，如年老体弱、病情危重、休克等，只能做简单快速冲洗。

（4）局部冲洗时注意保护好周围正常组织，避免人为污染、感染扩散。

（5）根据情况选择合适的冲洗液，如新鲜、清洁的创口可用0.9%生理盐水和3%双氧水；感染的创口、创腔可用生理盐水、各种抗生素稀释液等。年老、体弱、病情危重病畜的创腔冲洗，用温生理盐水等刺激性小的冲洗液。

（6）进行性出血的创面、创口冲洗应慎重。

（三）冲洗的适应证

（1）新鲜开放创口（伤后8h内）。

（2）陈旧污染创口（伤后8h外）。

（3）感染创口、创腔。

（4）感染、污染积血的腹腔。

（5）腹部大手术后。

（6）感染污染的空腔脏器（膀胱、胃）。

二、引流

使器官、体腔或组织腔内积聚的内容物排出体外或引出的措施称为引流。正确使用引流技术可防止感染扩散，减少合并症的发生。广义的引流还应包括胃肠减压、留置尿管、各种造口或吻合等。

（一）引流遵循的原则

1. 通畅

所有引流必须以通畅为前提，使各种腔内液迅速排出，以减轻、消除症状，促进组织愈合。引流切口的大小、位置、体位、脏器内引流的吻合口等，均可影响引流效果。

2. 彻底

对较大或深部脓肿或浆膜腔积液，引流必须力求彻底，争取早期愈合，缩短疗程。否则会造成慢性感染而久治不愈，甚至会造成更严重的并发症。

3. 损伤小

对内脏或组织干扰小，施行引流术时应避免损伤大块组织。如行脓肿引流时，应在波动最明显、与体表距离最近处切开，切口的位置应避开大血管、神经及重要的脏器和关节腔。在选择引流物时，应选择组织刺激最小、表面光滑、不易吸收的物质，对胸腔、腹腔、关节腔和脑部引流，尤宜取径路短、引流管口径适宜和避免脏器损伤的方法。

4. 顺应解剖和生理要求

引流的方式应符合其解剖关系及生理功能，如切口的方向应考虑功能、位置、术后瘢痕形成及对邻近组织的影响。

5. 确定病原菌

任何感染部位的引流液均应做细菌涂片检查、细菌培养、药敏试验，以便确定致病菌及药物敏感性，针对致病菌选择有效抗菌药物。如果滥用药物，不仅造成浪费，而且会使细菌产生耐药性，给治疗带来麻烦。

（二）引流的分类

1. 按引流目的分类

（1）预防性引流　为预防术后发生积血、积液、感染吻合口瘘等并发症而使用。如腹腔大手术后（肝、胆、胰、肾手术）、甲状腺手术后、门脉高压症等。多用胶管引流，一般留置时间在24～48h内。如留置时间过长，可致逆行感染。

（2）治疗性引流　为使组织间或体腔内脓液、各种瘘液等流出体外的引流。如胆瘘、胰瘘、肠瘘、脓肿切开引流。此种引流多用胶管、套管引流，时间较长，多在疾病需要治疗时引流。没有脓液或瘘液、胆汁、胰液等排出即可拔出。

2. 按作用机制分类

（1）被动引流　借助于体内液体与大气压力差，或引流物的虹吸作用及体位相关作用，使液体排出体外。

（2）主动引流　用负压吸引将体内液体吸出，多用烟卷、纱布、胶管、套管引流等。

（三）引流物的种类

1. 纱条

应用防腐灭菌的干纱布条，涂布软膏，放在腔内，排出其中液体。纱布条引流在几小时内吸附创液而饱和，创液和血液凝块沉积在纱布条上，阻止进一步引流。该法一般用于浅表或慢性感染伤口。

2. 橡皮片

用橡皮手套剪成，用于浅表伤口治疗及预防性引流。

3. 烟卷

用橡皮片、纱布条制成，常用于腹腔短时间引流。

4. 膜管

用橡皮片卷成空心管状，用于浅表创口的治疗及预防性引流。

5. 管状引流

常用的有硅胶管、软塑管、乳胶管、导尿管、双腔套管等，常用于体腔及深部组织引流。在插入创腔之前用剪刀将引流管剪成小孔，这样可以引流小孔周围的创液。应用这种引流能减少术后血液、创液的蓄留。

（四）引流的主要作用与应用

将创口内或腔隙中的分泌物、积血、脓汁、渗出物引出体外，缩小死腔；刺激组织渗出，中和、稀释毒素；刺激渗出纤维蛋白原，使局部粘连，病灶局限化。

创伤缝合时，引流管插入创内深部，创口缝合，引流的外部一端缝到皮肤上。在创内深处一端，由缝线固定。引流管不要由原来切口处通出，而要在其下方单独切开一个小口通出引流管。引流管要每天清洗，以减少发生感染的机会。

引流管在创内放置时间越长，引流引起感染的机会增多，如果认为引流已经失去引流作用时，应该尽快取出。应该注意，引流管本身是异物，放置在创内会诱发产生创液。

应该在无菌状态下引流，引流出口应该尽可能向下，有利于排液。出口下部皮肤涂以软膏，防止创液、脓汁等腐蚀、浸渍被毛和皮肤。每天应该更换引流管或纱布，如果引流排出量较多，更换次数要多些。因为引流管的外部已被污染，不应该直接由引流管外部向创内冲洗，否则引流管外部细菌和异物会进入创内。要控制住动物，防止引流被舐咬或拉出创外。

（五）引流的适应证

1. 引流用于治疗的适应证

（1）皮肤和皮下组织切口严重污染，经过清创处理后，仍不能控制感染时，在切口内放置引流物，使切口内渗出液排出，以免蓄留发生感染，一般需要引流24～72h。

（2）脓肿切开排脓后，放置引流物，可使继续形成的脓液或分泌物不断排出，使脓腔逐渐缩小而治愈。

2. 引流用于预防的适应证

（1）切口内渗血，未能彻底控制，有继续渗血可能，尤其有形成残腔可能时，在切口内放置引流物，可排出渗血、渗液，以免形成血肿、积液或继发感染。一般需要引流24～48h。

（2）愈合缓慢的创伤。

（3）手术或吻合部位有内容物漏出的可能。

（4）胆囊、胆管、输尿管等器官手术，有漏出刺激性物质的可能。

（六）引流的注意事项

1. 使用引流的类型和大小要适宜

选择引流的类型和大小应该根据适应证、引流管性能和创流排出量来决定。

2. 放置引流的位置要正确

一般脓腔和体腔内引流出口尽可能放在低位。不要直接压迫血管、神经和脏器，防止发生出血、麻痹或瘘管等并发症。手术切口内引流应放在创腔的最低位。体腔内引流最好不要经过手术切口引出体外，以免发生感染，应在其手术切口一侧另造一小创口通出，切口的大小要与引流管的粗细相适宜。

3. 引流管要妥善固定

不论深部或浅部引流，都需要在体外固定，防止滑脱、落入体腔或创伤内。

4. 引流管必须保持畅通

注意不要压迫、扭曲引流管。引流管不要被血凝块、坏死组织堵塞。

5. 引流必须详细记录

引流取出的时候，除根据不同引流适应证外，主要根据引流流出液体的数量来决定。引流流出液体减少时，应该及时取出。放置引流后要每天检查和记录引流情况。

【知识链接】

1. 术部隔离一次性创巾

近年来，在手术创区域隔离方面，有人使用了一次性自粘手术薄膜，该膜已经过无菌处理，在术部除毛并经消毒、待干燥之后，即可粘贴，以达到隔离的目的。

2. 选择缝线的原则

对于皮肤、筋膜及肌腱这些愈合较慢的组织通常选择不吸收性缝线缝合，而愈合较快的胃、十二指肠、结肠、膀胱等组织，则用吸收性缝线来缝合。在有潜在污染可能的组织中，异物会使污染变为感染，因此，多股缝线可能会使污染性伤口变为感染性伤口，此类伤口选用缝线时，使用单股或可吸收性缝线。在美容效果较为重要的部位，伤口必须要有长时间的紧密结合，避免受到刺激，这样才能获得最佳效果，因此，应使用最纤细而且不起化学作用的单股缝线材料，如尼龙缝线或聚丙烯缝线类，且应避免作为皮肤缝线使用，尽可能做表皮下缝合。在某些情况下，为了使皮肤的边缘结合牢固，也可使用皮肤拉合胶布。在泌尿道及胆道手术时，应使用快速吸收的缝线。关于选择缝线的粗细，一般认为使用与组织的自然强度相当的最细缝线。

3. 器械保养方法

（1）利刃和精密器械要与普通器械分开存放，以免相互碰撞而损伤。

（2）使用和洗刷器械不可用力过猛或投掷。在洗刷止血钳时要特别注意洗净齿床内的凝血块和组织碎片，不允许用止血钳夹持坚、厚物品，更不允许用止血钳夹碘酊棉球等消毒药棉。刀、剪、注射针头等应专物专用，以免影响锐利。

（3）手术后要及时将所用器械用清水洗净，擦干涂油保存，不常用或库存器械要放在干燥处，放干燥剂，定期检查涂油。胶制品应晾干，敷以适量滑石粉，妥善保存。

（4）金属器械在非紧急情况禁止用火焰灭菌。

4. 二次出血的原因

（1）血管断端结扎止血不确实，结扎线松脱。

（2）某种原因使血栓脱落，如血压增高、钳夹止血钳的力量和时间不足、手术后过早运动而使血栓脱落。

（3）未结扎的血管中的血栓，由于化脓或使用某些药物而溶解。

（4）粗暴地更换敷料或填塞，将血管扯伤。

5. 延期出血的原因

（1）手术中使用肾上腺素，当药物作用消失后血管扩张而出血。

（2）骨折固定不良，骨折断端锐缘刺破血管。

（3）血管受到挫伤时，血管的内层及中层受到破坏，血液积聚在血管外膜的下面，当时虽未出血，但如果血栓受到感染，血管壁遭受破坏则可发生延期出血。

（4）在感染区，血管受到侵害而发生破裂。

6. 大出血的原因

（1）病变局部血液循环丰富，极易出血，缺乏有效的止血措施，或病变组织切除不全而残留少部分。

（2）不熟悉局部解剖结构，视野不清而盲目分离。

（3）对变异的血管缺乏警惕。

（4）手术操作忙乱，手法较重而误伤血管。

（5）器械钳夹血管脱落。撕脱或血管钳齿扣老化而自行弹开。

（6）结扎时，结扎者与松血管钳者配合不好，尚未结扎即松钳。

（7）结扎线结不牢而滑脱，或结扎线在结扎中断裂。

（8）对小的出血惊慌，盲目钳夹而加重损伤。

7. 石膏绷带改进的包扎技术

为了便于固定和拆除，外科临床上也有使用长压布石膏绷带，其制作和使用方法是：取纱布，其宽度为要固定部位圆周的一半，长度视情况而定。将纱布均匀地布满煅石膏粉后，逐层重叠起来浸以温水，挤去多余水分后放在患肢前面。同法做成另一长压布，放在患肢后面。待干燥之后再用卷轴绷带将两页固定于患部。

【情境小结】

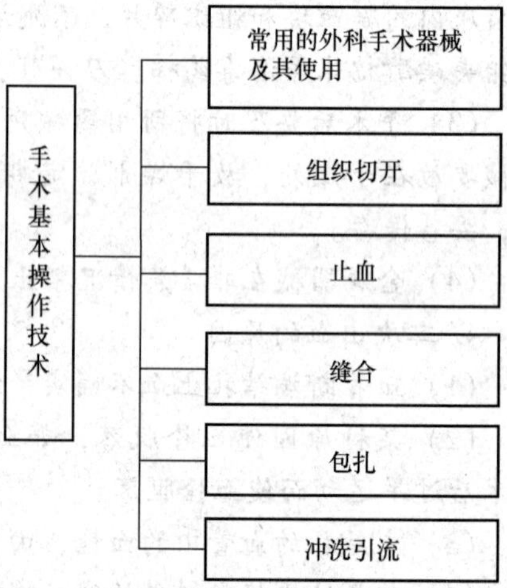

在外科治疗中，手术和非手术疗法是互相补充的，但是手术是外科综合治疗中重要的手段和组成部分，而手术基本操作技术又是手术过程中重要的一环。尽管外科手术种类繁多，手术的范围、大小和复杂程度不同，但就手术操作本身来说，其基本技术，如组织分割、止血、打结、缝合等还是相同的，只是由于所处的解剖部位不同和病理变化不一，在处理方法上有所差异而已。因此，可以把外科手术基本操作理解为是一切手术的共性和基础。在外科临床中，手术能否顺利地完成，在一定意义上取决于对基本操作的熟练程度及其理论的掌握。为此，在学习中要重视每一过程、每一步骤的操作，认真锻炼这方面的基本功，逐步做到操作时动作稳重、敏捷、准确、轻柔，这样才能缩短手术时间，提高手术治愈率，减少术后并发症的发生。

【情境测试】

1. 下列执刀姿势中，适合于腹膜切开的是（　　）。

A 指压式　　B 执笔式　　C 全握式　　D 反挑式

2. 执笔式执刀形式主要用于较小的切割和细致的深部组织的分离，应用时一般只用（　　）。

A 刀尖　　B 刀背　　C 刀柄　　D 刀全刃

3. 正确使用手术镊时应做到（　　）。

A 有齿镊夹较坚韧的组织　　B 无齿镊夹较脆弱的组织

C 有齿镊夹较脆弱的组织　　D 两种镊都可用以夹持、稳住或提起组织

4. 腹部手术，皮肤切口较大，最常用的执刀方式是（　　）。

A 执笔法　　B 指压法　　C 反挑法　　D 全握式

5. 切开腹膜时用的持刀法是（　　）。

A 执笔法　　B 指压法　　C 反挑法　　D 全握式

6. 手术剪的使用，一般说来，浅部操作用（　　）。

A 直剪　　B 弯剪　　C 剪毛剪　　D 剪线剪

7. 锐性切开的特点是（　　）。

A 组织损伤小、速度快、切口平整，但手术中出血较多

B 组织损伤大、速度快、切口平整，但手术中出血较多

C 组织损伤小、速度快、切口平整，但手术中出血较少

D 组织损伤小、速度快、切口不平整，但手术中出血较多

8. 止血钳的用途是（　　）。

A 夹持血管　　B 固定皮肤　　C 夹持缝合针　　D 夹持器械

9. 肠钳的用途是（　　）。

A 固定肠管　　B 止血　　C 固定胃壁　　D 夹持腹膜

10. 关于钝性分离，下列错误的是（　　）。

A 用刀柄分离　　B 用止血钳分离　　C 用手指分离　　D 用刀分离

11. 理想的手术切口应符合的条件是（　　）。

A 距离病变部位近　　B 能避开血管、神经

C 愈合牢固　　D 出血少

12. 手术过程中，深部创口大量渗血，可用（　　）。

A 钳夹止血　　B 长凡士林纱布条填塞压迫止血

C 结扎止血　　D 贯穿缝合止血

13. 对活动性血管出血宜用（　　）。

A 明胶海绵止血　　B 止血粉止血　　C 压迫止血　　D 钳夹丝线结扎止血

14. 用止血带止血时连续阻断血流不得超过（　　）。

A 30min　　B 1h　　C 1.5h　　D 2h

15. 最常见的输血反应是（　　）。

A 发热　　B 荨麻疹　　C 过敏性反应　　D 溶血反应

16. 下列属于输血适应证的是（　　）。

A 急性失血　　B 贫血　　C 重症感染　　D 心源性休克

17. 下列不是输血并发症的是（　　）。

A 发热反应　　B 循环超负荷　　C 缺氧　　D 梅毒

18. 手术中结扎止血和缝合组织时使用的结不包括（　　）。

A 方结　　B 外科结　　C 假结　　D 三叠结

19. 大量输血引起的并发症中不包括（　　）。

A 暂时性低血钙　　B 高血钾　　C 高血钠　　D 碱中毒

20. 丝线在用于缝合前应注意先浸湿的目的是（　　）。

A 增加张力便于结扎与缝合　　B 减小张力便于结扎与缝合

C 无任何作用　　D 减小张力而影响结扎与缝合

21. 拆线的时间可影响创口愈合，愈合良好的创口拆线一般在术后（　　）。

A 5 天　　B 10 天　　C 15 天　　D 2 周

22. 不属于不可吸收缝线的是（　　）。

A 丝线　　B 尼龙线　　C 聚乙醇酸线　　D 棉线

23. 不属于单纯对合类的缝合方法是（　　）。

A 连续缝合法　　B 间断缝合法　　C 荷包缝合法　　D 褥式缝合法

24. 皮肤和皮下组织一般采取（　　）。

A 结节缝合　　B 连续缝合　　C 荷包缝合　　D 内翻缝合

25. 胃、肠、子宫的缝合常用（　　）。

A 内翻缝合　　B 压挤缝合　　C 结节缝合　　D“十”字缝合

26. 以下属于内翻缝合的方法是（　　）。

A 连续缝合法　　B 间断缝合法　　C“8”字缝合　　D 褥式缝合法

27. 吻合肠的后壁用（　　）。

A 全层内翻缝合法　　B 浆肌层内翻缝合法

C 水平褥式缝合法　　D 垂直褥式缝合法

28. 修补胃穿孔时，用的缝合法是（　　）。

A 荷包缝合法　　B 全层间断缝合法

C 水平褥式缝合法　　D 连续缝合法

29. 全层内翻缝合法用于（　　）。

A 修补胃壁　　B 阑尾残端包埋　　C 吻合小肠前壁　　D 吻合小肠后壁

30. 适合用三棱针缝合的是（　　）。

A 胃　B 肌肉组织　C 皮肤　D 腹膜

31. 肠线主要用于缝合（　　）。

A 皮肤　B 肌肉　C 骨　D 子宫

32. 丝线打结剪线后，留下线头长度一般为（　　）。

A 1～2mm　B 3～4mm　C 4～5mm　D 6～7mm

33. 肠线打结剪线后，留下线头长度一般为（　　）。

A 1～2mm　B 3～4mm　C 4～5mm　D 6～7mm

34. 不符合缝合基本要求的是（　　）。

A 创内必须清净、止血

B 缝合同层组织要准确对合、密闭，创内不留死腔

C 创缘要对齐、平整，进针和出针点距创缘要相等

D 缝线打结松一点

35. 缝合包扎指的是（　　）。

A 复绷带　B 结系绷带　C 夹板绷带　D 支架绷带

36. 不属于卷轴绷带的基本包扎法是（　　）。

A 环形包扎法　B 螺旋形包扎法　C 折转包扎法　D 支架绷带包扎

37. 犬掌骨骨折常用的治疗方法是（　　）。

A 牵引治疗　B 抗生素治疗

C 整复夹板绷带固定　D 卷轴绷带包扎

38. 犬的竖耳手术需要的包扎法是（　　）。

A 支架绷带包扎　B“8”字形卷轴绷带包扎

C 折转包扎法　D 石膏绷带包扎

情境三 头颈部手术

单元一 拔牙手术

【知识目标】

通过牙科疾病的临床实例讲述如何在日常饲养过程中预防牙科疾病，从而识别哪些相关牙科疾病需要通过手术的方法进行诊断治疗，进而掌握犬、猫拔牙术的基本操作过程和实际临床应用。

【技能目标】

能独立诊断出犬、猫是否应该进行拔牙术；能独立地按照自己的想法和手术要求合理的设计整个手术流程；以及能熟练地进行拔牙术的手术基本操作。

【案例导入】

（一）基本资料

品种：松狮犬，年龄：6 岁，性别：雄性，免疫情况：免疫完全。

（二）病史

主诉：犬平时在家经常吃肉，饲喂狗粮。近几天发现此犬不吃东西，有口腔部位不让触摸等异常表现。

（三）临床检查

体温正常，眼结膜轻度潮红，牙结石严重，口臭，犬齿咀嚼面严重坏损，齿龈红肿，听诊心律不齐，其他未见明显异常。

【课前思考题】

通过临床症状观察，术前需要对病犬采取哪些措施？犬、猫的牙齿结构如何？犬、猫拔牙手术的适应证都有哪些？手术时使用何种麻醉药及麻醉方法？手术是怎样进行的？手术过程中有哪些注意事项？术后应如何护理？

［器械］

牙钳、牙根起子、牙锤、牙凿和刮匙，另外选用一般手术器械和犬用开口器等。

［麻醉］

动物需全身麻醉，最好用吸入麻醉，因为气管内插管后可防止冲洗液或血液被误吸。

［保定］

采取侧卧位保定，确实保定头部。颈后及身躯垫高或头放低，防止异物性吸入。用开口器打开口腔。

［手术操作］

口腔清洗干净，局部消毒。

1. 单齿根齿的拔除

单齿根齿指的是切齿和犬齿。如拔除切齿，先用牙根起子紧贴齿缘向齿槽方向用力剥离、旋转和撬动等，使牙松动，再用牙钳夹持齿冠拔除。因犬齿齿根粗而长，应先切开外侧齿龈，向两侧剥离，暴露外侧齿槽骨，并用齿凿切除齿槽骨。然后用牙根起子紧贴内侧齿缘用力剥离，再用齿钳夹持齿冠旋转和撬动，使牙松动脱离齿槽，最后将其拔除。清洗齿槽，齿龈创口内撒布甲硝唑及其他抗生素，用可吸收线或丝线结节缝合齿龈瓣。如有出血，可填塞棉球止血（图3－1）。

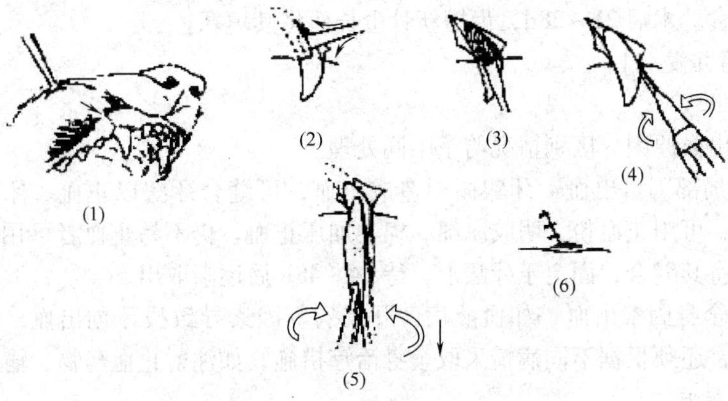

图3－1　单齿根齿的拔除

（1）齿根部位齿龈切开线（箭头所指）　（2）分离齿龈　（3）切除外侧齿槽

（4）用牙根起子松动牙齿　（5）用齿钳夹持齿冠旋转、拔出　（6）缝合齿龈

2. 多齿根齿的拔除

当拔除两个齿根的牙时（如上、下前臼齿），可用齿凿（或齿锯）在齿冠处纵向凿开（或锯开）使之成为两半，再按单齿根齿拔除。对于3个齿根的牙（上颌第四前臼齿和第一、二后臼齿），需用齿凿或齿锯在齿冠处纵向分割为2～3片，再分别将其拔除。也可先分离齿周围的附着组织，显露齿叉，将牙根起子经齿叉旋转楔入，迫使齿根松动，然后将其拔除（图3－2）。

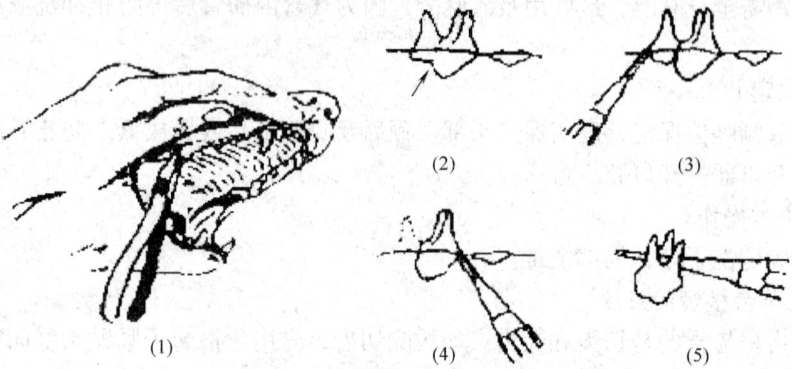

图3－2 多齿根齿的拔除

（1）、（2）齿被凿开两部分 （3）、（4）依次分离两部分齿周围组织并将齿拔除

（5）牙根起子楔入齿根间（齿叉）

［术后护理］

术后全身应用抗生素2～3d。犬、猫对拔牙耐受力强，多数病例在术后第2天即可吃食。术后21～28d，齿槽新骨生长而将其填塞。

［术后并发症］

1. 出血

查清出血原因，区别情况给予不同处理。

（1）局部因素出血　牙龈撕裂造成出血，可缝合牙龈以止血。牙槽小血管破裂出血，可用止血粉、明胶海绵、棉卷加压止血。仍不易止血者可用碘仿纱条填塞，并将其缝合，固定于牙龈上，待24～48h后逐渐取出。

（2）全身因素出血　如血液病、肝脏病等因素导致拔牙创出血，除进行局部止血外，还须根据不同病情采取全身治疗措施，如注射止血药物、输血等。

2. 干槽症

干槽症是在拔牙后，牙槽窝内血凝块腐败分解，骨壁裸露，继发感染，剧烈疼痛，犬、猫从而表现抓挠头部，触诊敏感等表现。多由于拔牙时创伤较大，时间较长，异物感染等因素引起的。处理措施：首先用3%过氧化氢液、生理盐水洗净伤口，然后用碘仿纱条加丁香油、抗生素放牙槽窝内，同时内服镇痛消炎药物，保持口腔清洁，每日或隔日换药一次。

［适应证］

严重龋齿、化脓性齿髓炎、断齿、齿松动、多生齿、齿生长过长或齿错位等。为防止动物咬人致伤，手术拔除其犬齿。

单元二｜眼部手术

【知识目标】

通过本单元的学习，了解犬、猫在临床上易发生的眼部疾病，由一种眼病可能影响犬、猫形象以及继发其他眼部疾病。通过临床实例，掌握在日常的饲养过程中如何去发现和提早识别各种眼病，以及对于疾病发生时作为宠物医生该如何进行合理有效的救治，从而避免继发其他眼科疾病。

【技能目标】

能独立地诊断出是何种眼科疾病；能独立地按照自己的想法和手术要求合理设计整个手术流程；能熟练地进行整个手术基本操作。

【案例导入】

案例一：

（一）基本资料

品种：西施犬，年龄：1岁，性别：雄性，免疫情况：免疫完全。

（二）病史

主诉：最近发现犬左眼部有流泪、发痒、不适现象，经常用前爪搔抓眼部或以眼部摩擦其他物体。在眼眦处出现一红色肿物。

（三）临床检查

体温38.6℃，脉搏、呼吸数均正常，精神良好。第三眼睑部有粉红色的增生组织，增生物表面凸凹不平、肿胀、充血、眼部分泌物增多，同时伴有角膜炎和结膜炎，其他未见明显异常。

案例二：

（一）基本资料

品种：北京犬，年龄：2岁，性别：雌性，免疫情况：免疫完全。

（二）病史

主诉：昨天晚上北京犬被家里的一只斗牛犬咬伤眼部，致使右侧眼球轻度脱出，因为附近没有动物医院，故今早来进行治疗。因为脱出的时间比较久，巩膜和结膜都出现了很严重的血肿，眼睑瘀血严重。

（三）临床检查

眼球突出显著，伴有血肿现象，身体各项指标均正常。

案例三：

(一) 基本资料

品种：斗牛犬，年龄：9岁，性别：雌性，免疫情况：免疫完全。

(二) 病史

主诉：犬瞳孔处可见变白，而且有视觉障碍，走路经常会撞到家具或其他东西，且动作灵活度降低。

(三) 临床检查

通过临床症状同时裂隙灯检查确定为白内障。

【课前思考题】

第三眼睑脱出的犬、猫都有哪些的临床表现？第三眼睑摘除术是怎样进行的？犬、猫眼球的复位与摘除手术的适应证都有哪些？犬、猫眼睑部手术适应证都有哪些？角膜损伤常见的病因有哪些？犬、猫白内障手术的适应证都有哪些？手术时使用何种麻醉药及麻醉方法？手术过程中有哪些注意事项？手术是怎样进行的？术后如何去护理？

一、 第三眼睑脱出摘除术

[器械]

眼科剪、眼科镊、手术刀等一般眼科手术器械。

[麻醉]

用0.5%盐酸普鲁卡因溶液2mL，于患眼下眼睑靠内眼角处作皮下分点注射和结膜下注射，进行局部浸润麻醉；对于性情凶猛的病犬，以速眠新注射液作浅麻醉。

[保定]

用一条长1m左右的绷带（或细绳）在中间打一活结圈套，将圈套套至犬鼻背中间和下颌中部，然后拉紧圈套，再将绷带条两端绕过耳后收紧打结，然后将病犬仰卧，分别将犬前、后肢捆绑固定于手术台上，由助手用双手固定住犬头部。

[手术操作]

患眼周围剃毛，用2%硼酸溶液冲洗患眼数次，碘酊涂擦眼周围皮肤消毒。以加有青霉素的注射用水冲洗眼结膜，并滴含有肾上腺素局部麻醉药。用组织钳夹住肿物包膜外引，充分暴露出基部，以弯止血钳钳夹基部数分钟，然后以手术刀沿夹钳外侧切除，或以外科小剪刀剪除，腺体务必切除干净，尽量不损伤结膜及瞬膜，再以青霉素水溶液冲洗创口，去除夹钳，以干棉花压迫局部止血。也可用滴加0.1%盐酸肾上腺素溶液的棉球压迫止血（图3-3)。

扭断式摘除法以加有青霉素的注射用水冲洗眼结膜，滴含有肾上腺素的局部麻醉药。用组织钳夹住肿物包膜外引，充分暴露出基部，以一把直止血钳钳夹基部，另一把直止血钳平行钳夹纤维膜状蒂，两止血钳间不留空隙，然后一只手固定钳夹基部的止血钳，另一只手按顺时针方向旋转上面的止血钳直到将纤维膜状蒂扭断为止，创口滴加 0.1% 盐酸肾上腺素溶液 2～3滴，停留 1～2min 后除去钳夹基部的止血钳。术后局部创口几乎不出血或仅有极少量出血。

一般幼犬或小型犬用上述方法止血，效果确实，操作简便，但成年犬及大型犬有时出现切除后出血不止，可以用酒精烧热的手术刀柄钝圆尾端烧烙腺体基部（血管断端）止血，也可用电烙铁进行止血。

[术后护理]

术后以抗生素肌肉注射抗感染，用氯霉素眼药水点眼，每天 3～4 次，维持 5～7d，以消除因瞬膜腺突出引起的结膜炎或角膜炎症状。

[适应证]

犬的第三眼睑脱出症（俗称“樱桃肿”）。多发于小型犬，如北京犬、西施犬、沙皮犬、哈巴犬以及以上各种犬的杂交后代，性别不限，年龄为 2 月龄至 1 岁半，个别有 2 岁龄。

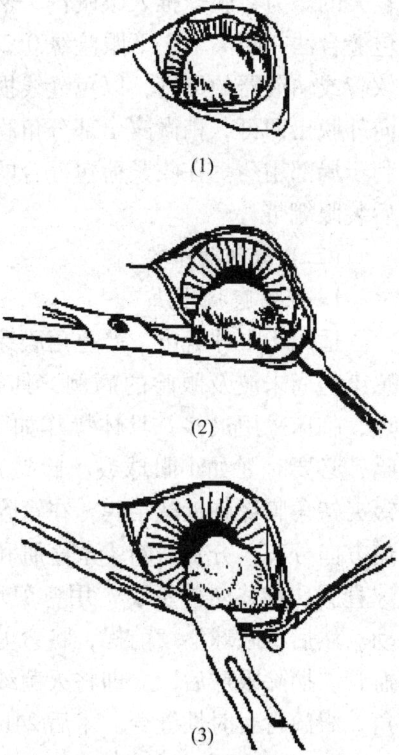

图 3－3　第三眼睑摘除过程

（1）增生第三眼睑　（2）固定肿物

（3）剪除肿物

二、 眼球的复位与摘除术

[器械]

一般外科手术器械。

[麻醉]

全身麻醉，或配合患眼眼轮匝肌麻醉。也可行全身镇静配合球后麻醉。

[保定]

动物患眼在上，侧卧保定。

[手术操作]

（一）眼球复位术

在全身麻醉的情况下，眼睑周围剪毛、剃毛，用温生理盐水冲洗脱出的眼球及其周围组织至干净。因眼球损伤，大多组织肿胀，最好选择外眼眦处，用手术刀切开一小口（0.5～1cm），然后翻开上、下眼睑，这时用混有肾上腺素的盐酸利多卡因溶液滴洒在患眼及其周围组织。随后，用浸湿的灭菌纱布托住眼球，以轻柔的压力将眼球推入眼眶内，然后结节缝合切开的外眼眦2~3针。最后用荷包缝合法在距离上、下眼睑缘0.2cm处缝合，外露的缝合线要穿上等长的细塑料软管或输液器的细管，以免缝线损伤角膜。注意缝线不要过紧，一般以眼球不再向外脱出即可，稍微露出部分角膜，这样既可以避免缝线过紧导致组织缺氧，又利于局部用药。在收紧荷包缝合的缝线前，可向结膜囊内涂布红霉素眼药膏，最后装眼绷带。

（二）眼球摘除术

1. 经结膜摘除法

适用于眼球脱出、严重角膜穿孔，及眼球内容物脱出、角膜穿透创继发眼内感染但尚未波及眼睑的病例，具有操作简便、出血少、对动物外观影响小的优点，临床采用最多。具体操作如下：用金属开睑器撑开眼睑或用缝线牵引开眼睑，必要时（如小眼球或小睑裂）可切开外眦，以充分暴露眼球。用有齿组织镊夹持角膜缘临近球结膜，在穹隆结膜上做环行切开。将弯剪紧贴巩膜向眼球赤道方向分离，分别剪断4条直肌和2条斜肌在巩膜的止端。继续用有齿镊夹持眼球直肌残端并向外牵引，用弯剪环行分离眼球深处组织，至眼球可以做旋转运动。然后将眼球继续前提，将弯剪伸入球后，剪断眼球退缩肌、视神经及其临近血管。摘除眼球后，立即将灭菌纱布条填塞眼眶压迫止血，纱布条一端留在外眼角，眼睑行暂时性缝合。术后24h，将纱布条经眼角抽出。

2. 经眼睑摘除法

适用于眼球严重化脓性感染或眶内肿瘤已蔓延到眼睑的动物，切除部分眼睑有利于手术创取第一期愈合。具体操作如下：上、下眼睑常规剪毛、消毒后，将上、下睑缘连续缝合，闭合睑裂。在触摸眼眶和感知其范围基础上，环绕睑缘作一椭圆形切口，依次切开皮肤、眼轮匝肌至睑结膜，但须保留睑结膜完整。一边用有齿组织镊向外牵拉眼球，一边用弯剪环行分离球后组织，分别剪断所有直肌和斜肌。当牵拉眼球可做旋转运动时，用小弯止血钳伸入眼球后，紧贴眼球钳夹眼球退缩肌、视神经及其临近血管，在止血钳上缘将其剪断，即可取出眼球。尽量结扎止血钳下面的血管，以减少出血。当出血控制后，可将球后组织连同眼肌等组织一并结扎，以填塞眶内死腔。最后结节缝合眼睑皮肤切口，并做结系眼绷带或装置眼绷带。

[术后护理]

术后因眶内出血而引起术部肿胀和疼痛，或从创口流出血样液体，所以应视动物具体情况全身使用止血药、止痛药等。若眼部感染有扩散可能，应早期大量使用抗生素。术后3~4d炎性渗出逐渐减少，可行眼部温敷以减轻肿胀和疼痛。

术后全身应用广谱抗生素，每日两次，以防局部感染。局部滴阿托品、抗生素眼药膏或眼药水，每天4~6次，如若效果不理想，可以每隔2~3d对结膜囊或眼底注射含有地塞米松、阿托品、卡那霉素和盐酸普鲁卡因的混合液1~2mL，经过以上治疗一般 5 ~ 14d 即可恢复正常。术后给犬颈部带上项圈，防止犬用爪抓扒患部，以防术部感染。术后 3 ~ 4d 拆除眼睑缝线，取出眶内纱布，再涂以抗生素眼膏。

[适应证]

眼球手术复位法适合于中度、重度眼球脱出的患犬。眼球摘除适用于严重眼球损伤无治愈希望、化脓性全眼球炎治疗无效、眼球内肿瘤等。

三、 眼睑的手术

(一) 眼睑内翻矫正术

[器械]

一般外科手术器械。

[麻醉]

全身麻醉，或全身使用镇静剂配合眼睑局部浸润麻醉。

[保定]

动物患眼在上，侧卧保定。

[手术操作]

通常采用改良霍尔茨 - 塞勒斯氏手术进行矫正。术前对内翻的眼睑剃毛、消毒，铺眼部手术创巾。在距下睑缘 2 ~ 4mm 处用手术镊提起皮肤，并用一把或两把直止血钳钳住。钳夹皮肤的多少，应视眼睑内翻程度而定，以恰好矫正为宜。在钳夹皮肤 30s 后松脱止血钳，用手术镊提起皮肤皱褶，沿皮肤皱褶基部用手术剪将其剪除。剪除后的皮肤创口呈长梭形或半月形，常用 4 号或 7 号丝线行结节缝合，保持针距约 0.2cm。术后 10 ~ 14d 拆除缝线。

[术后护理]

术后数天内因创部炎性肿胀，眼睑似乎出现矫正过度即外翻现象，随着肿胀消退，睑缘将逐渐恢复正常。术后需用抗生素眼药水或眼药膏点眼，每天 3 ~ 4 次，以消除因眼睑内翻引起的结膜炎或角膜炎症状，同时还需防止动物搔抓或摩擦造成术部损伤。

[适应证]

眼睑内翻是指睑缘部分或全部向内侧翻转，以致睫毛和睑缘持续刺激眼球引起结膜炎和角膜炎的一种异常状态。本病主要发生于犬的部分品种，常见于沙皮犬、松狮犬、英国斗牛犬、圣伯纳犬等，多为品种先天性缺陷，并多见下眼睑内翻，需施行手术进行矫正。

(二) 眼睑缺陷矫正术

[器械]

一般外科手术器械。

[麻醉]

同眼睑内翻矫正术。

[保定]

同眼睑内翻矫正术。

[手术操作]

缺损的手术矫正使用水平蒂瓣移植，蒂瓣移植通常从下眼睑采取而缝合到缺损处，必须保证蒂瓣缝合不摩擦角膜，结膜蒂瓣缝合用6号或7号肠线，皮肤缝合用5号或6号丝线，上眼睑颞侧发育不全引起慢性角膜炎，利用蒂瓣移植修整缺损处，然后，从下眼睑呈四方形采取蒂瓣移植到上眼睑处。

[术后护理]

术后消炎预防感染，同时防止动物搔抓或摩擦造成术部损伤。

[适应证]

眼睑先天性发育不全，或由于机械性所造成的眼睑损伤或局部缺失。

（三）眼睑裂畸形矫正术

[器械]

一般外科手术器械。

[麻醉]

同眼睑内翻矫正术。

[保定]

同眼睑内翻矫正术。

[手术操作]

1. 眼睑裂过窄

如果该病是“小眼”，不引起眼睑内翻，无须手术矫正。若能引起眼睑内翻，应用眦切开术和眦成形术扩大眼睑裂，矫正眼睑内翻。眦切开术应用拇指和食指在外侧牵拉眼角，用钝头剪刀剪开眼角达适当长度，在眦切开术完成之后，应用眦成形术在外眼角眼睑边缘上、下方切除楔形眼睑组织，达到眼睑裂缝的适当长度，结膜边缘用单纯结节缝合到眼睑边缘。

2. 眼睑裂过大

正常大的眼球，眼睑裂缝过大，能引起眼睑边缘的外翻，这种情况可以采用眼睑缩小的手术，即进行眼睑缝合术，用眼科剪从眼角将外侧眼睑边缘切除，切除组织的大小根据个体的不同而不同，一般切除眼睑边缘的1/4或1/3，从眼睑边缘平行切除0.2～0.3cm宽的组织条，缝合后不产生不良的美容外貌。由于种种原因造成的撕裂伤导致的眼睑裂缝过大，可以直接缝合。如果局部组织挫灭失活，可以将局部组合进行修剪后进行缝合。缝合用丝线作间断缝合上、下眼睑边缘，缝线放置14d创口愈合。

[术后护理]

术后消炎预防感染，同时防止动物搔抓或摩擦造成术部损伤。

[适应证]

眼睑裂畸形指眼睑裂与眼球的大小不相称，该病多是由于先天性遗传造成的，分眼睑裂过窄和眼睑裂过大两种情况。

眼睑裂过窄多发生于中国犬、卡利兰犬、柯利犬等，这种情况表现为眼球大小正常，但眼睑裂缝过于狭窄而引起眼睑内翻。

眼睑裂缝过大多见于英国的斗牛犬、长毛垂耳犬和猎犬。这些品种的犬眼球正常，但眼睑裂过大，眼睑裂过大能引起眼睑外翻。

（四）眼睑外翻矫正术

[器械]

一般外科手术器械。

[麻醉]

全身麻醉或全身使用镇静剂配合眼睑局部浸润麻醉。

[保定]

动物患眼在上，侧卧保定。

[手术操作]

本病的矫正方法有多种，但最常用的方法是"V－Y"形矫正术。首先下眼睑术部常规无菌准备，在外翻的下眼睑睑缘下方 0.2～0.3cm 处做一深达皮下组织的"V"形皮肤切口，其"V"形基底部应宽于睑缘的外翻部分。然后由"V"形切口的尖端向上分离皮下组织，逐渐游离三角形皮瓣。接着在两侧创缘皮下做适当潜行分离，从"V"形尖部向上做结节缝合，边缝合边向上移动皮瓣，直到外翻的下眼睑睑缘恢复原状，得到矫正。最后结节缝合剩余的皮肤切口，即将原来的切口由"V"形变成为"Y"形。手术常用 4 号或 7 号丝线进行缝合，保持针距约 0.2cm。术后 10～14d 拆除缝线。

[术后护理]

术后需用抗生素眼药水或眼药膏点眼，每天 3～4 次，维持 5～7d，以消除因眼睑外翻继发的结膜炎或角膜炎；同时还需防止动物搔抓或摩擦造成术部损伤。

[适应证]

眼睑外翻一般是指下眼睑松弛，睑缘离开眼球，以至于睑结膜异常显露的一种状态。由于睑结膜长期暴露，不仅引起结膜和角膜发炎，还可导致角膜或眼球干燥。本病主要见于犬的部分品种，如拿破仑犬、圣伯纳犬、马士提夫犬、寻血猎犬、美国考卡犬、纽芬兰犬、巴萨特猎犬等，可以施行手术进行矫正。

四、角膜损伤的外科治疗

[器械]

一般外科手术器械和眼科手术器械。

[麻醉]

全身麻醉，或全身镇静配合患眼表面麻醉。

[保定]

动物患眼在上，侧卧保定。

[手术操作]

（一）瞬膜瓣遮盖术

上眼睑外侧皮肤剪毛，常规消毒。用0.05%～0.1%新洁尔灭溶液清洗结膜囊及眼球表面，用无齿镊夹持第三眼睑（瞬膜）并向外提起，在距瞬膜缘0.2～0.3cm处由瞬膜内侧（球面）进针，于外侧（睑面）出针后做纽扣状缝合，即再由睑面进针，由球面出针。然后，将两线末端分别经上眼睑外侧结膜囊穹隆处穿出皮肤，并按实际针距在一根缝线上套上等长的灭菌细胶管，收紧缝线打结，从而使瞬膜完全遮盖在眼球表面。对于大、中型犬只，一般需要按此方法做两道缝合。

在临床手术中，收紧缝线前应在瞬膜球面涂布抗生素眼膏，这对角膜溃疡部有消炎和促进愈合的作用。

（二）部分结膜瓣遮盖术

适用于边缘性角膜损伤、角膜溃疡或角膜穿孔的病例。用开睑器撑开上下眼睑，同上常规洗眼，做上、下直肌牵引线固定眼球，以保持施术时眼球固定。在靠近角膜病灶侧角膜缘的球结膜上做一弧形切口，用钝头手术剪在结膜切口下向穹隆方向分离，使分离的结膜瓣向角膜中央牵拉能够完全覆盖角膜病灶，然后用带有5/0～9/0缝线的眼科铲形针，将其缝合固定在角膜缘旁的浅层巩膜及角膜上（深度应达角膜厚度的2/3～3/4）。最后患眼涂布抗生素眼膏，另行眼睑缝合，并保留7～10d。

（三）桥形结膜瓣遮盖术

适用于角膜中央的损伤或溃疡、角膜穿孔缝合后创口不平或有少许缺损的病例。常规开睑和做上、下直肌牵引线，常规洗眼。根据覆盖角膜病灶所需结膜瓣的宽度，从角膜缘上方0.2cm处开始做两条平行的弧形切口，切口长度近乎1/2角膜圆周。分离结膜瓣与下方巩膜的联系，使结膜瓣游离而形成一条带状。将桥形结膜瓣牵拉至角膜中央覆盖住病灶，用带有5/0～9/0缝线的眼科铲形针，将其两端蒂部缝合固定在角膜缘旁的浅层巩膜上。若桥形结膜瓣有所松动，必要时可在角膜病灶两侧各补一针缝合。上方缺损的球结膜通常不必处理，也可施行间断缝合，将其固定在临近的浅层巩膜上。术后患眼涂布抗生素眼膏，另行眼睑缝合，并保留1～2周。

（四）全部结膜瓣遮盖术

适用于大面积或全角膜损伤或溃疡的病例。常规开睑，做上、下直肌牵引线，常规洗眼。在环绕角膜缘的球结膜上距角膜缘0.5～1.0cm处做360°环行切口，或用钝头手术剪沿角膜缘将球结膜环行剪开，钝性分离结膜与下方巩膜之联系，牵拉上、下结膜瓣使其能够对合并覆盖住角膜中央病灶，然后将已对合的结膜瓣用5/0缝线行结节缝合。最后患眼涂布抗生素眼膏，另行眼睑缝合，缝线一般需保留2～3周。

[术后护理]

防止和控制继发感染，术后至少一周内要全身应用抗生素，同时用氯霉素眼药水点眼5～7d。本病易出现预后不良。

[适应证]

角膜浅表性创伤、角膜溃疡、角膜全层透创或角膜穿孔等。

五、 白内障晶体囊外摘除术

[器械]

一般外科手术器械和眼科手术器械。

[麻醉]

全身麻醉，配合患眼表面麻醉、眼轮匝肌麻醉。

[保定]

动物患眼在上，侧卧保定。

[手术操作]

术前充分散瞳，应用1%阿托品滴眼，每天3次。或于术前1～2h使用2.5%～5.0%的新福林与0.5%～1.0%托品酰胺滴眼，每5～15min滴眼1次，连用3次，可获得良好的散瞳作用。为避免或减少术中并发症，术前还需采取必要措施降低眼内压，常用的方法是术前0.5～2h内静脉注射20%甘露醇1～2g/kg体重；或用纱布垫遮盖眼球后用掌心施压于眼球，每施压20～30s后放松5～15s，加压时间一般需持续3～5min。

先用金属开睑器撑开眼睑或用缝线牵引开睑，必要时（如小眼球或小睑裂）可切开外眦，以充分暴露眼球。将闭合的0.03～0.05cm的有齿镊放入眼球上方，在12点方位的角膜缘后约1cm处张开镊子紧贴球结膜向下夹住上直肌，使眼球下转。接着在眼科镊后的上直肌下面穿过缝线，向上拉紧并用蚊式止血钳固定于创巾上，以维持眼球下转及固定状态。后面的操作主要有以下几个步骤。

1. 角巩膜缘切口

先在结膜与角膜附着处做一小切口，经此切口前行分离球结膜与巩膜的联系，沿结膜附着处9～3点方位做以穹隆为基底的结膜瓣。再于角膜缘后界或其后0.1cm（10～2点方位）做垂直于巩膜面约1/2巩膜厚度的均匀性切开，前行分离至角膜缘前界或其前0.05～0.1cm透明角膜处，于中央底部用刀尖与虹膜平行向下刺一小孔，作为截囊针入口。

2. 截囊

经上述穿刺孔向前房注入少量消毒空气或黏弹剂（如2%甲基纤维素、透明质酸钠)，以保持前房深度。将事先用7号一次性注射针头制成的截囊针小心插入前房，在晶状体前囊做直径适宜的开罐式环形切开；或行点刺法在前囊膜上先做数十个小点状切口，然后用针尖将环形分布互不连接的小切口连通成大小适宜的前囊孔。

3. 挽核

将上述穿刺孔扩大至10~2点方位，用黏弹剂注入针头轻轻松动晶状体核，然后左手持晶状体匙或显微镊轻压12点方位切口后方，右手持斜视钩于角膜缘6点方位向眼球中心轻压，两手协调合力使晶状体核从角巩膜切口滑出。

4. 清除皮质

先部分闭合角巩膜缘切口，可用连接5/0~10/0尼龙缝线的眼科铲形针对角巩膜缘切口行间断缝合。向前房插入手控同步注吸针头，一边灌注平衡液，一边抽吸皮质。注吸针头应位于虹膜平面向上或侧方，不可向后对着后囊膜注吸，以免后囊膜破裂。

5. 封闭切口

用上述缝线将角巩膜缘切口完全闭合，注意缝针与创缘呈放射状，间距相等，缝线松紧适宜，线结埋入创缘巩膜侧。

6. 术毕处理

球结膜下注射庆大霉素2万单位和地塞米松3~5mg的混合液，推移球结膜以覆盖创缘，也可用5/0丝线间断缝合结膜创口。

[术后护理]

患眼涂抗生素眼膏，眼睑行暂时性缝合。术后5~7d，拆除球结膜缝线。必要时球结膜下或全身持续应用抗生素及皮质类固醇。

[适应证]

白内障的摘除。

六、抗青光眼手术

[器械]

一般外科手术器械和眼科手术器械。

[麻醉]

全身麻醉，配合患眼表面麻醉、眼轮匝肌麻醉。

[保定]

动物患眼在上，侧卧保定。

[手术操作]

(一)虹膜周边切除术

适用于原发性虹膜膨隆型慢性闭角型青光眼，以及虹膜与晶状体或玻璃体粘连引起瞳孔阻滞而继发的闭角型青光眼。手术目的是在虹膜周边部开一个小洞，沟通前后房，使房水通畅地从后房流入前房，恢复前后房的生理压力平衡，减轻或消除虹膜膨隆，使前房角开放。

具体操作：首先常规开睑，做上直肌牵引线，使眼球下转。在眼 12 点方位距角膜缘 0.5～0.8cm 处，与角膜缘平行剪开球结膜及筋膜 0.8～1cm，做以角膜缘为基底的小结膜瓣。在结膜附着处直后 0.1～0.15cm 处做 0.4～0.6cm 角巩膜缘垂直半层切口，先在切口中央用 5/0 丝线预置一针缝线，再用刀尖在切口中央切开后半层，并扩大切口使内外层长度相等。因后房压力超过前房，虹膜常可自行脱出，否则将无齿虹膜镊伸入前房，夹住虹膜根部轻拉至切口外，并将虹膜与角巩膜缘平行剪除一小块虹膜全层组织。用虹膜恢复器轻轻按摩切口处角膜，使虹膜复位，再通过切口注入少量平衡生理盐水，恢复前房。结扎角巩膜缘预置缝线，将结膜瓣复位，用 5/0 丝线连续缝合球结膜创口。

（二）小梁切除术

适用于原发性或继发性开角型青光眼，以及小梁排水功能基本丧失的闭角型青光眼。手术目的是切除部分巩膜小梁组织，造成一个瘘道，使前房内房水经此瘘道引流至眼外，进入球结膜下间隙而逐渐吸收，从而使眼内压降低。

具体操作：常规开睑，做上直肌牵引线，使眼球下转，并如同前述做以上穹隆或角膜缘为基底的结膜瓣。在角巩膜缘后界相距 0.6cm，做两条垂直于角巩膜缘的 0.5cm 长的巩膜半厚切口，再连接两切口两端。由此连线向着角巩膜缘方向以均等厚度剖切巩膜，直至角膜透明区内 0.05cm 处，即成以角巩膜缘为基底的 0.6cm×0.5cm 的巩膜瓣。为便于后面缝合巩膜瓣，在巩膜瓣两上角与临近浅层巩膜间，分别以 5/0 丝线做预置缝线。掀起巩膜瓣，以角巩膜缘与角膜交界处后方 0.055cm 为前界，切除一条包括施莱姆（Schlemm）氏管和小梁组织在内的深层巩膜，大小约 0.15cm×0.4cm。小梁切除后通常可见虹膜在切口处膨出，可用无齿虹膜镊夹住虹膜根部轻轻提起，如前述作虹膜周边切除。用虹膜恢复器轻轻按摩角巩膜缘，使虹膜复位。将巩膜瓣预置缝线打结，必要时增加结节缝合使其对合整齐。将结膜瓣复位，用 5/0 丝线连续缝合球结膜创口。

（三）睫状体冷凝术

适用于先天性、顽固性、失明而又疼痛或经其他抗青光眼治疗无效的晚期青光眼。手术目的是对睫状体相应的巩膜表面进行冷冻，直接破坏睫状体上皮及其血管系统，减少房水产生。但术后早期患眼常发生持续数天的剧烈疼痛，这与术后一过性高眼压及前色素层炎有关系。术后早期常规应用降眼压药物、解热镇痛剂和皮质激素等药物进行治疗，即可使症状缓解。3 个月后睫状突萎缩变平，毛细血管消失，纤维母细胞和色素细胞增生，房水明显减少，眼压随之降低。

具体操作：常规开睑，做上直肌牵引线，使眼球下转，并如同前述做以上穹隆为基底的结膜瓣。常用液氮冷冻器或可控低温冷冻器，采用直径 0.2～0.3cm 的球形冷冻头，调整冷冻温度为 -80～-60℃，在距角膜缘 0.2～0.3cm 处环绕半周巩膜面做大约10个冷凝点，每点相隔0.2cm，每点冷凝时间为40~60s。最后将结膜瓣复位，用5/0丝线连续缝合球结膜创口。

[术后护理]

球结膜下注射庆大霉素2万~4万单位，地塞米松2~5mg，眼内涂抗生素眼膏，然后施行瞬膜瓣遮盖术。

[适应证]

青光眼疾病。

单元三 | 鼻切开手术

【知识目标】

通过学习鼻切开手术，掌握鼻切开手术的基本操作过程，以及哪些疾病需要进行鼻切开手术。

【技能目标】

能独立地按照自己的想法和手术要求合理的设计整个手术流程；能熟练地进行整个手术基本操作。

【案例导入】

（一）基本资料

品种：德国牧羊犬，年龄：2岁，性别：雄性，免疫情况：免疫完全。

（二）病史

主诉：该犬患有鼻曲霉菌病，曾治疗过，但药物治疗效果不明显。

（三）临床检查

有鼻黏膜脓性分泌物，间歇性鼻出血，触诊鼻部疼痛。鼻腔X射线检查可见两侧鼻腔中有黏稠的液体。综合考虑需进行鼻切开术进行治疗。

【课前思考题】

犬、猫鼻腔构造如何？犬、猫鼻切开术的适应证都有哪些？手术时使用何种麻醉药及麻醉方法？手术是怎样进行的？手术过程中有哪些注意事项？术后如何去护理？

[器械]

除一般外科器械外还应准备小圆锯、骨膜剥离器、骨凿、骨锯、骨锤及球头刮刀等。

[麻醉]

对动物施行气管内插管的密闭式吸入麻醉，气管插管的套囊充气以防止血液、冲洗液等流入远端气管。

[保定]

胸卧位保定，头向前向下，并垫以枕垫固定头部。

[手术操作]

额部及鼻背侧剪毛、消毒，覆盖隔离创布。用手术刀从鼻背壁软骨后方至额骨中部的正中线切开皮肤，分离皮下组织至骨膜。彻底止血后，再沿正中线切开骨膜，用骨膜剥离器将其向两侧分离（如仅做一侧鼻腔和额窦手术，则只需分离一侧骨膜）[图3-4，(1)]。用骨凿或骨锯按切口线将部分额骨、上颌骨和鼻骨切割成近似长方形的骨瓣，其后界为两眼眶上缘后方的连线，侧缘位于鼻泪管和眶下孔内侧［图3-4，(2)］。如一侧鼻道手术，其内缘为鼻中隔［图3-4，(3)］。骨切开后，将骨瓣提起，用咬骨钳除去骨瓣下鼻中隔附着部分，再将骨瓣向前翻折，暴露鼻道和额窦，仔细检查鼻道、鼻甲、额窦腔及其周围组织。若发现鼻甲坏死、肿瘤及其他异物，应将其彻底切除。清创时，一般出血较多，可用浸有肾上腺素（1∶10000）的纱布压迫止血，或烧烙、结扎止血。如仍不能制止出血，可在鼻腔内填塞湿的或浸有凡士林的纱布。填塞前，纱布应予折叠（便于拆除），由后向前填塞手术部，纱布的一端从一侧或两侧鼻孔引出。

将骨瓣复位，用3/0或4/0不锈钢丝做4～5针骨瓣固定（预先钻孔）［图3-4，(4)］。骨膜和皮下组织做一层连续缝合，最后结节缝合皮肤。如为真菌感染，可在鼻腔内安置引流管，从额部皮肤引出，便于术后用药，也可防止皮下气肿［图3-4，(5)］。

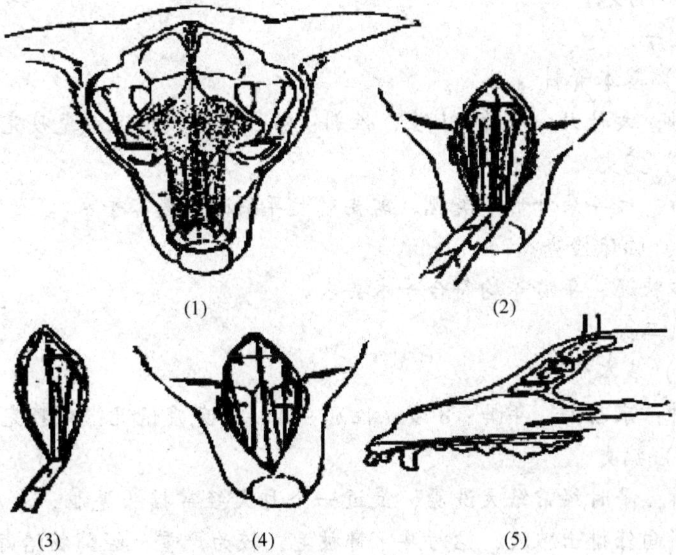

图3-4　鼻背侧切开术

（1）骨膜分离区域　（2）切去骨瓣　（3）鼻中隔　（4）固定骨瓣　（5）安置引流管

[术后护理]

拔除气管插管之前，应清除鼻咽部和口咽部所有液体和组织碎片。在苏醒期，头低于胸部，防止液体被吸入。全身应用抗生素 4 ~ 5d，术后 24h 除去鼻内纱布，48h 拔除引流管，如用于注射抗真菌药物，其引流管可于术后 10 ~ 14d 拔除。因鼻道纱布堵塞或异物未完全切除，术后可能会发生局部皮下气肿，对此无需治疗。

［适应证］

适于其他方法难以确诊的鼻腔疾病的手术切开探查，以及鼻甲外伤、坏死和鼻腔异物、肿瘤、鼻真菌病的手术治疗。

单元四 | 耳部手术

【知识目标】

通过本单元的学习，掌握犬在临床上发生的耳病和为了美观而需要进行的手术，学会在哪些情况下需要进行耳整容手术，从而满足犬主人的美容手术要求或治疗疾病的要求。

【技能目标】

能独立地按照自己的想法和手术要求合理的设计整个手术流程；以及能熟练地进行整个手术基本操作。

【案例导入】

案例一：

（一）基本资料

品种：大丹犬，年龄：1 岁，性别：雌性，免疫情况：免疫完全。

（二）病史

主诉：犬耳朵外形不美观，需要对犬耳朵进行美容手术。

（三）临床检查

身体状况、年龄等均符合手术要求。

案例二：

（一）基本资料

品种：京巴犬，年龄：8 岁，性别：雄性，免疫情况：免疫完全。

（二）病史

主诉：平时经常给犬洗澡，最近一个月犬经常摇头晃脑，或磨蹭搔抓耳朵，耳朵不断向外排出脓液，沾污耳下部被毛，较为严重，经药物治疗无效。

（三）临床检查

经耳道检查耳壳因搔抓发生红肿、溃烂，耳分泌物具有恶臭味，耳道口皮下组织增生，耳道管腔变窄甚至完全堵塞，听觉减退。

【课前思考题】

因美容需要，哪些年龄段的犬适合进行耳壳截断术？犬、猫耳壳截断术的适应证都有哪些？因美容需要，哪些年龄段的犬适合进行竖耳术？犬、猫竖耳术适应证都有哪些？因美容需要，哪些年龄段的犬适合进行垂耳术？犬、猫垂耳术适应证都有哪些？犬、猫外耳道侧壁切除术适应证都有哪些？手术时使用何种麻醉药及麻醉方法？手术是怎样进行的？手术过程中有哪些注意事项？术后如何去护理？

一、 耳壳截断术

[器械]

一般组织切开、止血、缝合器械，断耳夹子或肠钳，长刃直剪一把。

[麻醉]

全身麻醉。

[保定]

腹卧姿势保定，用带子将嘴缚住，并打结固定于头后部。

[手术操作]

施行手术之前，应在耳道内塞入棉塞，以避免血液流入。双耳剃毛、消毒，用创巾隔离。先将犬一耳尖向头顶部牵伸，根据犬的品种、年龄和头形，用直尺测量所需耳的长度。测量方法是从耳廓与头部皮肤折转点到耳前缘边缘处，在须去除位置的耳边缘插入细针作标记。再将对侧耳向头顶拉伸，使两耳尖重合，助手双手固定好后，在细针标记的稍上方剪一缺口，作为手术切除的标记。取下细针，由助手将两侧耳壳的外部皮肤向头后部的中线牵引，以避免耳壳软骨外缘暴露，为切创的愈合创造良好条件。然后用一对断耳夹由前向后，在标记位置，分别斜向装置在每个犬耳上，使耳壳囊全部位于耳夹子的直上方。在一耳缺口的标记处，用手术刀或手术剪沿耳尖外侧边缘切割（图3－5）。

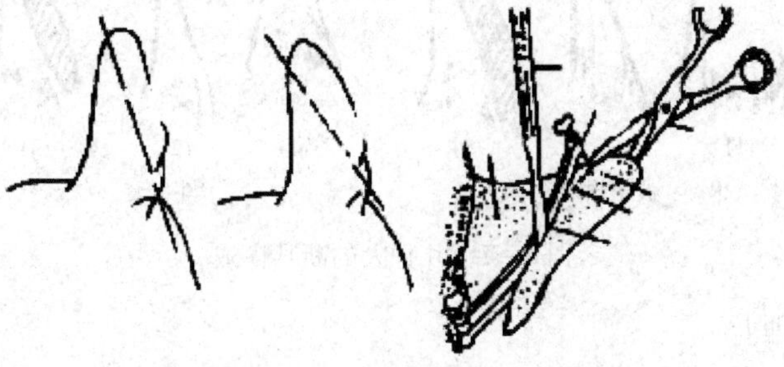

图3－5 犬耳切割方法

用手术刀切割至耳尖部时，改用手术剪，这样可使耳尖部保持平滑直立的形状。切的一侧可用作另一侧将被切割耳朵的标尺。切后用耳夹夹2～3min取下。然后用已截除的断片来审查另一只耳壳上耳夹子的位置，无误后，才能进行第二只耳壳的剪断。除去耳夹，对出血点进行止血。此时，如耳壳软骨外露，则应该对这一部分作补充剪除。用直针进行结节缝合，使皮肤将耳壳遮盖。除去耳塞，在头后部铺一层灭菌药棉，然后将两侧耳壳向后弯曲，再在其上铺一层棉花或纱布，进行头部包扎。

断耳整形手术的一般方法（图3－6）：首先将犬耳廓分成三等份，然后根据犬的脸型或主人的要求和喜爱进行修整。（1）为从耳廓基部直接切到上1/3等份处，切后耳比较直和尖。（2）为从基部到耳廓1/2等份处做一弧形切割，切后耳变得较短而钝。（3）也是从基部切开上1/3等份处，但切割曲线为下钝上尖。

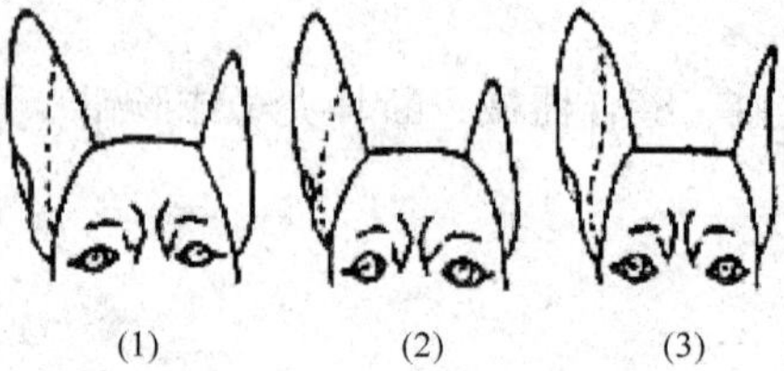

图3－6　犬断耳一般方法

如图3－7所示为几种犬的断耳模式和要领。（1）为自然状态犬耳的形状，（2）为整形后犬耳的形，（3）的斜线部为切掉部分。

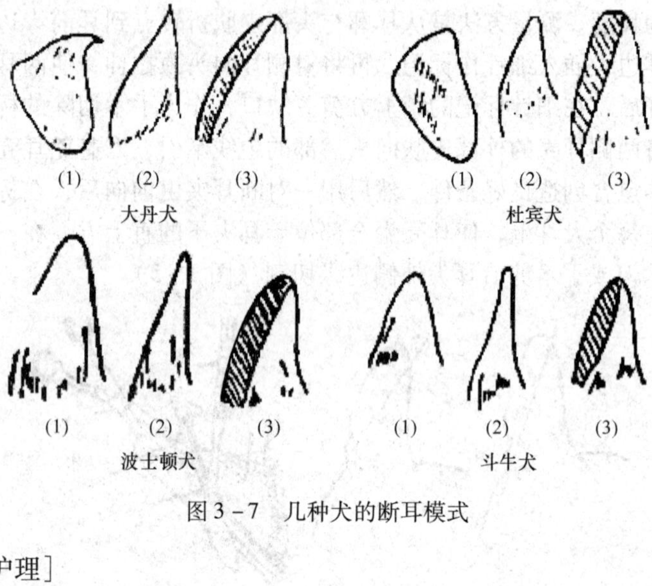

图3－7　几种犬的断耳模式

［术后护理］

术后2～3d除去包扎绷带，术后7～10d可以拆除缝线。按常规进行创伤。

［注意事项］

（1）犬断耳的年龄以8～12周龄为佳（表3－1）。断耳过早，稍差1cm犬长大后两耳的差别就十分明显，断耳过迟，耳软骨成形，常常无法改变耳的形状，且手术后耳形常不美观。

（2）术前8h应绝食，4h禁水，保持空腹状态，可避免因用麻醉药本身引起的呕吐，造成不必要的麻烦。若手术进行中，麻醉效果不理想，可用10～20mL，0.5%的盐酸普鲁卡因溶液，在耳壳上面的皮下进行浸润麻醉，以防止犬因疼痛而发生的骚动。

（3）因血管位于切口末端的2/3区域，所以必须切除的耳壳顶端不得超过耳壳全长的1/3。幼龄犬在手术结束、除去耳夹之后出血不多，轻轻地用绷带压定，便会迅速止血。若取下耳夹后出现强度的动脉性出血，则必须装上止血钳，捻转血管或用肠线结扎。

（4）缝合切创时，耳尖处缝合不要拉得太紧，缝合线要均匀，力量要适中，防止耳后缘皮肤折叠和缝线过紧导致腹面曲折，使耳尖腹侧歪斜。但绝不是每次都需要缝合法闭合切创，应视情况而定。

（5）少数犬断耳后，耳壳突然发生下垂，可把脱脂棉塞于犬耳道内，用绷带在耳基部包扎，直到耳壳直立为止。有的犬切创呈肉芽性愈合，耳壳往往因瘢痕收缩而成为畸形，此时若软骨没有病理变化，可牵引瘢痕，随后用胶布或结节缝合法闭合耳壳断端，消除缺损。

[适应证]

犬的耳壳截断术是犬常见的外科整形美容术，也用于犬耳壳上的溃疡、坏死和新生物的治疗。

表3-1　断耳年龄及断耳后长度

品种	断耳年龄/周	断耳后长度/cm
大丹犬	7	8.3
拳师犬	9～10	6.2
杜宾犬	7～8	6.8～7.0
美国斯塔福梗	任何年龄	尽可能长
巨型史柔查梗	9～10	6.3

二、竖耳术

[器械]

一般组织切开、止血、缝合器械。

[麻醉]

同耳壳截断术。

[保定]

同耳壳截断术。

［手术操作］

常用的手术矫正方法有下列两种。

一种是切皮矫正法。该方法是通过将两耳间头部皮肤切除，来矫正耳向腹侧倾斜下垂（图3－8）。视情况可进行单侧或双侧矫正。皮瓣一般作菱形或三角形切除，切除大小应根据耳下垂程度和皮肤松紧度而定。皮肤切口前端应达两眼连线中点上2cm左右。手术采用全身麻醉胸卧位保定。如果上述手术方法仍不能矫正，而耳仍向前垂下，则需要进行第二阶段手术。具体方法是从耳甲骨的外侧切下纺锤形皮肤，然后将皮肤缝合，形成一只人造的直立耳朵。

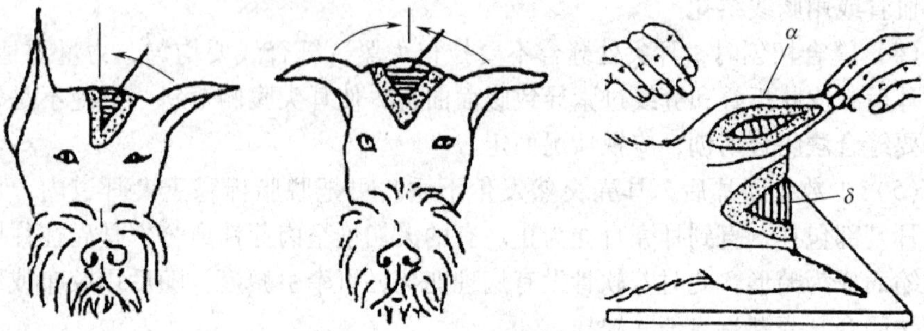

图3－8　犬的竖耳手术

另一种方法是在耳廓外侧基部切开皮肤，分离皮下组织，暴露盾形软骨，然后分离耳肌组织附着部，使软骨部分游离，将软骨内移1.2～1.6cm，并稍向切口侧牵拉，使耳基部紧靠头部。用水平褥式缝合将软骨缝到颞肌筋窦上。将皮肤切口创缘进行修整，去掉少量皮肤，切除多少视耳下垂程度而定。一般最大直径处切除1.2～1.6cm，用垂直褥式缝合来闭合切口。

［术后护理］

同耳壳截断术。

［适应证］

犬耳廓不能直立，耳后背侧或腹侧偏斜弯曲影响美观。

三、垂耳术

［器械］

一般组织切开、止血、缝合器械。

［麻醉］

同耳壳截断术。

［保定］

同耳壳截断术。

［手术操作］

用肠钳或耳夹夹住耳根。夹钳位置，为耳内侧距耳根0.5cm处，柯利犬为耳轮上的1/3处。距钳夹处1cm左右切开皮肤和软骨，切开长度分别距内、外耳缘0.5cm，注意不能损伤软骨下血管（图3－9），整理创缘，轻轻抽去两侧的少量皮肤创缘，然后将皮肤结节缝合。

［术后护理］

同耳壳截断术。

图3－9　犬垂耳整形术

［适应证］

犬垂耳术是因为某些品种犬因生长发育过程中，只是耳的尖端能弯曲，耳的前端不能弯曲，根据犬种不同，有两侧性或一侧性，也有折耳、卷耳。

四、 外耳道侧壁切除术

［麻醉］

全身麻醉。

［保定］

侧卧位保定，患耳在上。

［手术操作］

耳基部和耳廓剃毛、清洗、消毒。用钝头探针探明外耳道的方向、垂直范围，并在外耳道垂直与水平交界处的体表皮肤上做好标记。在与直外耳道相对应的皮肤上做一“U”形切口，“U”形的两个顶点分别在耳屏间肌切迹和耳轮肌切迹处，切口的长度为直外耳道长度的1.5倍，即“U”形的底部在外耳道垂直与水平交界处下方（标记处）等于直外耳道深度1/2的位置。切除皮瓣，钝性分离皮下组织、部分耳降肌和腮腺背侧顶端，暴露直外耳道软骨（图3－10）。与“U”形皮肤切口相对应，由耳屏处向下剪开直外耳道外侧壁软骨至外耳道垂直与水平交界处（图3－11）。将软骨瓣向下折转，暴露直外耳道，剪去1/2软骨瓣，使其剩余部分正好与下面的皮肤缺损部分相吻合，并做结节缝合，再将外耳道软骨创缘与同侧皮肤创缘结节缝合。

(1)　　(2)　　(3)

图 3－10　暴露直外耳道软骨

（1）～（3）为操作顺序

(1)　　(2)　　(3)

图 3－11　剪开直外耳道侧壁软骨

（1）～（3）为操作顺序

［术后护理］

全身应用抗生素、止痛剂，局部清洗，除去坏死组织，保持引流畅通。为防止犬用脚抓搔，可装置颈环。术后 10～14d 拆线。

［适应证］

慢性外耳炎药物治疗无效或反复发作，耳内炎性分泌物不能排出，缺乏通风，外耳道壁增厚但未阻塞水平部外耳道时，适宜做犬外耳道侧壁切除。此外还适用于外耳道严重溃疡、听道软骨骨化、听道狭窄、肿瘤、先天畸形等。

单元五 | 扁桃体切除手术

【知识目标】

通过本单元的学习，学会在哪些情况下需要进行扁桃体切除术以及如何进行扁桃体切除术，从而达到治疗和治愈的目的。

【技能目标】 能独立地按照自己的想法和手术要求合理的设计整个手术流程；以及能熟练地进行整个手术基本操作。

【案例导入】

（一）基本资料

品种：马尔济斯犬，年龄：4 岁，性别：雄性，免疫情况：免疫完全。

（二）病史

主诉：最近用体温计测量犬体温上升，不时有摇头现象，在每天饲喂的时候不喜欢吃食，而且强迫吃食时进食困难。

（三）临床检查

打开口腔可见扁桃体由隐窝向外突出、潮红肿胀，有黏液性分泌物包绕扁桃体周围。部分扁桃体水肿，并伴有坏死灶和化脓灶。

【课前思考题】

犬、猫扁桃体形态结构和位置如何？犬、猫扁桃体切除术的适应证都有哪些？手术时使用何种麻醉药及麻醉方法？手术是怎样进行的？手术过程中有哪些注意事项？术后如何去护理？

［器械］

开口器、骨刮、动脉钳、扁桃体切除刀或切除器、血管钳、剪刀等。

［麻醉］

全身麻醉，或镇静与局部麻醉相结合。

［保定］

取犬腹侧卧保定姿势。

［手术操作］

全身麻醉后安装开口器，扁桃体用棉签擦拭，应用 2% 盐酸普鲁卡因溶液加入适量 0.1% 的肾上腺素，注射在扁桃体的舌和咽的边缘。用动脉钳钳住黏膜褶皱，提起可以看到扁桃体，用骨刮从后向前刮除下层组织，扁桃体仍然在舌的边缘和两端附着黏膜。扁桃体的前端用动脉钳拉向口腔，切除扁桃体前端、舌边和后端附着物。剪子应该保持紧贴扁桃体组织，尽可能少地损伤腺体组织。外部咽筋膜存留未损伤，而内筋膜与扁桃体一起被切除。应用动脉钳把小血管钳夹 2 ~ 3min 止血，擦拭血液和唾液完成手术。

也可以应用扁桃体切除刀或切除器切除扁桃体。器械从口腔的侧方置入扁桃体，放入扁桃体切除刀的窗口或切除器的环内。扁桃体用动脉钳提起，用扁桃体切除刀切除扁桃体，或用切除器缓慢切除扁桃体，充分止血完成手术。

［术后护理］

术后要给予软食 3 ~ 5d。

［适应证］

慢性扁桃腺炎，肿瘤。

单元六 | 声带切除手术

【知识目标】

通过本单元的学习，学会在哪些情况下需要进行声带切除术以及如何进行声带切除术，从而满足犬、猫主人的需求。

【技能目标】

能独立地按照自己的想法和手术要求合理的设计整个手术流程；以及能熟练地进行整个手术基本操作。

【案例导入】

（一）基本资料

品种：北京狮子犬，年龄：6岁，性别：雌性，免疫情况：免疫完全。

（二）病史

主诉：当有人从家门口路过的时候犬经常吠叫，特别是夜晚的时候，十分影响主人和他人的休息。犬主人要求给自家犬作声带切除术。

（三）临床检查

全身状态良好，满足手术要求。

【课前思考题】

犬、猫声带的形态结构和位置如何？犬、猫声带切除术适应证都有哪些？手术时使用何种麻醉药及麻醉方法？手术是怎样进行的？手术过程中有哪些注意事项？术后如何去护理？

［器械］

一般外科手术器械，长柄鳄鱼式组织钳、喉镜镜片、烧烙止血器械等。

［麻醉］

全身麻醉。

［保定］

经口腔切除声带时，动物腹卧位保定；经腹侧喉室声带切除时，仰卧保定。

［手术操作］

1. 口腔内喉室声带切除术

充分打开口腔，将舌拉出口腔外，并用喉镜镜片压住舌根和会厌软骨尖端，暴露喉室两条呈“V”形的声带［图3-12，(1)］。用一长柄鳄鱼式组织钳（其钳头具有切割功能）作为声带切除的器械，将组织钳伸入喉腔，抵于一侧声带的背侧顶端。活动钳头伸向声带内侧，非活动钳头位于声带外侧［图3-12，(2)］。握紧钳柄，钳压，切割。依次从声带背侧向下切除至其腹侧处［图3-12，(3)］。如果没有鳄鱼式组织钳，也可先用一般长柄组织钳依次从声带背侧钳压，再用长的弯手术剪剪除钳压过的声带。对手术中的出血可采用钳夹、小的纱布块压迫或电灼止血。另一侧声带采用同样方法切除［图3－12，（4）］。为防止血液流入气管深部，在切除声带后装气管插管，并将头放低，若已有血液流入气管内，可经临时气管插管插入一根管子吸出。

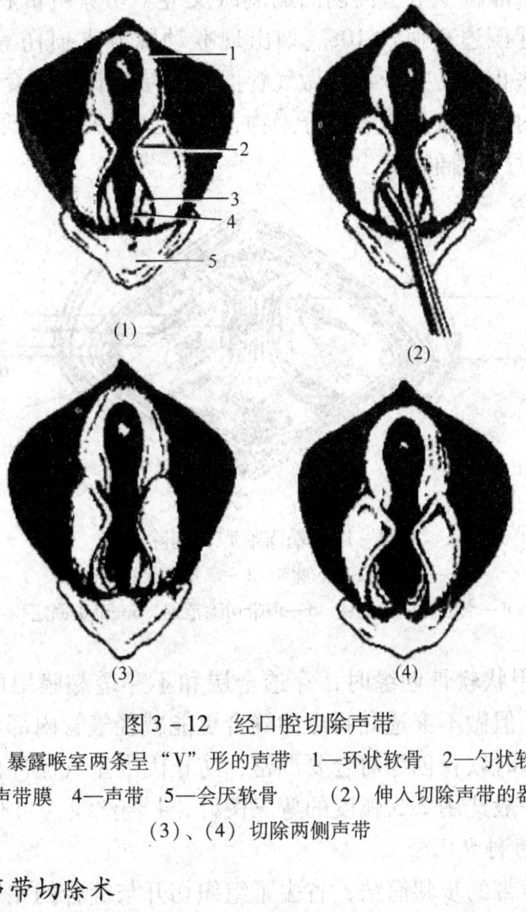

图3－12 经口腔切除声带

（1）暴露喉室两条呈“V”形的声带 1—环状软骨 2—勺状软骨 3—声带膜 4—声带 5—会厌软骨 （2）伸入切除声带的器械 （3）、（4）切除两侧声带

2. 腹侧喉室声带切除术

为防止犬术后发生呕吐现象，术前应绝食10～12h，并且2h内停止饮水。在麻醉前15min用阿托品0.05mg/kg肌肉注射，以松弛平滑肌，抑制腺体分泌，减少呼吸道黏液和唾液腺的分泌，有利于保持呼吸道的畅通，抑制迷走神经反射的作用，使心率加快，用以消除麻醉用药造成的副交感神经兴奋而引起的心血管系统和呼吸系统异常等不良反应。在颈部保持紧张的前提下稳固头部，使喉结突出，有利于术部准确定位及切开甲状软骨后充分显露声带。不要使犬的颈部过高，否则会导致呼吸抑制，或术中出血，流向气管深部。

以甲状软骨突起为切口中心，正中线切开皮肤6cm（可根据犬个体大小调整）。小心细致分离胸骨舌骨肌，减少出血。对于一般体型的青年犬，甲状软骨硬度不大时，纵向切开甲状软骨约3cm。助手用小创钩将甲状软骨向两侧牵开，使声带充分显露（图3－13）。术者一手持弯头止血钳夹起一侧声带，另一手持弯钝头手术剪（不宜大），使剪刀的弯曲部顺甲状软骨的内腔壁彻底剪除声带。尽可能地剪除声带组织，包括声韧带和声带肌。要利用止血钳和剪刀的头部弯曲来分别钳夹和剪除声带，并避开喉动脉附近的分支。向喉室内喷2%盐酸利多卡因进行表面麻醉，能减少喉室内创面的刺激反应。切除声带后，用浸有0.1%肾上腺素的脱脂棉球压迫止血约10s。如出现喉动脉分支损伤等较严重的出血时，可采用烧烙止血法止血，并于术后做气管插管，使插管上的套囊内充气压迫出血部位止血。气管内如有血液或多量分泌物，应将犬的头部放低，便于气管内异物的排除，也可通过气管插管吸出。

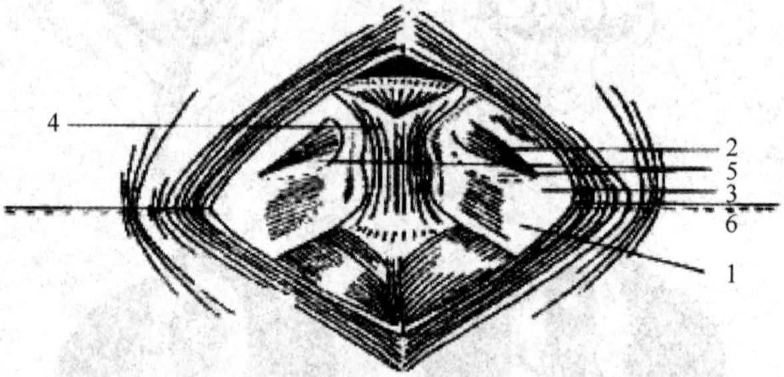

图3－13　暴露喉腔，切除声带

1—声带　2—外侧室　3—牵开甲状软骨创缘

4—喉动脉分支区域　5—声带切除范围　6—牵引固定线

在间断缝合甲状软骨创缘时，穿透全层和不穿透黏膜层两种缝合方法的效果差异并不显著，但做不穿透黏膜层的缝合更能减轻气管内部对创口的刺激及被感染的机会。缝合时软骨创缘对合要严密，防止因喉室气流冲出切口穿入皮下而造成感染。缝合一般选用2/3弧度的弯三棱针，4号丝线（可吸收线更佳）。

3. 两种手术的利弊比较

经口腔切除声带的步骤简洁，省去了组织切开与缝合的相应程序，但有操作较困难、危险性大和消声不彻底的弊端。危险性表现在易损伤喉动脉分支，难以止血。术中出血，术后需要做气管插管。经口腔不容易完整切除声带，导致该方法消声不彻底。经口腔切除声带术需要一定的手术熟练程度和技巧。因为，“旷”字形的声带位于喉腹面的基部，经口腔切除时需要先用长柄器械钳夹住它，再在喉室狭小的空间里将其剪除，操作须快速准确，以免因长时间反复夹捏会厌软骨导致喉头水肿，引起呼吸困难。

腹侧喉室声带切除术手术径路出血少，可充分显露声带，便于彻底切除，消声确实，去除声带后止血彻底。

4. 注意事项

（1）麻醉要确实。若麻醉过浅，犬在手术过程中挣扎，声带切除困难；若麻醉过深，犬咳嗽反射消失，手术后喉腔中少量渗血或血凝块不易咳出。

（2）手术中注意止血，特别应注意清除气管口及喉室的血液和血凝块。声带切除后的出血一般采用钳夹或小纱布块压迫止血即可，止血困难时，也可采用电烙铁烧烙止血。在止血操作时，应注意保持呼吸通畅，切勿使止血纱布块完全堵塞切口或气管口，以免使血液或血凝块吸入气管或肺内。清除喉腔血液、血块时，会出现咳嗽反射，但仍可继续手术操作。

（3）若偏离颈腹正中线切开甲状软骨时，一侧声带将被劈开。此时应注意辨认，并向颈腹中线方向切断部分声带，再暴露喉腔。

（4）声音的消除程度与声带切除程度有关，即声带切除越彻底，则消声效果越好。

（5）甲状软骨及表面筋膜缝合不严密时，偶尔在术后出现局部皮下气肿，严重时气肿可延至颈部和肩胛部。此时，应拆除1~2针皮肤缝合线，并用手挤压气肿部以排出气体。

（6）术后应密切监护，待动物苏醒。

［术后护理］

给犬松解保定后，使犬呈伏卧姿势，头部稍低，直至无血液流出。苏醒后的犬会把气管内过量分泌液或手术中流出的血液咳出，这对于排除气管内异物有一定作用。

术后尽可能使犬安静，减少外界刺激，避免引起犬的吠叫而影响创口愈合。为了减少吠叫和防止咳嗽，可用镇静剂和止咳剂。为预防感染应给与抗生素，连用3d。术后1~2d内犬表现吞咽不适，宜喂流食。术后8~10d拆线。

在喉室腹侧两侧声带联合处的1/4声带不宜被剪除。剪除后会导致瘢痕组织增生，越过声门形成纤维性蹼，引起喉室结构的功能性变化。为减少声带切除后瘢痕组织的增生，术后可用强的松龙，连用2周。

［适应证］

犬常吠叫影响周围住户休息而应实行声带切除术。

单元七 | 唾液腺摘除手术

【知识目标】

通过本单元的学习，学会在哪些情况下唾液腺中的某种腺体需要进行摘除手术以及如何进行摘除，从而起到治疗和治愈的目的。

【技能目标】

能独立地按照自己的想法和手术要求合理的设计整个手术流程；以及能熟练地进行整个手术基本操作。

【案例导入】

（一）基本资料

品种：贵宾犬，年龄：3 岁，性别：雌性，免疫情况：免疫完全。

（二）病史

主诉：犬口腔舌根出现鼓包，脓包内充满大量的液体。

（三）临床检查

压迫囊肿，可见一种黏稠、无气味、清亮或褐色液体从舌腹侧面的一侧或两侧渗出。用 18～20 号针头以无菌技术在肿胀上进行穿刺，抽出黏稠唾液。

【课前思考题】

犬颌下腺及舌下腺如何摘除？犬、猫腮腺切除术适应证都有哪些？手术时使用何种麻醉药及麻醉方法？手术过程中有哪些注意事项？术后如何去护理？

一、 颌下腺及舌下腺摘除术

［器械］

一般组织切开、止血、缝合器械。

［麻醉］

全身麻醉。

［保定］

侧卧保定。

［手术操作］

在舌面静脉、颌外静脉和咬肌后缘之间形成的三角区内，对准颌下腺做皮肤切口（图 3－14），切开皮下组织、颈阔肌、脂肪，暴露位于舌面静脉和颌外静脉之间的颌下腺。切开覆盖颌下腺及舌下腺的结缔组织囊壁，露出腺体，颌下腺上缘的一部分被腮腺覆盖，前缘内侧与舌下腺结合，两腺体共用一个导管输出分泌液。用组织钳夹住颌下腺后缘并轻轻向头侧牵引，钝性分离颌下腺后缘及其下面的组织，双重结扎腮腺动脉分支和上颌下腺动脉并切断，分离整个腺体至二腹肌下面。钝性分离二腹肌和茎突舌骨肌，把腺体经二腹肌下拉向另一侧，再分离覆盖腺导管的下颌舌骨肌，露出围绕腺导管的舌下神经分支（图 3－15）。双重结扎腺导管及舌静脉并切断，摘出腺体。经二腹肌下插入引流管，并使其顶端位于腺导管断端，连续缝合颈阔肌及颌下腺、舌下腺的结缔组织囊壁，结节缝合皮下组织和皮肤。

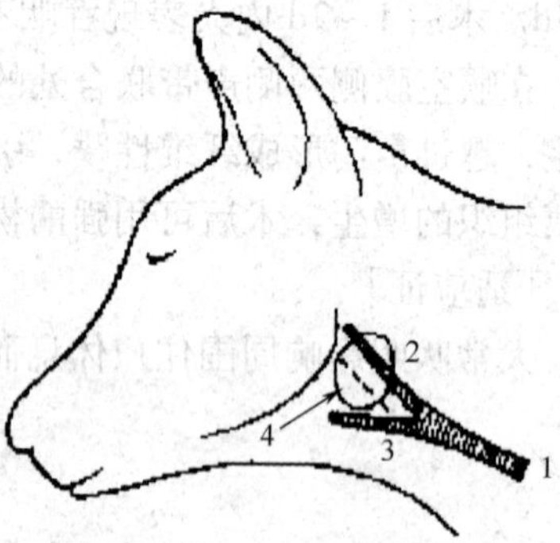

图 3－14　切口定位

1—颈外静脉　2—颌外静脉

3—舌面静脉　4—切口

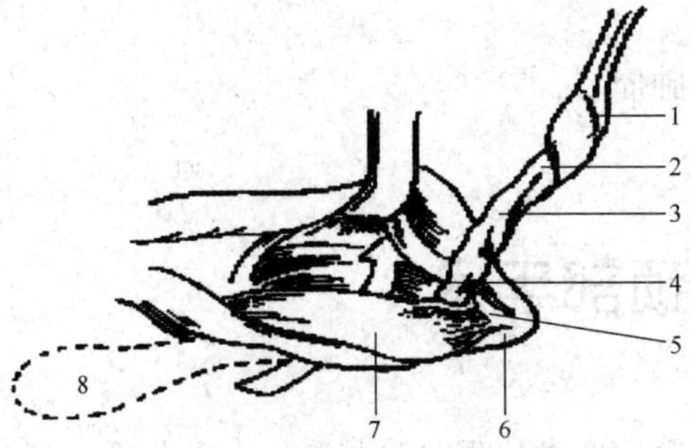

图 3－15　颌下腺与舌下腺摘除术

1—颌下腺　2—舌下腺前端　3—舌下腺后端　4—缝线　5—舌神经
6—下颌骨肌　7—二腹肌　8—下颌腺经二腹肌下面拉向对侧

[术后护理]

术后第 3 天拔除引流管，引流孔可不作处理，让其取第二期愈合，5 ~7d 内全身应用抗生素。

[适应证]

唾液腺囊肿（颈部或舌下囊肿）的治疗，颌下腺及舌下腺慢性炎症反复发作等。

二、 腮腺摘除术

[器械]

一般组织切开、止血、缝合器械。

[麻醉]

全身麻醉。

[保定]

手术台侧卧保定。

[手术操作]

术前做好人工腮腺萎缩，用细套管针插入腮腺管，使针头向着腮腺方向，用玻璃注射器吸入加热至 40 ~50℃融化的石蜡 4 ~5mL 注入腮腺管，然后用丝线结扎腮腺管，闭塞腺管使腺体萎缩。

切口位于耳基部，沿皱襞切开皮肤，由下颌骨后缘向后呈弧形切口，暴露腮腺与耳腹侧肌。钝性分离腮腺下缘后充分止血，向上分离腮腺体深部，暴露面神经，避免损伤神经。并要分离颈外动脉小分支，结扎切断。根据具体情况，做部分腮腺摘除或全部摘除。因为全部摘除非常困难，一般残留少量腺体组织，可以留置创内。

[术后护理]

根据需要放置引流管，排出渗出液体。应用抗生素，防止术后感染。

[适应证]

腮腺化脓感染和肿瘤。

单元八 | 颈部手术

【知识目标】

颈部手术包括气管切开术、甲状腺摘除、食管切开。器官切开术是临床上常用的急救技术，而气管切开后往往需要置入气管切开套管。本单元三种疾病通过临床实例来讲述，使学生掌握疾病发生时症状及治疗措施，进行合理有效的救治，从而达到治疗和治愈的目的。

【技能目标】

能独立地按照自己的想法和手术要求合理的设计整个手术流程；以及能熟练地进行整个手术基本操作。

【案例导入】

案例一：

（一）基本资料

品种：德国牧羊犬，年龄：3 周龄，性别：雄性，免疫情况：免疫完全。

（二）病史

主诉：晚饭后主人牵着犬出去散步，犬叼着小石头玩，突然该犬使劲往外喷气，动作剧烈、频繁。几分钟后口腔黏膜发白，重度流涎。主人怀疑是石子进入了气管。

（三）临床检查

经 X 射线检查，在第 3、4 颈椎段气管内有一极高密度的异物，边缘较规则，大小约为 2.5cm×3.5cm，初步诊断为气管内异物。

案例二：

（一）基本资料

品种：德国牧羊犬，年龄：10 周龄，性别：雌性，免疫情况：免疫完全。

（二）病史

主诉：三个月前发现犬右侧颈部有一鸡蛋大小肿物，最近一个月体温经常 39℃左右。食欲较平时旺盛，但精神不佳时常卧地休息，最近不断吠叫，声音嘶哑。

（三）临床检查

体温 39.3℃，心跳 140 次/min，呼吸 26 次/min，视诊发现犬精神沉郁，右侧颈部有一拳头大小肿物。触诊有疼痛反应，肿物质地坚硬，边缘整齐，游离性差。X 射线检查颈部有一团状高密度影像，其余无异常。

【课前思考题】

犬、猫气管切开术适应证都有哪些？犬、猫甲状腺切开术适应证都有哪些？犬、猫食管切开术适应证都有哪些？手术时使用何种麻醉药及麻醉方法？手术是怎样进行的？手术过程中有哪些注意事项？术后如何去护理以及防止并发症？

一、 气管切开术

［器械］

一般外科手术器械，气导管。

［麻醉］

局部浸润麻醉，必要时全身麻醉。

［保定］

仰卧保定。

［手术操作］

术部剃毛、消毒，颈中线切口。沿正中线作5～7cm的皮肤切口，切开浅筋膜、皮肌，用创钩张开创口，进行止血并清除创内积血，在创的深部寻找两侧胸骨舌骨肌之间的白线，用外科刀切开，张开肌肉，再切深层气管筋膜，则气管完全被暴露。气管切开之前应止血，防止创口血液流入气管。

因为气管小，位于深部，需要用两个手术钳钝性剥离气管腹侧面皮肌、肌肉组织以及结缔组织，并向外拉出气管，在第三至第四气管环上各作一半圆形切口（宽度不得超过气管环宽度的1/2），合成一个近圆形的孔。切软骨环时须用镊子牢牢夹住，避免软骨片落入气管中。然后将准备好的气导管插入气管内，用线或绷带固定于颈部。皮肤切口的上、下角各作1～2个结节缝合，有助于气导管的固定。

［术后护理］

防止动物摩擦术部，防止插管脱落，每日清洗术部，除去分泌物。待原发性疾病好转时，缝合切开的气管。

［注意事项］

（1）切气管时要一次切透软骨环，不得使黏膜剥离，防止并发症影响气管软骨再生。

（2）气管的切口应和气导管大小一致，过紧会压迫组织，过松容易脱落。

（3）气导管的位置必须装正，否则不利于空气流通。

（4）在切开气管的瞬间，动物可发生咳嗽和短期呼吸停止，此为一时现象，很快就能平息，初学的术者不要惊慌。

（5）为了挽救动物生命，在紧急的情况下，允许在不消毒条件下进行急救手术，术后注意抗菌消炎。

（6）由于进行上呼吸道手术而施行气管切开，在短时间内拆除气导管者，可用消毒液清理创部，严密缝合两侧的胸骨舌骨肌，再缝合浅筋膜和皮肤，争取第一期愈合。

[适应证]

鼻或喉的暂时或永久性阻塞、呼吸困难或产生窒息，气管狭窄，鼻和副鼻窦手术前等。气管切开常作为紧急治疗手术，当上部呼吸道施行某些手术，也需要气管切开术。

二、 甲状腺摘除术

[器械]

一般外科手术器械。

[麻醉]

全身麻醉。

[保定]

仰卧保定，头颈伸直。

[手术操作]

术部在甲状软骨后方沿颈腹正中线上，一般作 6 ~ 8cm 切口。在术部切开皮肤、皮下组织，钝性分离胸骨舌骨甲状肌，用扩创钩将切口向两边拉开，在气管侧面找到增大的甲状腺。此时，最好用尖口钳夹住并小心地稍微举起，这样可以更好地使其与周围的颈动脉和静脉分开，将动脉、静脉结扎并切断。将甲状腺翻向前面，分离其后侧、内侧，仔细辨认喉返神经和甲状旁腺，除因病变必须切除者外，应妥善保护，分离完毕后，以同样的方法分离另一侧，并从根部切下甲状腺。

用专用缝合线缝合表面筋膜，适当的缝合材料能促进肿块的消散，最后缝合皮肤。

[术后护理]

颈部缠上纱布。如果切除（完全切除）两侧甲状腺，在术后初期采取替代甲状腺激素相适应的内科疗程及适当的技术疗法。通常甲状腺的附加组织在一周内就可以恢复自身的功能。

[适应证]

甲状腺功能亢进、甲状腺肿、甲状腺腺瘤等。

三、 食管切开术

[器械]

一般外科手术器械。

[麻醉]

全身麻醉。

［保定］

手术台侧卧保定。

［手术操作］

术部选择决定于异物阻塞的部位，通常由颈静脉沟来触诊。如果异物位于食管的胸腔部位，犬的手术部位应该尽可能接近胸腔入口处。术部剃毛消毒，切开左侧颈静脉沟，皮肤切开接近胸骨下颌肌，提起皮肤皱襞切开，防止损伤皮下静脉。钝性剥离颈静脉和胸骨下颌肌，在这里有颈动脉、交感神经、迷走神经和返神经位于深部。这个部位切口如果创口化脓，排液比在臂头肌边缘切口要方便容易。钝性分离达到气管的侧表面，颈部的深筋膜纤维容易被刺破，钝性剥离食管，如果创口大小不容易取出异物，必须根据食管内异物的大小适当扩大创口。食管的颜色是淡红色，如果手术分离是空虚的食管，识别食管主要依靠手的触摸感觉，而不是依靠食管的外观，因为其外观与周围组织比较相似，纵行切开食管。

犬的食管异物常常是骨头，多滞留在食管的胸腔部位。此类病例应用长钳或特殊的异物钳，由食管创口插入食管，应用两个缝线提起食管壁创口，防止食管内黏液污染周围创口，钳住异物缓慢取出。

首先应用肠线或细的丝线间断结节缝合食管的黏膜层，然后间断结节缝合食管肌肉层。清洗食管创口和周围创腔。最后间断结节缝合皮肤，在创口下面留下小创口，放置引流纱布，有利于排液。

［术后护理］

术后 1 ~2d 禁止饮水和喂食，给患犬戴上口套，防止随意采食食物。静脉注射葡萄糖溶液或生理盐水。2d 之后给予柔软的流体食物。全身用抗生素治疗 1 周，防止创口感染。术后 15d 之内不能使用食管插管。皮肤创口 15d 后拆线。

［注意事项］

打开手术通路时，注意不要损伤食管周围的组织，如颈静脉、颈动脉、迷走神经干等，进行食管手术时，尽量避免使食管与周围组织剥离，撕断的组织在筋膜间可形成渗出物蓄积的小囊，使伤口愈合变得复杂化。

［适应证］

宠物常常因吃骨头阻塞颈部食管或胸部食管，不能通过口腔和胃取出的异物。另外食管憩室需要食管切开。

【知识链接】

一、牙齿

齿是体内最坚硬的器官，镶嵌于切齿骨和上、下颌骨的齿槽内，有切断磨碎食物的作用。

1. 齿的种类和齿式

齿按形态、位置和功能分为切齿、犬齿和臼齿三种。

切齿：位于齿弓前部，与口唇相对；下切齿有四对，由内向外分别称为门齿、内中间齿、外中间齿和隅齿。

犬齿：尖而锐，位于齿槽间隙处，约与口角相对。

臼齿：位于上、下颌骨的臼齿槽内，与颊相对，故又称颊齿，臼齿分前臼齿和后臼齿。齿在动物出生后逐个长出，除后臼齿外，其余齿到一定年龄时按照一定顺序更换一次，更换前的为乳齿，更换后的称永久齿或恒齿。

2. 齿的构造

齿在形态上分为齿冠、齿颈和齿根三部分。齿冠为露在齿龈以外的部分，齿根为镶嵌在齿槽内的部分，齿颈则是被齿龈包盖的部分。齿主要由齿质、釉质、黏合质构成（图 3 - 16）。齿质为齿的主要成分，略带黄色，含钙 70% ~80%。釉质包于齿冠的齿质外面，为体内最坚硬的组织，光滑而成乳白色，含钙盐 97% 左右。黏合质包于齿根或整个齿的外面，结构似骨组织，含钙盐 61% ~70%。在齿的内部有齿腔，开口于齿根末端的齿根尖孔，腔内含齿髓。齿髓为富含血管、神经的结缔组织，有营养齿的作用，发炎引起剧烈疼痛。在齿髓与齿质交接处含有牙质细胞，有生长齿质的作用。

3. 齿龈

齿龈为包在齿颈周围和邻近骨上的黏膜，与口腔黏膜相连续，无黏膜下组织，与齿根部的齿骨膜紧密相连，并随齿深入齿槽内，移行为齿槽骨膜。齿根神经分布少而血管多，呈淡红色。

犬上颌有 20 个永久齿（其中 6 个切齿、2 个犬齿和 12 个臼齿）。下颌有 22 个永久齿（6 个切齿、2 个犬齿和 14 个臼齿）。猫上颌有 16 个永久齿（6 个切齿、2 个犬齿和 8 个臼齿），下颌有 14 个永久齿（6 个切齿、2 个犬齿和 6 个臼齿）。犬、猫少数臼齿称扇形齿或食肉齿，齿大，切割、磨碎功能强，反应了食肉动物的特性，最大扇形齿为上颌第四前臼齿和下颌第一后臼齿。犬切齿、犬齿、上下颌第一前臼齿和下颌第三后臼齿均有一个齿根，剩余下颌臼齿和上颌第二、三前臼齿有 2 个齿根，其余上颌第四前臼齿和第一、二后臼齿有 3 个齿根。猫仅扇形齿有 3 个齿根，扇形齿根两个在前，一个在后。

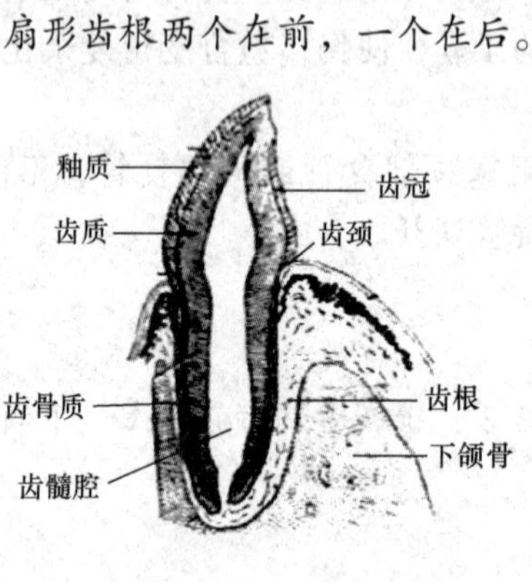

图 3 - 16　犬牙齿的结构

二、眼

眼球是视觉器官的主要部分，位于眼眶内，呈前后略扁的球形，后端有视神经与脑相连。眼球的构造分眼球壁和内容物两部分，见图3－17。

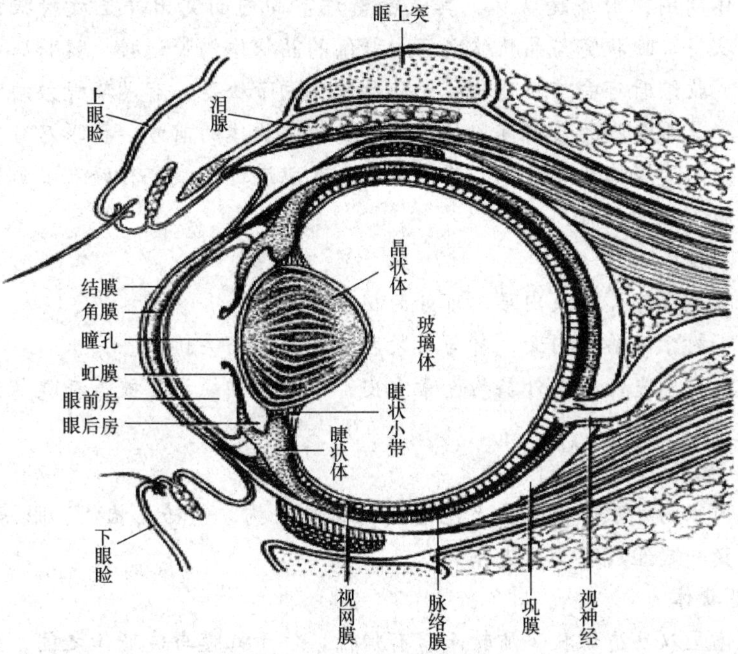

图3－17　眼的结构

（一）眼球壁

眼球壁分三层，由外向内顺序为纤维膜、血管膜和视网膜。

1. 纤维膜

纤维膜为眼球壁的外层，由致密结缔组织构成，厚而坚韧，有保护眼球内部结构和维持眼球形状的作用。分为前方的角膜和后方的巩膜。

角膜：为纤维膜前部，占眼球前部约1/5，为透明的折光结构，呈外凸内凹的球面。周缘较厚，中部薄，嵌入巩膜中。角膜表面被有球结膜。角膜内面与虹膜之间构成眼前房，内有眼房水。角膜上皮再生能力较强，损伤后很快修复。角膜内无血管，但含丰富的神经末梢，所以感觉灵敏。

巩膜：为纤维膜的后部，占眼球后部约4/5，乳白色，不透明。由大量的胶原纤维和少量的弹性纤维构成。巩膜前方接角膜，交界处有环状的巩膜静脉窦，是眼房水流出的通道，起着调节眼压的作用。

2. 血管膜

血管膜是眼球壁的中层，位于纤维膜与视网膜之间，富含血管和色素细胞，有营养眼内组织的作用，并形成暗的环境，有利于视网膜对光色的感应。血管膜由后向前分为脉络膜、睫状体和虹膜三部分。

脉络膜：呈棕色，薄而柔软，衬于巩膜的内面。

睫状体：位于角膜与巩膜移行部的内面，是血管膜中部的增厚部分，呈环状位于晶状体周围，形成睫状环，其表面有许多向内面突出并呈放射状排列的皱褶，称睫状突。睫状突与晶状体之间由纤细的晶状体韧带连接。睫状肌受副交感神经支配，收缩时可向前拉睫状体，使晶状体韧带松弛，有调节视力的作用。

虹膜：是血管膜的最前部，呈环状。位于晶状体的前方，将眼房分为前房和后房。虹膜的周缘连于睫状体，其中央有一孔以透过光线，称瞳孔。虹膜内分布有色素细胞、血管和肌肉。

3. 视网膜

视网膜是眼球壁的最内层。可分为视部和盲部。

视部：衬于脉络膜内面，却与其紧密相连，薄而柔软。

盲部：无感光能力，外层为色素上皮，内层无神经元。被盖在睫状体及虹膜的内面。

（二）眼球内容物

眼球内容物是眼球内一些无色透明的折光结构，包括晶状体、眼房玻璃体，它们与角膜一起组成眼的折光系统。

1. 晶状体

晶状体呈双凸透镜状，质软而富有弹性，位于虹膜与玻璃体之间，借晶状体悬韧带连于睫状体的睫状突上。晶状体无血管和神经，靠房水供给营养。如果房水质量发生改变或晶状体代谢障碍，晶状体即变浑浊，临床上称之为白内障。

2. 眼房水和眼房

眼房是位于角膜和晶状体之间的腔隙，被虹膜分为前房和后房。眼房水为无色透明液体，充满于眼房内，主要由睫状体分泌产生，然后在眼前房的周缘渗入巩膜静脉窦而至眼静脉。眼房水有运输营养物质和代谢产物、折光、调节眼压的作用。

青光眼是由于前房角阻塞，眼房液排出受阻而致眼内压增高引起的眼病。

3. 玻璃体

玻璃体为无色透明的胶冻状物质，充满于晶状体与视网膜之间，外包一层透明玻璃体膜。玻璃体除有折光作用外，还有支持视网膜的作用。

（三）眼球的附属器官

眼球的附属器官包括眼睑、泪器、眼球肌和眶骨膜等，对眼球有保护、运动和支持作用。

1. 眼睑

眼睑为盖于眼球前方的皮肤褶，分为上眼睑和下眼睑。上眼睑和下眼睑间形成眼裂。眼睑的外面为皮肤，中间主要为眼轮匝肌，内面衬着一薄层湿润而富有血管的膜，称为眼结膜。结膜还折转覆盖在眼球巩膜的前部，称这部分结膜为球结膜。当眼睑合闭时结膜合成一完整的结膜囊。第三眼睑又称瞬膜，为位于眼内侧角的半月状结膜褶，常见色素，内有一块软骨。

2. 泪器

泪器包括泪腺和泪道两部分。

3. 眼球肌

眼球肌属横纹肌，一端附着在视神经周围的骨上，另一端附着在眼球巩膜上，全部由眶骨膜所包被。

4. 眶骨膜

眶骨膜又称眼鞘，为致密坚韧的纤维膜。呈锥状，包围着眼球和眼肌，其内外间隙中充填着大量脂肪。

三、耳

耳包括外耳、中耳和内耳3部分。外耳收集声波；中耳传导声波；内耳为听觉感受器所在地。耳的结构如图3-18所示。

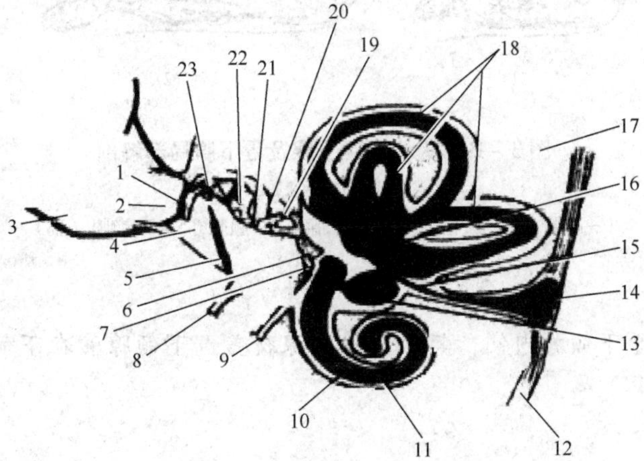

图3-18　耳的结构模式图

1—鼓膜　2—外耳道　3—耳廓　4—鼓室　5—鼓膜张肌　6—岬　7—蜗窗　8—咽鼓管　9—耳蜗水管　10—耳蜗管　11—耳蜗骨质壁　12—脑膜　13—球囊　14—内淋巴囊　15—前庭水管　16—椭圆囊　17—岩骨　18—膜半规管　19—镫骨和前庭窗　20—镫骨肌　21—豆状骨　22—砧骨　23—锤骨

1. 外耳

外耳包括耳廓、外耳道和鼓膜3部分。

耳廓的形状大小因动物种类不同而异，一般呈圆筒状。耳廓背面的隆凸称为耳背，与耳背相对应的凹面称为耳舟。前后两缘向上汇合成耳尖，耳基部附着于岩颞骨的外耳道突。耳廓由耳廓软骨、皮肤和肌肉等构成。

2. 中耳

中耳包括鼓室、听小骨和咽鼓管。

3. 内耳

内耳又称迷路，位于岩颞骨岩部内，由骨迷路和膜迷路组成。

四、唾液腺

存在于唇、颊黏膜内的腺体属壁内腺，有唇腺、颊腺和舌腺；存在于口腔壁外，通过导管开口于口腔壁的腺体属壁外腺，如腮腺、下颌腺和舌下腺。唾液具有浸润饲料、便于咀嚼和吞咽、清洁口腔及参与消化作用。

1. 腮腺

腮腺位于耳的下方，下颌骨后缘，为不正四边形。腮腺管起于腺体前缘，经下颌向前延伸，止于颌骨血管切迹绕至面部，随同面动脉一起沿咬肌前缘向上延伸，开口于颊黏膜上的唾液乳头（图 3－19）。

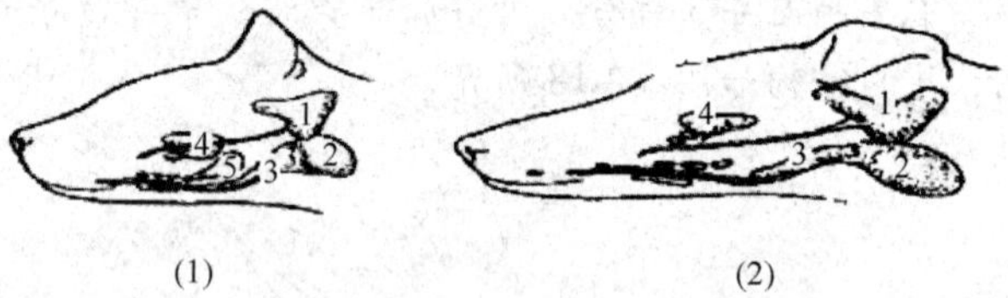

图 3－19　犬、猫颌下腺及舌下腺局部解剖

（1）猫　（2）犬

1—腮腺　2—颌下腺　3—舌下腺　4—颧腺　5—臼齿腺（猫）

2. 颌下腺

颌下腺位于下颌骨内侧，其后部被腮腺覆盖，下颌腺管在下颌骨内侧前行，开口于舌下肉阜。

3. 舌下腺

舌下腺位于舌体和下颌骨之间的黏膜下，舌下腺管有多条，均开口于口腔底舌下黏膜褶上。

五、甲状腺

甲状腺位于喉的后方，前 3～4 个气管环的两侧和腹侧，可分为左右两个侧叶和连接两个侧叶的腺峡。甲状腺是一个富含血管的实质器官，呈红褐色或红黄色，由结缔组织支架和实质组成。甲状腺表面被覆有结缔组织的被膜。被膜伸入实质内，将腺组织分隔成许多腺小叶。甲状腺能合成和释放甲状腺素，主要作用是促进机体的新陈代谢，维持机体的正常生长发育，尤其是对骨骼和神经系统的发育影响更大。

六、鼻

鼻腔由背侧鼻骨、外侧上颌骨和腹侧硬腭组成，眼眶也构成鼻腔和额窦的侧缘。鼻腔又由鼻中隔分隔为两个腔，每一腔前部又被上颌鼻甲（上、下鼻甲）

占据，其后部则为筛鼻甲，筛鼻甲向后延伸至筛板和额窦。鼻旁窦为中空、内衬黏膜和含气体的腔洞。出生时鼻旁窦未完全发育，至成年时才发育完成。额窦界线因动物年龄、品种和头型不同而异。犬额窦分隔为3个室，短头犬此窦很小，上颌窦相当于鼻腔的一个隐窝。猫额窦未分隔成室，除上颌窦，还有蝶窦。额窦与鼻腔经筛区的多个小孔相通。黏膜肿胀可使开口减小，并可阻塞排泄而形成窦性黏液囊肿。

七、气管

1. 形态和位置

气管为一条以气管软骨环（40～45个）作支架的圆筒状长管，长约65cm，可分为颈段和胸段。颈段前端与喉相接，向后沿颈部腹侧正中线而进入胸腔，转为胸段，然后经心前纵膈达心底的背侧，约在第3肋骨相对处，分出气管支气管进入右肺前叶；在第5肋骨相对处，分出左、右主支气管分别进入左肺和右肺。

2. 结构和功能

气管由黏膜、黏膜下组织和外膜组成，黏膜的上皮为假复层柱状纤毛上皮，夹有大量的杯状细胞。黏膜下组织含气管腺，可分泌黏液和浆液。外膜为气管的支架，由气管软骨和结缔组织组成，软骨在气管的颈前段，呈缺口朝向背侧"C"形，有弹性纤维膜连接，膜内有平滑肌纤维束，可使气管适度舒缩；在颈中段以后，软骨两端相互重叠，形成气管隆嵴，相邻软骨环借环韧带连接，可使气管适当延长。在气管软骨外面有疏松结缔组织，内有血管、神经和脂肪组织。

八、食管

食管是食物通过的管道，连接于咽和胃之间，可分为颈、胸、腹三部分。颈部开始于喉和气管的背侧，至颈中部渐移至气管的左侧，经胸前口进入胸腔。胸部位于胸纵膈内，又转至气管的背侧继续向后延伸，再经过膈的食管裂孔进入腹腔。腹部很短，开口于胃的贲门。

【情境小结】

头颈部手术共阐述了19个手术。这些手术并不都是为了治疗疾病而进行的，有的手术是为了宠物的美观而采取的方法。无论哪方面的手术都要求外科医师有坚实、正确的理论基础，通过对宠物系统、全面检查，在明确诊断的基础上严格掌握手术指征和适应证，对适宜于手术的病例方可进行手术。对待每一个宠物，在手术前一定要全面考虑，制订一个详细可行的手术计划，做好手术前的各项准备，手术中要严格按照操作规程进行，以保证手术的成功率。头颈部的手术部位都是一些重要组织或器官，

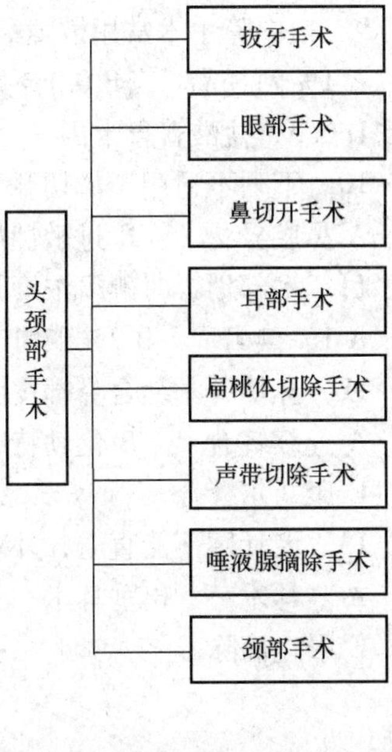

要想完成好每一项手术，需要勤学、苦练，熟练掌握头颈部解剖、手术的基本理论和操作技术，如切开、止血、结扎、缝合等。

【情境测试】

1. 下列不适合进行拔牙手术的一项疾病是（　　）。

A 严重龋齿　B 断齿　C 齿磨灭不整　D 齿错位　E 化脓性齿髓炎

2. 犬拔牙术后，如出现术后牙槽小血管出血常用（　　）止血。

A 填塞压迫　B 缝合　C 维生素 K　D 止血敏　E 输血

3. 下列不属于拔牙术所用的器械是（　　）。

A 开口器　B 牙根起子　C 齿钳　D 刮匙　E 骨螺子

4. 犬、猫拔牙术的保定方法是（　　）。

A 站立保定　B 侧卧保定　C 仰卧保定　D 提举保定　E 扎口保定

5. “樱桃眼”指的是（　　）。

A 青光眼　B 化脓性眼球炎　C 角膜炎　D 瞬膜腺突出

E 眼睑外翻

6. 下列属于眼球摘除术的适应证的是（　　）。

A 青光眼　B 化脓性眼球炎　C 角膜炎

D 瞬膜腺突出　E 眼睑外翻

7. 犬先天性眼睑裂过窄手术治疗应采用的矫正手术是（　　）。

A 眼睑内翻矫正术　B 眼睑外翻矫正术　C 眼睑缺陷矫正术

D 眼睑裂畸形矫正术　E 眼睑增生物摘除术

8. 边缘性角膜损伤应进行（　　）。

A 瞬膜瓣遮盖术　B 瞬膜腺摘除术　C 部分结膜瓣遮盖术

D 桥形结膜瓣遮盖术　E 全部结膜瓣遮盖术

9. 白内障手术常用散瞳药是（　　）。

A 1% 阿托品　B 0.1% 肾上腺素　C 2% 硼酸

D 0.5% 盐酸普鲁卡因　E 0.1% 新洁尔灭

10. 下列不适用于鼻切开手术的疾病是（　　）。

A 鼻腔异物　B 过敏性鼻炎　C 鼻肿瘤　D 鼻坏死　E 鼻甲外伤

11. 术部消毒时碘酊浓度是（　　）。

A 1% 碘酊　B 2% 碘酊　C 6% 碘酊　D 10% 碘酊　E 20% 碘酊

12. 鼻切开术缝合鼻部皮肤时采用（　　）。

A 连续缝合　B 伦勃特缝合　C 库兴缝合　D 结节缝合

E 康乃尔缝合

13. 犬耳廓不能直立，外观偏斜弯曲，影响美观，可采取（　　）。

A 竖耳术　B 垂耳术　C 耳壳截断术　D 外耳道摘除术

E 眼睑摘除术

14. 犬耳壳截断术适宜年龄为（　　）。

A 2~5 月龄　　B 2~12 月龄　　C 2~3 月龄　　D 1 岁龄　　E 2 岁龄

15. 犬外耳道外壁切除术时，在直外耳道相对应的皮肤上一般做（　　）切口。

A“C”字形　　B“井”字形　　C“十”字形　　D“工”字形

E“U”字形

16. 下列不属于犬外耳道外壁切除术的适应证的是（　　）。

A 听力减退　　B 外耳道溃疡　　C 听道狭窄　　D 外耳道肿瘤

E 外耳道炎

17. 犬扁桃体切除术常采用的保定方式是（　　）。

A 仰卧保定　　B 左侧卧保定　　C 腹侧卧保定　　D 右侧卧保定

E 站立保定

18. 犬扁桃体切除术中切除扁桃体时应用的止血方式是（　　）。

A 钳夹止血　　B 结扎止血　　C 止血敏止血　　D 维生素 K 止血

E 明胶止血

19. 下列属于犬扁桃体摘除术适应证的是（　　）。

A 急性咽炎　　B 咽部肿瘤　　C 扁桃体肿瘤　　D 慢性咽炎　　E 口炎

20. 经腹侧喉室切除声带时采用的保定方式是（　　）。

A 仰卧保定　　B 腹卧保定　　C 左侧卧保定　　D 右侧卧保定

E 站立保定

21. 犬进行声带切除术时，为避免呼吸道黏液和唾液腺的分泌影响手术，一般术前需要肌肉注射（　　）。

A 肾上腺素　　B 磺胺类药物　　C 抗生素类药物　　D 阿托品

E 安痛定

22. 犬声带切除术时如需要进行表面麻醉，可用（　　）。

A 2% 盐酸普鲁卡因　　B 1% 盐酸丁卡因　　C 1% 盐酸普鲁卡因

D 0.5% 盐酸丁卡因　　E 2% 盐酸利多卡因

23. 犬舌下腺摘除术麻醉采用（　　）。

A 全身麻醉　　B 浸润麻醉　　C 表面麻醉　　D 传导麻醉

E 电刺激麻醉

24. 犬颌下腺摘除术保定采用（　　）。

A 仰卧保定　　B 侧卧保定　　C 腹卧保定　　D 站立保定　　E 扎口保定

25. 下列不属于唾液腺手术的是（　　）。

A 舌下腺囊肿　　B 腮腺化脓性感染　　C 腮腺肿瘤　　D 颌下腺炎

E 泪腺

26. 犬气管切开术手术部位通常为（　　）。

A 中 1/3　　B 下 1/3　　C 上 1/3　　D 上中 1/3　　E 下中 1/3

27. 犬气管切开术保定采用（　　）。

A 仰卧保定　　B 腹卧保定　　C 侧卧保定　　D 站立保定　　E 扎口保定

28. 下列不属于犬气管切开术适应证的是（　　）。

A 气管狭窄　　B 紧急治疗手术　　C 肺部异物　　D 气管狭窄

E 呼吸麻痹

29. 作犬气管切开术时，当切开气管时常会出现（　　）异常表现。

A 打喷嚏　　B 流涎　　C 流泪　　D 大小便失禁　　E 咳嗽

30. 犬甲状腺摘除术保定采用（　　）。

A 腹卧保定　　B 仰卧保定　　C 侧卧保定　　D 站立保定　　E 扎口保定

31. 犬甲状腺摘除术进行缝合皮肤时采用（　　）。

A 连续缝合　　B 锁边缝合　　C 结节缝合　　D 张力缝合　　E 内翻缝合

32. 下列不属于犬甲状腺摘除术适应证的是（　　）。

A 甲减　　B 甲亢　　C 甲状腺囊肿　　D 甲状腺瘤　　E 甲状腺炎

33. 下列与犬甲状腺摘除术有密切关联的神经是（　　）。

A 舌下神经　　B 舌咽神经　　C 滑车神经　　D 喉返神经　　E 视神经

34. 下列不属于犬食管切开术适应证的是（　　）。

A 食管狭窄　　B 食管发炎　　C 食管憩室　　D 食管堵塞　　E 食管肿瘤

35. 犬食管切开术保定常采用（　　）。

A 仰卧保定　　B 腹卧保定　　C 侧卧保定　　D 站立保定　　E 扎口保定

36. 下列手术属于术后 3 天内需禁止饮食饮水的是（　　）。

A 开胸术　　B 去势术　　C 断尾术　　D 剖腹产术　　E 食管切开术

37. 犬食管切开术时对食管采取的缝合方式是（　　）。

A 结节缝合　　B 连续缝合　　C 锁边缝合　　D 内翻缝合

E 十字交叉缝合

情境四 胸腹部手术

单元一 开胸手术

【知识目标】

通过本单元的学习，讲述开胸手术的主要适应证和术式，识别适应证的主要临床症状，掌握宠物的胸部解剖结构、人工辅助呼吸的常用方法。

【技能目标】

能识别开胸手术适应证的主要临床症状，会进行人工辅助呼吸，能根据实际情况设计合理的手术方案，采取不同的手术术式。

【案例导入】

（一）基本资料

品种：英国梗犬，年龄：4 岁，性别：雄性，体重：4kg，免疫情况：免疫完全。

（二）病史

主诉：几天前，主人给该犬喂食骨头，之后一直出现呕吐现象，且为进食后立即呕吐，犬精神不佳。

（三）临床检查

X 射线检查：胸部食管（心基部后方贲门之前）有一高密度阴影。结合病史确诊为食管异物。

【课前思考题】

开胸手术的主要适应证有哪些？实施开胸手术前应注意哪些问题？开胸手术中应如何保证动物体的氧需求并防止二氧化碳蓄积？开放式气胸的主要临床症状有哪

些？按手术时间划分，开放式气胸属于哪类手术？肋骨切除术的主要适应证有哪些？临床手术中常用的骨科器械包括哪几类？骨髓炎实施切除手术时应注意哪些问题？切断肋骨时主要使用的器械有哪些？剥离骨膜的方法有哪些？骨断端的处理方法有哪些？为何要尽量保证骨膜的完整性？骨膜对后期的骨愈合有哪些重要作用？

一、开胸术

[器械]

一般外科手术器械，肋骨牵开器及肋骨切除所用的手术器械。

[麻醉]

全身麻醉。

[保定]

根据要求行侧卧、半仰卧或仰卧保定。开胸时正压间歇通气。

[手术操作]

主要有下列几种形式。

1. 侧胸切开（A）

宠物侧卧保定，以肋间切口通向胸腔，两侧胸壁均可作为手术通路。前胸手术常选在第2、3肋间，心脏和肺门区手术选在第4、5肋间，尾侧食管和膈的手术选在第8肋间作为手术通路。肋间的确定以X射线拍照作为依据。如果病变在两肋间范围内，宁可选择前侧的肋间，因为肋骨向前牵引要比向后容易。

切口部位的确定。切开皮肤之后，再一次核实肋间的位置，用剪刀剪开各层肌肉。背阔肌平行肋骨切开，尽量减少破坏背阔肌的功能，依次剪开锯肌或其腹侧的胸肌。肋间肌用剪分离，用剪时采取半开状态，沿肋间推进，而不是反复开闭，这样能减少不必要的损伤。剪开宜靠近肋骨前缘，避开肋间的血管和神经。肋间内肌的分离不得损伤胸膜。接着在胸膜上做一2～3mm的小切口，当呼气时空气流入胸腔，肺萎缩离开胸壁，不必担心延长胸膜切口时对肺造成损伤。若切口偏下接近胸骨，要避开胸内动、静脉，或做好结扎。

将湿的灭菌创巾放置在切口的边缘，安上牵拉器，扩开切口。

切口闭合用单股吸收或非吸收缝线，缝合4～6针将切口两侧肋骨拉紧并打结。在打结之前用肋骨接近器或巾钳使切口两侧肋骨靠近，要求切口密接又不造成重叠，肋间肌用吸收缝线缝合（图4－1）。其他肌层用吸收缝线连续或间断缝合，背阔肌间断缝合。主要肌腱部分，各层肌肉要分别缝合，减少术后的机械障碍。皮肤常规缝合。

2. 侧胸切开（B）

胸侧壁切开的另一种方法。本法可得到充分暴露的大切口。先进行肋骨切除术，通过肋骨骨膜床切口，通向胸腔。有肋骨切除与肋骨横切两种方法。

（1）肋骨切除　通过肋骨切除而得到通路，皮肤、皮下组织及肌肉切开同

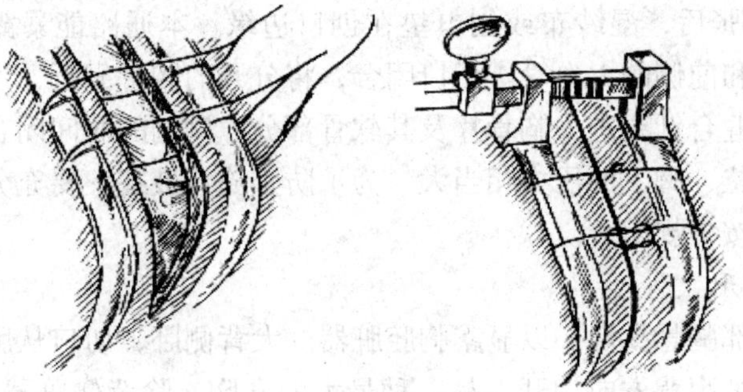
(1) (2)

图4-1 肋间切口闭合
（1）缝合 （2）打结

前。在肋骨表面切开并剥离骨膜，切断肋骨并将肋骨取出。在暴露的肋骨骨膜床上切口，通过骨膜和胸膜切口进入胸腔，比肋间切开能更多地暴露胸腔器官。

创口闭合先在骨膜、胸膜和肋间肌上进行，用吸收缝线做单纯间断或连续缝合，各层肌肉和皮肤缝合同前。

（2）肋骨横切 能获得比肋骨切除还要大的胸腔显露。在肋骨切除的基础上，对邻近的肋骨的背侧和腹侧两端横切，两端各切除4~5mm并去掉，只靠软部组织连接。这样的肋骨能重新愈合，动物呼吸时不会产生摩擦，术后疼痛也减少。本方法利用靠近前后的两个肋骨，不会有并发症，也不需要金属丝固定肋骨断端，切口闭合或愈合之后不影响胸部功能。肌肉、皮肤的闭合按常规进行。

3. *头侧胸壁瓣切开*

因前胸被前肢覆盖，将胸骨切开和胸壁切开相结合，能广泛地暴露前部胸腔器官。犬半仰卧保定，前肢抬高并屈肘，显露胸和侧壁（图4-2）。沿腹中线切开，从胸骨柄向后伸延到第4或5胸骨节片，侧胸做皮肤切口使肋间与胸中线切口连接，胸内动、静脉进行双重结扎。胸骨切开用骨锯或骨刀分离，为了防止误伤胸内脏器，宜先侧胸切开，用手伸入胸腔保护胸内器官。切口向前伸延到颈腹侧肌之间，可减少开胸时肌肉收缩的抵抗。

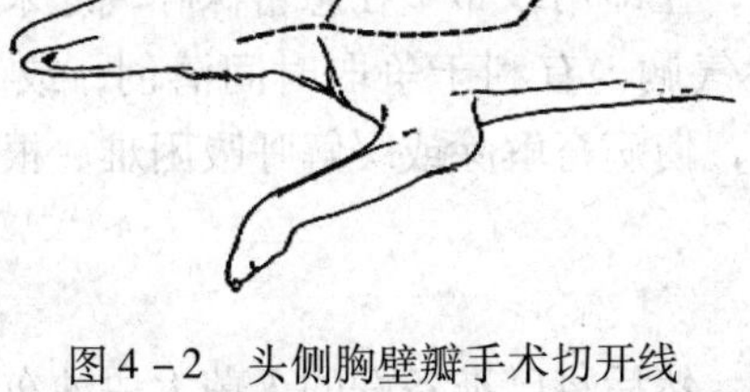

图4-2 头侧胸壁瓣手术切开线

两切口开张后，湿纱布或创巾垫在创口边缘。本通路能暴露 2/3 的食管和气管、胸纵膈和前侧的大血管。切口闭合，将分开的胸骨靠近，用结实的单股缝线间断缝合，缝合针要进入胸骨片及其软骨部分，侧胸的肋间闭合同前。术后犬常常处于胸卧位，胸下的压力相当大，为了防止缝合破裂，要充分利用皮下组织的缝合，皮肤按常规闭合。

4. 胸骨切开

本法为全部胸骨纵切，以显露胸腔脏器。犬背侧卧，切口从胸骨柄延至腹部白线，部分膈被腹背方向切开，是一种最大的开胸。除背侧脏器不易接近之外，胸和腹的部分脏器均被显露。闭合方法同前，注意皮下组织的缝合。

［术后护理］

胸腔切开时注意空气流入，胸腔内检查时要小心谨慎，严禁粗暴，胸膜闭合时要严密，既防止空气流入，也防止造成大面积皮下气肿。在闭合胸壁的过程中，由闭合的创口不断将气体抽出，这样可减少危机，加快恢复。另外为了防止化脓性胸膜炎，在抽气之后，经针头向胸腔注入抗生素。

术后全身给予抗生素治疗 1 周，防止伤口感染，禁止剧烈运动，警犬停止训练，给予丰富的蛋白质饲料。术后创口 10～15d 后拆线。

［适应证］

适应于膈疝、膈破裂修补术，右主动脉弓残迹手术，食管憩室、坏死，支气管内异物取出及肺切除术等。

二、 开放式气胸闭合术

［器械］

一般外科手术器械。

［麻醉］

根据病情可以选择不同程度的全身麻醉。

［保定］

根据患病部位选择适当的保定姿势。

［手术操作］

1. 术前准备

开放性气胸发生后，立即用纱布垫在患畜深呼气之末的一瞬间封闭阻塞胸壁创口，使之成为闭合性气胸，有利于争取时间清创；或结节缝合数针，装上绷带，并抽出胸腔内空气，使病畜解除或缓解呼吸困难。根据病情给予输氧、输液和抗生素治疗。

2. 清创术

创口周围剃毛消毒，然后将已准备好的灭菌大块纱布展平，迅速阻塞胸壁创口内，应用灭菌纱布、脱脂棉填塞创内。剪除挫灭坏死组织，修整创腔，摘除异物，彻底止血。

3. 胸腔探查

应用正压给氧控制呼吸进行胸腔探查，检查是否有肺、心器官损伤。胸腔内注入抗生素，防止胸腔内感染。

4. 闭合创口

较小创口无需创口填塞，应迅速间断结节缝合胸膜肋间肌。对于较大创口，从创口的上角，由上而下，随着一点一点取出填塞纱布，间断结节缝合胸膜肋间肌。在最后 1 ~ 2 针时，将整个纱布块取出后，迅速闭合胸腔。

5. 恢复胸腔内负压

术后立即抽出胸腔内气体，用带短胶管针头刺入胸腔，在粗针头末端系一橡皮指套，指套末端做一排气孔，呼气时胸腔内气体可经指套排出，吸气时指套闭合无气体自外界吸入。

6. 胸腔引流

在创口下方做一个 2cm 长的创口直达胸腔，安放引流管。引流管为闭合引流，使用引流用水封瓶，自瓶塞中穿出长短两根玻璃管，上管的下端浸没于瓶内液面之下，上端连接引流管，短管与外界相通。水封瓶放置在胸腔之下。

[术后护理]

术后 1 ~ 2d 单独饲养，防止犬与犬之间的戏耍。术后全身给予抗生素治疗 1 周，防止伤口感染。皮肤创口 10 ~ 15d 后拆线。

[适应证]

开放性胸部透创、肺萎陷，严重呼吸循环衰竭。

三、 肋骨切除术

[器械]

除一般常用软组织分割器械之外，要有肋骨剥离器、肋骨剪、肋骨钳、骨锉和线锯等（图 4 – 3）。

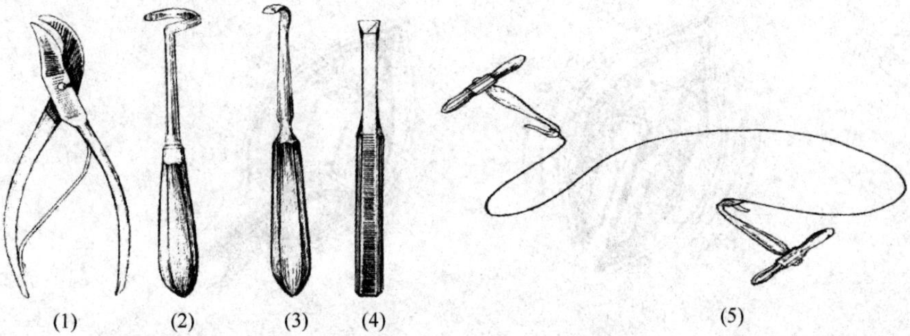

图 4 – 3 肋骨切除手术器械

（1）肋骨剪 （2）、（3）、（4）骨膜剥离器 （5）线锯

［麻醉］

肋骨切除常用局部麻醉，也可用全身麻醉。局部麻醉采用肋间神经传导麻醉和皮下浸润麻醉相结合。

［保定］

侧卧保定。

［手术操作］

切除肋骨中轴，直线切开皮肤、浅肌膜、胸深肌膜和皮肌，显露肋骨的外侧面。以创钩扩开创口，彻底止血。在肋骨中轴纵行切开肋骨骨膜，并在骨膜切口的上、下端做补充横切口，使骨膜上形成“工”字形骨膜切口。用骨膜剥离器剥离骨膜，先用直的剥离器分离外侧和前后缘的骨膜，再用半圆形剥离器插入肋骨内侧与肋膜之间，向上、向下均力推动，使整个骨膜与肋骨分离。骨膜剥离的操作要谨慎，注意勿损伤肋骨后缘的血管神经束，更不得把胸膜戳穿（图4－4）。

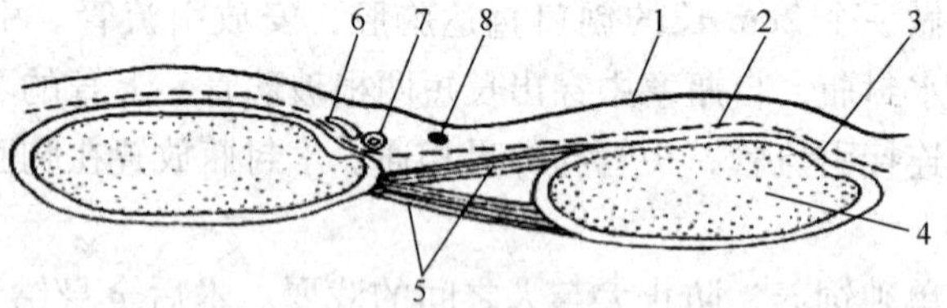

图4－4　肋间解剖模式图

1—胸膜　2—胸内肌膜　3—骨膜　4—肋骨　5—肋间肌
6—肋间静脉　7—肋间动脉　8—肋间神经

骨膜分离之后，用骨剪或线锯切断肋骨的两端，断端用骨锉锉平，以免损伤软组织或术者的手臂。拭净骨屑及其他破碎组织（图4－5）。

关闭手术创时，先将骨膜展平，用吸收缝线或非吸收缝线间断缝合，肌肉、皮下组织分层常规缝合。

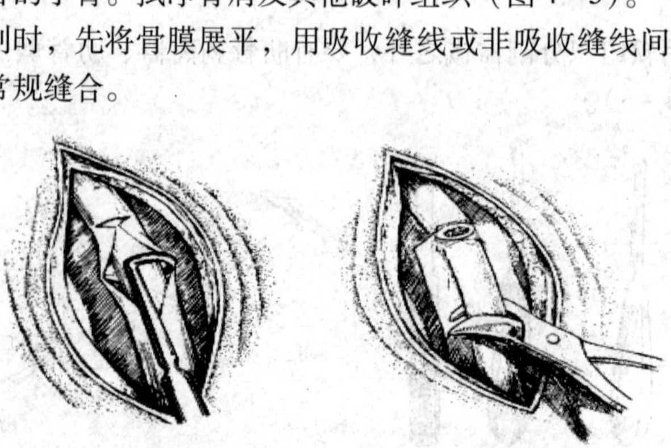

(1)　　(2)

图4－5　切除肋骨

（1）剥离骨膜　（2）剪断肋骨

[注意事项]

当发生骨髓炎时，肋骨呈宽而薄的管状，其内充满坏死组织和脓汁。在这样的情况下，肋骨切除手术变得很困难，骨膜剥离很不容易，只能细心剥离，以免损伤胸膜。如果骨膜也发生坏死，应在健康处剥离，然后切断肋骨。

[适应证]

当发生肋骨骨折、骨髓炎、肋骨坏死或化脓性骨膜炎时，作为治疗手段进行肋骨切除手术。为打开通向胸腔或腹腔的手术通路，也需切除肋骨。

单元二 | 胸部食管切开手术

【知识目标】

通过本单元的学习，掌握胸部食管切开手术的主要适应证，识别适应证的主要临床症状，掌握宠物的胸部解剖结构、人工辅助呼吸的常用方法。

【技能目标】

能识别胸部食管切开手术适应证的主要临床症状，会进行人工辅助呼吸，能根据实际情况设计合理的手术方案并实施手术。

【案例导入】

(一) 基本资料

品种：萨摩耶犬，年龄：6 月龄，性别：雌性，体重：13kg，免疫情况：免疫完全。

(二) 病史

主诉：该犬在家人吃饭时捡食一块鸡蛋大小的筒子骨，主人发现后欲从其口中夺出，结果被其一口吞咽下去。之后即表现不安，频繁吞咽，不食，第二天就诊。

(三) 临床检查

病犬精神一般，流涎，犬坐。体温 39.2℃、呼吸 27 次/min、心跳 116 次/min。口腔检查，在口腔、咽喉未发现异物阻塞。给予饮水和狗粮，病犬可以少量喝水，狗粮采食后随即全部呕吐出来。X 射线检查，在胸腔第 4 至第 6 肋骨之间食管内有一高密度阻塞物。由于阻塞物太大，压迫气管，导致气管轻度狭窄。根据病史、临床症状、临床检查及 X 射线拍片检查，确诊为胸部食管不完全阻塞。

【课前思考题】

胸部食管切开术的主要适应证有哪些？实施手术前应注意哪些问题？手术过程中应如何保证动物体的氧需求并防止二氧化碳蓄积？手术中人工辅助通气的方法有哪些？食管切开和闭合有何方法？食管闭合的注意事项有哪些？胸部引流的方法和注意事项有哪些？

［器械］

一般外科手术器械及开胸手术器械。

［麻醉］

全身麻醉，手术时进行正压间歇通气。

［保定］

侧卧保定。

［手术操作］

犬的开胸能显露食管从第2胸椎到食管末端之间的全段。左、右两侧均可进行手术，因为食管位于心基的右侧，故手术通路常选在右侧胸壁。一般从胸腔入口到心基部食管的手术通路应选在第4肋间。打开胸腔之后，用牵拉器扩开手术创口，用湿纱布围垫肺周围，尽量暴露前部食管，注意保护伴行的迷走神经。

从心基到食管末端的通路，选在第8～9肋间。切开胸腔后，将肺的尾侧叶向前折，并用湿纱布围垫，必要时可将肺间韧带切断，以扩大视野。暴露的食管位于主动脉的腹侧，背、腹有迷走神经伴行，应注意保护。

接近食管时要注意组织粘连状态，不得强拉，小心分离，必须减少出血，使视野清晰。避开腔静脉和主动脉。术者必须准确评价食管的活力与血液供应状态，判断组织能否成活。如果在食管内有尖锐物体，如鱼钩或针，应注意固定，不得损伤邻近的器官，特别是主动脉、腔静脉或肺部的血管。纵膈进行锐性切开，分离食管，设法将迷走神经包裹起来，防止损伤。用无损伤肠钳安置在预切口的头侧和尾侧，在食管上纵向切口。为了检查食管内腔和除去异物，食管的切口一般应开在异物体的头侧或尾侧，对有堵塞性的物体切口最好放置在头侧。

异物取出之后，食管黏膜用4/0～5/0的非吸收缝合线，使用圆针连续缝合。缝合从一端开始，结要打在食管腔内，连续缝合从一端到另一端，针只穿透黏膜和黏膜下层，缝合要细致和确实。缝合之后检查有无渗漏，渗漏处用5/0的缝线间断缝合。肌肉层用3/0吸收缝线单纯间断缝合。缝合之后，擦拭干净，放回原来位置，迷走神经也要复原，再用可吸收缝线将纵膈切口闭合。

食管的切除要特别慎重，只有用其他方法不能矫正损伤时，方可试行。原因是食管缺少浆膜层，食管本身经常活动，如果切断再缝合会产生张力，而食管端端吻合后愈合的关键之一，就是要求最小的张力。所以当客观上十分需要时，最多只能切除2cm，当遇到大段坏死时，则应选用其他技术。

食管端端吻合的操作方法：将无损伤肠钳放置在预切除部的前后侧。首先装支持缝合线，在支持线的协助下，使两断端黏膜对接，选4/0的非吸收缝合线，从后壁的支持线的一端开始做单纯间断缝合，闭合黏膜和黏膜下层，每个结都打在腔内。后壁缝合之后再转向前壁，与开始缝合连接。针距为2mm，距边缘3mm。最后剩留1～2针，把结打在腔外，做压力试验，检查渗漏并修补，食管肌肉层用3/0吸收缝合线，单纯间断缝合。

食管切除和吻合的主要并发症是渗漏，漏出时间常常出现在术后 3～4d。胸部食管吻合后发生渗漏，可继发纵膈炎或形成小的瘘管。

胸腔常规闭合。在胸膜闭合前装胸导管引流，皮肤闭合前放置一般引流。

[术后护理]

皮下引流放置 72h，胸导管引流，在术后第一个 24h 进行常规吸引，排出液体和气体。施用大量抗生素预防或控制感染。术后 1～2d 不得经口饲喂，其后给流体食物，逐渐变为半流体，直到常规饲喂。

[适应证]

用于胸部食管的探查，食管内异物和阻塞的排除，或食管憩室的治疗等。

单元三 | 犬心丝虫病手术

【知识目标】

通过本单元的学习，了解犬心丝虫病的主要临床症状，掌握犬心丝虫病的手术治疗方法。

【技能目标】

能识别犬心丝虫的主要临床症状，能实施正确的手术治疗方法。

【案例导入】

（一）基本资料

品种：土种黄色犬，年龄：1 岁，性别：雌性，体重：10kg，免疫情况：免疫完全。

（二）病史

主诉：该犬前日早上未见异常，食欲及粪便正常。晚上喜卧，不愿吃食。次日请兽医诊治未见好转，犬吐紫黑色水样内容物，表现呼吸困难，呈腹式呼吸，嘴角有白沫，鼻镜稍干，体温 39. 6℃，喉部肿胀，疑为肺炎，用双黄连注射液 10mL，柴胡注射液 10mL，复方青霉素钾 80 万单位，肌肉注射，隔日中午 12 点死亡。

（三）临床检查

剖检肺门淋巴结肿大，肝肿大，气管内有大量粉红色气泡。心外壁血管充盈，心室有血块，在右心室见白色丝状心丝虫蠕动。

【课前思考题】

犬心丝虫病的主要临床症状有哪些？常用防治方法有哪些？手术治疗犬心丝虫的注意事项是什么？犬心丝虫病手术治疗的主要术式有哪些？

[器械]

一般外科手术器械，开胸手术器械，长柄钳。

[保定]

右侧卧保定。

[麻醉]

全身麻醉。

[手术操作]

1. 肺动脉切开术

在左侧第四肋间胸腔切开，切开肺动脉，使用长柄钳从肺动脉和右心室取出虫体。肺动脉切开的优点是能直接暴露这个部位，在心脏和肺动脉的成年心丝虫有90%能够取出。

2. 右心室取出心丝虫

在右心室前心切口，用钳子取出虫体，这个方法只能取出1～2个虫体，取出虫体困难。

3. 阻断血流右心室切开

行中心胸骨切开术，阻断血流，右心室切开，更容易找到腔静脉，腔静脉可以暂时结扎以减少血液丧失。将缝线放置在心室，切开右心室直接取出心丝虫。这个方法的优点是能直接看到右心室，缺点是右心室支持缝线容易撕裂心肌造成血液丧失。

4. 颈静脉切开术

这个方法不用全身麻醉，犬左侧卧，右颈静脉浸润麻醉，皮肤切口，右颈静脉暴露，远侧端结扎，止血带放置近心端，切开静脉，应用长的钳子插入静脉。进入右心房，使用钳子取出虫体，存在于腔静脉和右心房的虫体容易取出。

[术后护理]

术后给予抗生素治疗2周，防止感染。术后1周内禁止运动和训练。术后8～12d创口拆线。

[适应证] 犬的心丝虫病。

单元四 | 动脉手术

【知识目标】

通过本单元的学习，了解动脉导管未闭、右主动脉弓残留和犬膈疝的主要临床症状，掌握三种疾病的手术治疗方法。

【技能目标】

能识别动脉导管未闭、右主动脉弓残留和犬膈疝的主要临床症状，会使用开胸手术器械，能根据实际情况设计合理的手术方案并实施手术。

【案例导入】

（一）基本资料

品种：白色杂种犬，年龄：4月龄，性别：雌性，体重：3kg，免疫情况：

免疫完全。

（二）病史

主诉：该犬是流浪犬，主人收留前该犬曾被别人踢过。由于该犬呼吸困难，消瘦，眼有黄色脓性分泌物，食欲不振，主人曾带该犬到其他诊所就过诊，被诊断为上呼吸道感染。对其使用抗生素进行治疗，治疗 4 d 后该犬眼鼻分泌物减少，食欲好转，但呼吸困难的症状没有改善，于是转院进行诊治。

（三）临床检查

体温 38.5℃，心率 155 次/min，呼吸 65 次/min，眼、鼻有少量脓性分泌物，咳嗽，吸气困难。实验室血常规检查、血液生化检查、粪便寄生虫检查均未见异常。

X 射线诊断膈的轮廓消失，心脏的轮廓、形态不清楚。胸腔中后部密度升高，心膈角消失，腹腔内充气肠管的位置前移。用 25% 硫酸钡胶浆做胃小肠联合造影，造影后 30 min 可见膈线消失，肋膈角消失，心膈角消失，部分消化道进入胸腔。

【课前思考题】

动脉导管未闭症的主要临床表现有哪些？实施手术前应注意哪些问题？手术过程中应如何控制术部出血？右主动脉弓残留的主要临床症状有哪些？实施手术中应注意哪些问题？犬膈疝的主要临床症状有哪些？进行粘连器官剥离时，如发现肠管坏死应如何处置？闭合疝轮时应注意哪些问题？膈疝修补手术术后护理的注意事项有哪些？

一、动脉导管未闭手术

[器械]

一般外科手术器械，开胸手术器械。

[麻醉]

全身吸入性麻醉或药物全身麻醉。

[保定]

右侧卧保定。

[手术操作]

1. 左侧胸壁切开术

第四肋间切开，暴露肺脏，反转肺叶在主动脉和肺动脉间可以看见导管。导管位于主动脉的腹侧面和肺动脉的背侧面。在导管上面，两个血管之间有迷走神经通过。肥胖动物不能看到导管，需要从纵膈和心包分离出导管。导管有连续脉搏冲动，在导管的腹侧面和前方能触摸到波动。这个部位相当于听诊检查最佳“沙沙”声音的部位。在分离导管时，给动物注射阿托品，以防止在分离导管时刺激迷走神经而引起迷走神经性心脏缓慢。

2. 主动脉和肺动脉的分离

应用直角胆管钳，在导管前方自然裂隙分离，扩大横过纵膈平行向后，通过主动脉下面和肺动脉的前面，迷走神经在导管上通过，应用湿纱布条提起。

3. 动脉导管分离

由于导管脆弱，在分离时首先接近强波动主动脉，在导管的后面开始沿着主动脉右侧壁向下分离，在导管前方开口的纵膈处转动钳的尖端向下分离。导管的后壁分离较容易。

4. 动脉导管结扎

直角钳在导管下面引导 2 股 2/0 丝线绕过导管。首先结扎导管的主动脉侧，动脉压增高，心率减慢。然后结扎肺动脉侧，结扎 1 ~ 2min 后，肺动脉变小。对体重大于 7kg 的犬，如果在分离时出现导管撕裂，可以放置安全放置线，阻断血流。安全放置线有以下几处，应用两股缝线，在导管前方绕过左锁骨下动脉和头臂动脉，应用缝线放置在导管远端的主动脉处，肺动脉上可放置止血钳。

近来，研究人员提出在远端右侧导管壁上做完全分离，穿过两股缝线，结扎导管。缝线结扎闭合导管后，缝线终结末端要做修整，切除多余线头。结扎的缝线放置在心包内，并排列在心包边缘，防止左心房附属物形成疝，间断缝合心包创口。

胸腔引流管放置在胸壁切口的后方肋间。闭合胸壁切口，进行肋间肌和皮肤缝合。如果轻度负压，肺通常是膨胀状态，这时皮肤完全缝合，抽出胸腔空气，胸腔引流管要立即除去。

[术后护理]

手术动物在 20d 之内避免做激烈活动与训练，5 ~ 7d 后可以拆线，术后要给予抗生素疗法，防止感染。

[适应证]

动脉导管未闭。

二、 右主动脉弓残留手术

[器械]

同动脉导管未闭手术。

[麻醉]

吸入麻醉或其他全身麻醉。

[保定]

右侧卧保定。

[手术操作]

在左侧胸壁第四肋间切开，肺向后填塞压迫，可见膨胀阻塞的食管，如果食管膨胀大于正常食管的 2 倍，术后恢复不理想。食管插入润滑管，直接插入食管的膨胀部，可发现动脉韧带，其呈纤维状，但是可能是开放的动脉导管，要把动脉韧带与食管分离，双股缝线结扎并切断。将动脉韧带周围和纵膈组织与食管分离，使食管移向左侧。食管的插管向后插入很容易通过阻塞部位，达到心脏基部进入胃，完成手术矫正。胸壁缝合，抽出胸腔气体。

本病在症状发生时给予手术矫正，预后良好。如果发生支配食管肌肉的神经受到损伤，则预后不良。

[术后护理]

术后给予少量液体食物，如果食管膨胀较小，术后护理时间减少，如果食管膨胀严重，术后护理持续到两个月，使食管缓慢地恢复到正常食物和喂饲习惯。

[适应证]

主动脉弓残留。

三、膈疝手术

[器械]

开胸器械、循环密闭式麻醉机辅助和控制呼吸装置。

[麻醉]

全身麻醉。

[保定]

侧卧保定。

[手术操作]

膈疝手术可采用胸腔或腹腔通路，一般选用胸腔通路，操作比较容易，多在左侧第 6 或第 7 肋骨上切开。

1. 胸腔通路手术法

开胸后，首先分离进入胸腔内的腹腔脏器与心、肺、胸膜的粘连，如肠管高度臌气积液，在严密防止污染的情况下穿刺减压，并进行整复。疝轮过小还纳有困难时，可扩大疝轮以便整复。嵌闭性膈疝肠管如果已发生坏死，应作肠吻合术，然后经扩大疝轮送回腹腔，采用重叠钮孔状缝合法闭合疝轮，最后闭合胸壁切口。

2. 腹腔通路手术法

根据 X 射线检查确定腹壁左侧或右侧皮肤切口，切口在肋弓后 2cm，在腹中线沿肋弓切开腹壁。筋膜和肌肉组织（腹直肌和腹斜肌）在同一方向切开，然后切开横筋膜，注意出血血管的结扎，打开腹腔。首先看到脱出的腹腔器官，术者用手触及膈的裂口，裂口通常位于膈的背侧，如果裂口向后延伸，腹部切口需要向后扩大。

腹腔切开后，助手使用扩创器扩大切口，将进入胸腔内的肠管、胃和肝从膈裂口拉回腹腔，有时脱出器官相当多，还纳腹腔后，需要应用灭菌纱布卷进入腹腔，填塞、隔离以保持膈破裂口清楚，便于缝合；腹腔器官不再进入胸腔，检查膈的撕裂口，应用较粗丝线间断缝合裂口，第一针缝线从裂口最深处开始。有时裂口涉及胸壁膈的附着肌肉，膈的边缘缝合要直接缝到肋间肌上。要注意，创伤深处的缝合一定不要损伤食管和大的血管。

在器官还纳和膈的缝合时要注意观察呼吸运动，膈松弛时肺要膨胀，只有在这时期缝合比较容易。在最后缝合打结之前，肺完全膨胀，从胸腔内排出所有空气。膈一定要保持空气密封，在呼吸时候一定不能听到口哨的声音，因为此为空气进入肺内的声音。将纱布卷从腹腔取出，注意不要使异物留在腹腔，防止粘连。使用缝线缝合腹腔各层，皮肤间断缝合。

[术后护理]

全身给予抗生素，防止术后感染，纠正全身水电解质酸碱平衡紊乱。保持患畜安静，减少活动。术后给予流食，多饮水。给予富含蛋白质和维生素的食物。皮肤缝线 7~10d 后拆除。

[适应证]

腹腔脏器经膈的破裂孔进入胸腔。手术的目的是分离粘连的脏器，经减压后还纳于腹腔（如肠管已坏死则行肠截除吻合术），修补疝轮。在术前用 X 射线检查确定哪一侧胸腔有腹腔器官进入，或是两侧胸腔均有腹腔器官进入。

单元五 | 剖腹手术

【知识目标】

通过剖腹和关腹手术操作方法的学习，明确剖腹术适用于哪些疾病的治疗；明确手术前需要进行的准备工作；能够识别剖腹术的切开部位和手术通路，掌握切开、止血、结扎、缝合等基本手术操作；能够对诊断出的腹部疾病予以合理治疗。

【技能目标】

能根据宠物的临床症状及辅助诊断方法判断腹部疾病，能够独立或在教师的引导下设计剖腹术的整个流程；会根据不同的手术目的选择手术部位，掌握剖腹术的基本操作技能。

【案例导入】

（一）基本资料

品种：牧羊犬，年龄：3 岁，性别：雄性，免疫情况：免疫完全。

（二）病史

主诉：三天前儿子与该犬进行弹力球玩耍，该犬在抢球时不小心将球吃了，这三天不吃饭，喝水就吐。有时吠叫、卧地翻滚。

（三）临床检查

该犬精神稍有沉郁，眼结膜轻度潮红，眼球下陷。体温正常，流涎。腹部触诊可摸到球状肿胀物。X 射线检查，可见异物且异物前端充气。

【课前思考题】

判断案例中牧羊犬患何种疾病，应采取什么治疗方案？剖腹术术前应做哪些准备工作？剖腹术可以治疗哪些疾病？剖腹术的术部位置及术式如何？如何处置剖腹术过程中出现的并发症？手术过程中有哪些注意事项？术后如何去护理？

［器械］

一般外科手术器械，腹钩等。

［麻醉］

全身麻醉或脊髓麻醉。

［保定］

仰卧保定或侧卧保定。

［手术操作］

1. 腹中线切口（图4－6）

（1）切开皮肤，显露腹中线。犬、猫的皮下常有一层厚脂肪组织，腹中线上的脂肪组织与腹中线结合紧密，而腹中线两侧的脂肪组织比较疏松，为了显露腹中线，应从两侧向腹中线分离脂肪并将其切除。

（2）一手持有齿镊夹持腹中线并上提，另一手持手术刀经腹中线向腹腔内戳透腹膜后退出手术刀，用手术剪经小切口打开腹腔，一边将手术剪的尖端向腹外撬起，一边剪开腹中线。也可在手指的引导下切开腹中线和扩大腹中线切口。

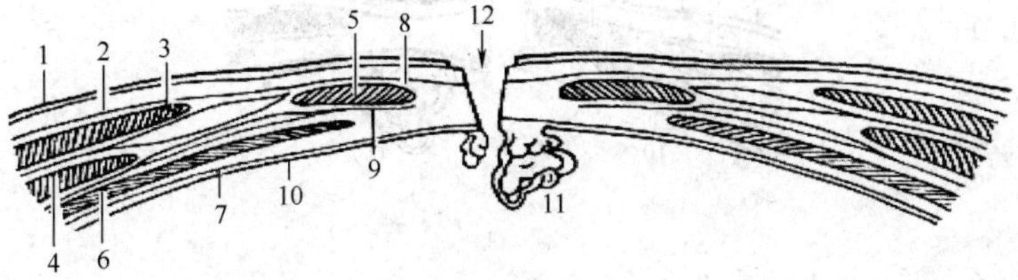

图4－6　犬的腹中线切口

1—皮肤　2—皮下组织　3—腹外斜肌　4—腹内斜肌　5—腹直肌　6—腹横肌　7—腹横筋膜　8—腹直肌外鞘　9—腹直肌内鞘　10—腹膜　11—镰状韧带　12—腹中线切口

犬、猫的脐前腹中线切口两创缘上有镰状韧带，其上附着大量脂肪，常常妨碍对腹腔内脏器官的探查，影响手术操作，在手术后易与腹腔内脏器粘连。为此，在切开腹壁后，应先将镰状韧带从腹腔中引出，从切口后端向前在与两侧腹膜连接处剪开，至肝的左内叶与方叶之间的附着处用止血钳夹住，经结扎后切除镰状韧带。

（3）腹膜用4号丝线或可吸收缝线连续缝合，腹中线用7～10号丝线进行间断缝合，皮下脂肪层进行连续缝合。缝合切口内皮下脂肪层时，缝针应先穿过切口内一侧脂肪层创缘，然后缝合腹直肌外鞘，再穿过对面的腹直肌外鞘及脂肪层创缘，拉紧缝线打结后皮下不遗留死腔。皮肤用7～10号丝线间断缝合。犬、猫的皮肤缝合还可采取连续皮下缝合法，由切口的尾端开始，缝针紧贴皮下向切口的头端交叉平行引线，此缝合法使切口对合严密而美观，术后不必拆线。

2. 中线旁切口（腹白线旁切口）

本方法切口位于腹中线旁平行腹中线，如图 4－7 所示有 3 种定位法。

（1）经腹直肌内侧缘 0.5～1cm 处的腹中线旁切口［图 4－7（1）］ 切口以脐部分为脐前中线旁切口和脐后中线旁切口。根据手术要求可以延长切口。切开皮肤显露皮下疏松脂肪组织，切开腹黄膜显露腹直肌外鞘，切开外鞘显露腹直肌纤维。将腹直肌用拉钩向外侧牵拉显露腹直肌内鞘和腹膜，然后切开腹直肌内鞘和腹膜进入腹腔。

（2）经腹直肌外侧缘 0.5～1cm 处的腹中线旁切口［图 4－7（2）］ 切开皮肤，分离皮下脂肪（犬、猫），切开腹直肌外鞘，显露腹直肌纤维，用拉钩将腹直肌纤维向腹中线方向牵拉，显露腹直肌内鞘和腹膜，切开内鞘和腹膜进入腹腔。

（3）经腹直肌的腹中线旁切口［图 4－7（3）］ 该切口是纵向通过腹直肌，距腹中线的距离为 5～10cm，切口长 15～30cm。此切口在分离腹直肌纤维时出血较多，但切口缝合后不易发生切口裂开，愈合良好。切开方法类似于经腹直肌外侧缘的腹中线旁切口。

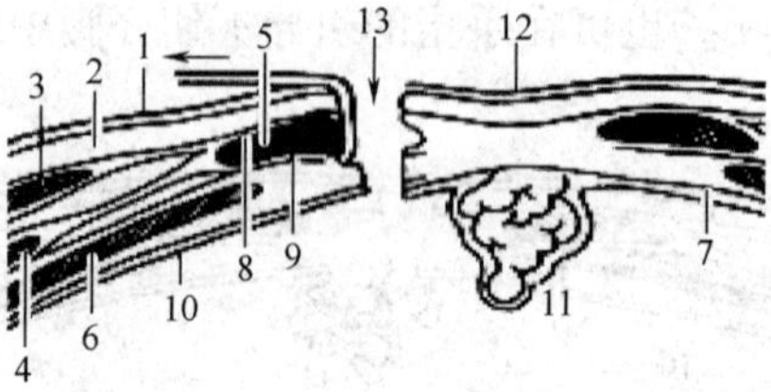

(1)

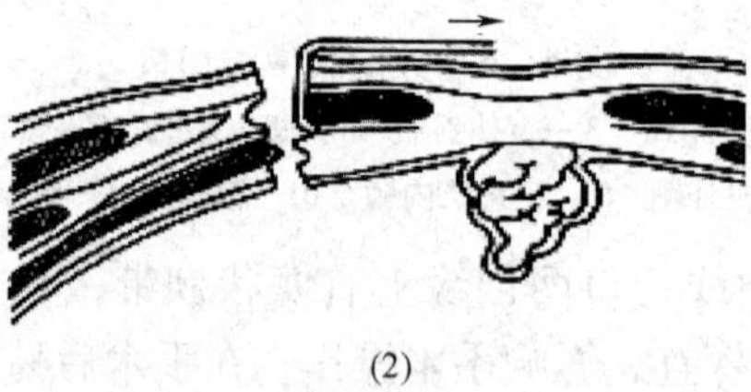

(2)

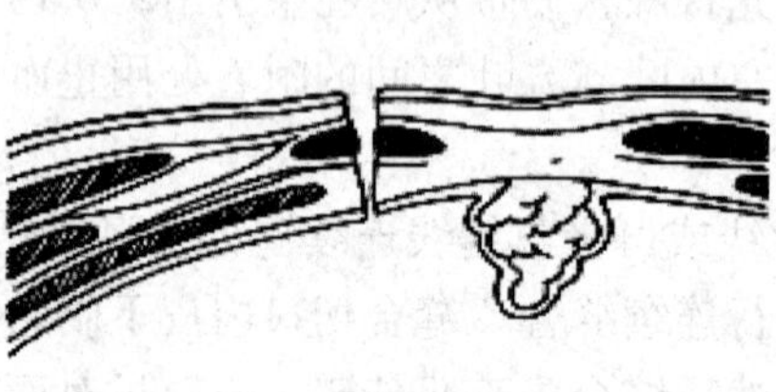

(3)

图 4－7 犬腹中线旁切口

（1）经腹直肌内侧缘通路 （2）经腹直肌外侧缘通路 （3）经腹直肌通路

1—皮肤 2—皮下组织 3—腹外斜肌 4—腹内斜肌 5—腹直肌 6—腹横肌 7—腹横筋膜 8—腹直肌外鞘 9—腹直肌内鞘 10—腹膜 11—镰状韧带 12—腹中线 13—切口

上述3种腹中线旁切口的闭合方法可按图4-8所示进行缝合。用7号丝线或1号肠线对腹直肌外鞘、内鞘和腹膜进行连续缝合。皮肤用7~10号丝线进行间断缝合。也可采用皮下连续缝合闭合皮肤切口。

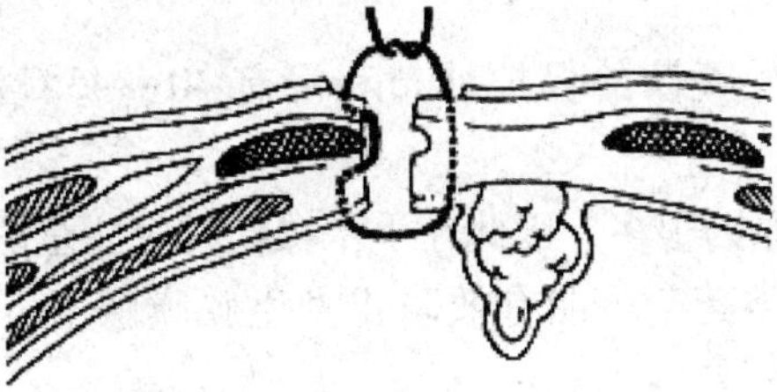

(1)

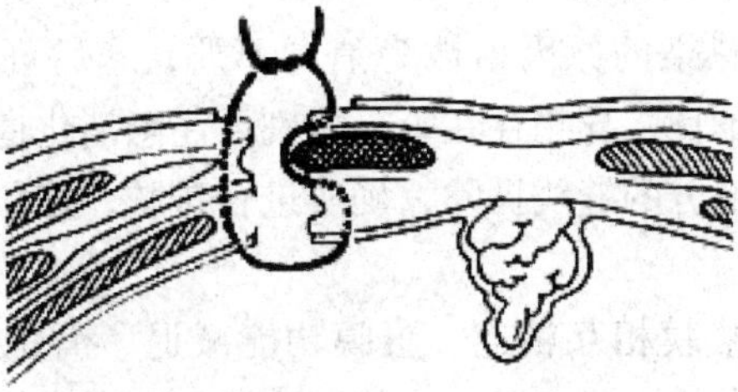

(2)

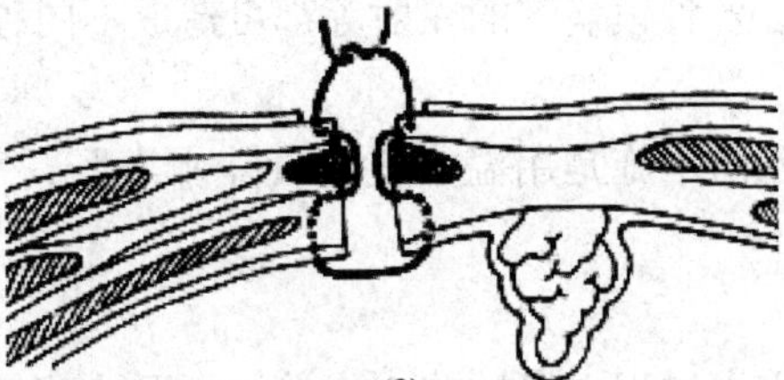

(3)

图4-8 犬腹中线旁切口的闭合方法

(1) 经腹直肌内侧缘的腹中线旁切口闭合 (2) 经腹直肌外侧缘的腹中线旁切口闭合

(3) 经腹直肌的腹中线旁切口闭合

[术后护理]

术后禁食48h，以静脉补充营养需要。48h后给予流质食物，饲喂牛奶、肉汤、米肉粥等高营养流食，给予2~3d，后逐渐改为半流食和正常食物。给予青霉素或磺胺类药物治疗5~7d，局部按一般创伤疗法治疗。可装着颈圈，防止啃咬缝合部。

[并发症]

1. 腹膜感染

腹膜感染的原因是冷热、干燥、机械的损伤、消毒药物和消化液处理不当或因出血、异物以及细菌感染所致。术后腹膜炎一般在术后24h出现最初症状，一般以体温升高开始。

随打开腹腔之际，对常用的物理的、化学的刺激应限制在最小刺激量，或者将腹腔脏器取出，将健康部分还回腹腔内，用保护纱布压入防止脱出或固定，手术在腹腔外施术，努力把健康部分隔离，防止细菌感染以及减少其他的机械性刺激。

腹腔手术时，干燥灭菌的保护纱布和浸有 40～45℃温的生理盐水纱布均可使用。

腹膜感染人为的原因很多，因此在手术操作时应注意消毒。同时于术前和术后给予抗生素或磺胺类药剂，能有效防止发生腹膜感染，也可适当地应用对症治疗。

2. 腹壁肌层和皮肤的感染

腹壁肌层和皮肤感染的原因多数为消毒不严，术后创面保护不够、缝合失宜、形成死腔和排液不良、异物存在等，特别要注意消化道手术时其内容物的污染。化脓时，应将该部分的缝线拆除，确实进行排脓，按化脓创处置。

3. 术后肠管麻痹

肠管麻痹是由于浆膜相互粘连、腹膜功能减退、消化道内气体蓄积等而引起，因其对预后有较大的影响，所以应特别注意预防。干燥、冷热、机械的或化学的刺激、轻度感染、各种镇痛剂的注射等都可造成不同程度的肠管麻痹，所以应特别注意这些因素。

术后肠管麻痹的预防措施是用温水或温食盐水灌肠，每日 3～4 次。同时给予肠蠕动促进剂。

4. 术后粘连

术后粘连多由于手术过程中机械的、化学的、温热的各种刺激损伤腹膜而引起。术后肠管麻痹和肠蠕动不足等也是引起粘连的原因。若术中注意不够，将腹腔器官与腹膜缝合在一起会引起粘连。术后粘连的预防，应防止腹膜感染和术后肠管麻痹以及避免浆膜损伤。

5. 术后尿闭

剖腹前膀胱处于空虚状态时，术后易引起尿闭。尿闭的处置方法是用导尿管排尿，不能使用导尿管时，可在下腹部进行膀胱穿刺排尿。

[适应证]

适应于腹腔脏器的手术，如胃切开、肠扭转、肠套叠等。

单元六 | 胆囊摘除手术

【知识目标】

通过犬胆囊摘除手术的学习，了解在什么情况下实行胆囊摘除，掌握手术目的及手术操作过程，会处置手术过程中出现的异常情况。

【技能目标】

以人力资源和社会保障部或行业协会制定的相应岗位目标考核标准为依据，能清楚地认知犬胆囊摘除术适应哪些疾病，会设计手术方案，掌握手术操作技能。

【案例导入】

（一）基本资料

品种：吉娃娃犬，年龄：9 岁，性别：雌性，体重：10 kg，免疫情况：免疫完全。

（二）病史

主诉：喜欢后面翘起来趴着。时好时坏有十多天，按胃肠炎打针好一些，但最近又吐不吃饭。主要以米饭和肉为主食，有时候吃点鸡蛋黄或者香肠。以前也经常有呕吐的情况但有时候不治疗就好了，或者去医院打针就好转。

（三）临床检查

精神沉郁，轻度脱水，黏膜颜色正常。心率150 次/min，体温 38.6℃，在诊台上摆出祈祷姿势。触诊前腹部敏感，口臭。B 超检查可见胆囊内有一直径 12mm 结石，胆囊壁粗糙，胆囊与周围组织粘连。

【课前思考题】

摘除胆囊手术前应做哪些准备工作？犬在患哪些疾病时可做胆囊摘除手术？摘除胆囊手术切口如何确定？摘胆除囊术中胆囊有几种摘除法？手术过程中有哪些注意事项？术后如何去护理？

［器械］

一般外科手术器械。

［麻醉］

全身麻醉。

［保定］

仰卧保定。

［手术操作］

1. 手术切口

取腹白线右侧切口或腹侧壁切口，腹白线右侧切口适应于胸阔较深的犬，腹侧壁切口应切除第 7 肋骨，但易造成气胸，必须进行气管插管，在正压给氧下进行手术。手术时全身麻醉，局部剃毛、消毒，切开皮肤、肌肉，暴露肝，先检查有无肿大、萎缩、异常结节、硬度或囊肿，其次观察胆囊形态、大小，是否有水肿、坏死、穿孔，轻轻挤压胆囊，感觉胆囊中是否有结石，继而探察胆囊顶有无结石嵌顿，观察胆囊是否与周围组织粘连，手指探查肝十二指肠韧带，触摸胆总管内有无结石、蛔虫。若胆囊充盈膨胀程度严重，轻挤又不能排空者，可先进行穿刺放掉一部分胆汁，仔细检查，判断是否真正需要摘除胆囊。

2. 顺行性胆囊摘除法

（1）胆囊管的暴露与处理　用组织钳夹持胆囊，向外拉动暴露胆囊顶部，用手术刀沿肝十二指肠韧带切开胆囊颈左侧的浆膜，找到胆囊管，钝性分离，分离中牵动胆囊，确认胆囊管和胆总管的关系后，用4号线双重结扎胆囊管，在距胆总管0.5cm处切断胆囊管，并在近端用0号线再结扎1次。

（2）胆囊动脉的结扎与剪断　胆囊动脉位于胆囊管后上方的深层组织中，向上轻拉胆囊管的远端，在其后上方的三角区内（三角区为右侧的胆囊管、胆囊、左侧的肝总管及上方的肝、右肝管），找到动脉，双重结扎，剪断。若十分明确局部解剖，也可根据具体情况，先剪断胆囊动脉，再剪断胆囊管，这样可以减少手术过程中的出血。

（3）胆囊的剥离　在胆囊与肝交界的浆膜上，距肝1.0 cm处切开浆膜，若有炎症可用手指或小纱布球沿切开的浆膜疏松间隙向下分离，若胆囊壁增厚，可在浆膜下先注入灭菌生理盐水或盐酸普鲁卡因后进行分离。

（4）肝组织的缝合　胆囊窝浆膜两侧用丝线进行间断缝合，这样可以防止渗出、粘连；若两侧的浆膜距离太远，也可不缝合。

3. 逆行性胆囊摘除法

若胆囊炎症严重，发生粘连不易分离胆囊管时，可进行先剥离胆囊，再分离胆囊管的逆行术。

用组织钳夹持胆囊底部牵引，在距肝1.0 cm处胆囊周围浆膜下注入生理盐水，使之水肿，切开胆囊底部浆膜。用手指或小纱布球沿切开的浆膜间隙分离胆囊，由底部到顶部，必要时可锐性分离，结扎出血点，但一切操作要紧靠胆囊进行，若粘连严重不易分离时，可先在胆囊底部作一小切口，伸进手指边探查边进行分离。分离到胆囊顶部时，找到胆囊动脉，分离，结扎，剪断。夹住胆囊顶部向外轻引，分离浆膜找到胆囊管后，分离胆囊管至胆总管，结扎、剪断胆囊管去掉胆囊后，可在胆囊窝与胃、十二指肠间放置大网膜，既可以防止粘连，又可在下次肝手术时易分离此部组织。

[注意事项]

此处局部解剖组织复杂，加上发生病变，导致组织难以辨别，因此，在手术过程中极易发生误认、误伤，故一定要明确各组织之间的解剖关系，手术中易发生以下事故。

（1）误伤胆总管　由于误把胆总管当作胆囊管进行分离或牵拉过紧，使胆总管呈一角度，把胆总管部分或全部切断；或者由于胆囊管断端离胆总管太近，瘢痕压迫胆总管，使胆总管狭窄；或手术中牵力过大，把胆囊管扯断，用止血钳寻找断端时误伤胆总管等。因此，手术中一定要仔细、认真、轻拉、轻拽，打结时要与胆总管保持0.5 cm左右的距离。

（2）误伤胆囊动脉　手术中误切或牵拉力过大，使动脉断裂造成大出血，可用手指伸进网膜压住动脉近端，使其暂时止血，然后仔细寻找动脉断端，结扎。

（3）胆囊充盈过度　要先引流出一部分胆汁，使胆囊松弛，可放掉胆囊中2/3 胆汁，便于操作。若胆汁太少，胆囊缩小，则不易牵拉；若胆囊过大，则易弄破胆囊妨碍操作。

［术后护理］

术后连用抗生素 3d，防止继发感染，禁食 24 h，禁食期间静脉输液以维持机体的营养需要，以后喂易消化的食物，3d 后恢复正常饮食，1 周后拆线。

［适应证］

犬胆道蛔虫而继发的胆囊急性化脓、坏疽或胆囊穿孔，胆囊结石、胆囊肿瘤、胆囊癌、胆囊破裂。

单元七 | 胃切开手术

【知识目标】

通过犬胃切开术操作技术的学习，明确手术目的和手术通路，掌握犬胃切开术的标准操作技术。

【技能目标】

能了解该手术的适应证，会制订手术计划，掌握手术操作技能。

【案例导入】

（一）基本资料

品种：大丹犬，年龄：5 岁，性别：雄性，免疫情况：免疫完全。

（二）病史

主诉：主人将一刚擦过菜板的毛巾抹布放在锅台上，不见了。因菜板切过猪肉，所以怀疑抹布被大丹犬误食。现在犬不吃食，但看样子还想吃，吃进东西就吐。

（三）临床检查

该犬精神稍正常，眼结膜轻度潮红。体温正常，流涎。腹部触诊可摸到胃膨胀。X 射线检查，可看到胃内充气，幽门部位有阴影。初步诊断为异物性堵塞。

【课前思考题】

上述病例的犬为什么需要进行胃切开手术？犬患哪些疾病可做胃切开手术？胃切开术手术通路如何确定？如何切开胃壁，达成手术目的？手术过程中有哪些注意事项？术后如何治疗？

［器械］

一般外科手术器械。

[麻醉]

全身麻醉，气管内插入气管导管，以保证呼吸道通畅，减少呼吸道死腔和防止胃内容物逆流误咽。

[保定]

仰卧保定。

[术前准备]

非紧急手术，术前应禁食24h以上。对于急性胃扩张-扭转病犬，术前应积极补充血容量和调整酸碱平衡。对已出现休克症状的犬应纠正休克。在中心静脉压的监护下进行，静脉内注射林格尔氏液与5%葡萄糖或含糖盐水，剂量为80~100mL/kg体重，同时静脉注射氢化可的松和氟美松各4~10mg/kg体重及适量抗生素。在静脉快速补液的同时，经口插入胃管以导出胃内蓄积的气体、液体或食物，以减轻胃内压力。

[手术通路]

脐前腹中线切口。从剑状突末端到脐之间做切口，但不可自剑状突旁侧切开，犬的膈肌在剑状突旁切开时，极易同时开放两侧胸腔，造成气胸而引起致命性危险。切口长度因动物体型、年龄大小及动物品种、疾病性质而不同。幼犬、小型犬和猫的切口，可选在剑状突到耻骨前缘之间的相应位置；胃扭转的腹壁切口及胸廓深的犬腹壁切口，均可延长到脐后4~5cm处。

[手术操作]

沿腹中线切开腹壁，显露腹腔。对镰状韧带应予以切除，若不切除，不仅影响和妨碍手术操作，而且再次手术时会因大片粘连而给手术造成困难。

在胃的腹面胃大弯与胃小弯之间的预定切开线两端，用艾利氏钳夹持胃壁的浆膜肌层，或用7号丝线在预定切开线的两端，通过浆膜肌层缝合两根牵引线。用艾利氏钳或两牵引线向后牵引胃壁，使胃壁显露于切口之外。用数块温生理盐水纱布垫填塞在胃和腹壁切口之间，以抬高胃壁使其与腹腔内其他器官隔离开，减少胃切开时对腹腔和腹壁切口的污染。

胃的切口位于胃腹面的胃体部，在胃大弯和胃小弯之间的血管稀少区内，纵向切开胃壁。先用手术刀在胃壁上向胃腔内戳一小口，退出手术刀，改用手术剪通过胃壁小切口扩大胃的切口。胃壁切口长度视需要而定。对胃腔各部检查时的切口长度要足够大。胃壁切开后，胃内容物流出，清除胃内容物后进行胃腔检查，应包括胃体部、胃底部、幽门、幽门窦及贲门部。检查有无异物、肿瘤、溃疡、炎症及胃壁是否坏死等。若胃壁发生了坏死，应将坏死的胃壁切除。

胃壁切口的缝合，第一层用3/0号铬制肠线或1~4号丝线进行康乃尔缝合，清除胃壁切口缘的血凝块及污物后，用3~4号丝线进行第二层的连续伦勃特缝合（图4-9）。

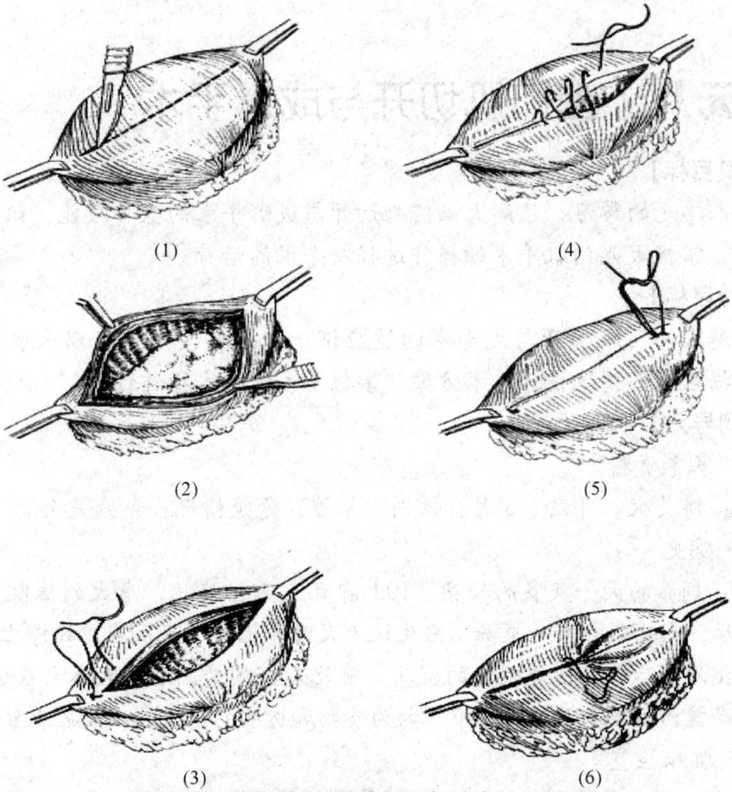

图4－9　胃的切开与缝合

（1）用艾利氏钳夹持预定切开线两端　（2）切开胃壁显露胃腔
（3）开始康乃尔缝合　（4）开始第一层康乃尔缝合
（5）结束第一层康乃尔缝合　（6）伦勃特缝合第二层

拆除胃壁上的牵引线或除去艾利氏钳，清理除去隔离的纱布垫后，用温生理盐水对胃壁进行冲洗。若术中胃内容物污染了腹腔，用温生理盐水对腹腔进行灌洗，然后转入无菌手术操作，最后缝合腹壁切口。

[术后护理]

术后24h内禁饲，不限饮水。24h后给予少量肉汤或牛奶，术后3d可以给予软的易消化的食物，应少量多次喂给。在病的恢复期间，应注意动物是否发生水、电解质代谢紊乱及酸碱平衡失调，必要时应予以纠正。术后5d内每天定时给予抗生素，手术后还应密切观察胃的解剖复位情况，特别是对胃扩张－扭转的病犬，经胃切开减压修复后，注意犬的症状变化，一旦发现复发，应立即采取救治措施。

[适应证]

胃切开术常用于胃内异物的取出，胃内肿瘤的切除，急性胃扩张－扭转的整复，减压或坏死胃壁的切除，慢性胃炎或食物过敏时胃壁活组织检查等。

单元八 | 幽门肌切开与成形手术

【知识目标】

通过本单元的学习，了解犬幽门肌切开与成形手术的操作技能，识别该手术的适应证，掌握犬幽门肌手术的操作过程及手术的治疗。

【技能目标】

能了解犬幽门肌切开与成形术的适应证，识别哪些疾病可以采取该手术治疗。会根据疾病的情况设计手术方案。掌握手术的技术操作过程。

【案例导入】

（一）基本资料

品种：博美犬，年龄：3 月，性别：雄性，免疫情况：免疫完全。

（二）病史

主诉：饲养的犬一直喂的较杂，10d 前有点感冒症状，患犬到医院做雾化治疗，治疗后，犬出现频繁的呕吐。医生认为犬对雾化治疗有反应，故停止治疗。犬在停止雾化治疗后仍然出现呕吐的症状。前几天较频繁，近些天患犬在进食1 ~2h后，一运动就出现喷射状呕吐，呕吐物为食物和透明的消化液。食欲正常。

（三）临床检查

体温 38.3℃，触诊胃肠道未见明显异常及异物，在医院用罐头饲喂，患犬有食欲，但进食完大约半小时后，犬走动后突然出现低头呕出进食的罐头。化验室检查：对犬进行消化道造影检查。

依据临床的症状和患犬的胃内经过了 11 ~12 h 后仍有钡餐停留，而胃肠道内又未见任何异物，故可判定该犬患有幽门痉挛症。

【课前思考题】

犬患有幽门痉挛症需要进行胃切开术，应在胃的哪个部位切开适宜？犬患哪些疾病可做幽门肌切开术？犬幽门肌切开术手术通路如何确定？切开的胃壁如何缝合？手术过程中有哪些注意事项？如何设计一个幽门肌切开术后治疗方案？

一、幽门肌切开术

[器械]

一般外科手术器械。

[麻醉]

全身麻醉。

[保定]

仰卧保定。

［手术操作］

术前禁食24h以上，麻醉后插入胃导管，尽量排空胃内容物。

脐前腹中线切口。切开腹壁后用生理盐水纱布垫隔离腹壁切口，装置牵开器，充分显露胃、十二指肠和胰腺等脏器，用温生理盐水纱布垫隔离胰、肝和胆总管。

在胃大弯和胃小弯交界处的胃体部血管稀少区缝置牵引线，向腹壁切口处牵拉胃壁，或用艾利氏钳夹住胃壁向腹壁切口外牵引，如果胃内充满胃内容物或极度臌气，将难以钳夹，此时忌用暴力牵引，可由麻醉人员经犬的口腔插入胃导管，导出胃内积气和液体，经减压后再将胃壁向切口处牵拉。

将幽门牵拉到腹壁切口处，在牵拉幽门之前应先切断胃肝韧带和与其相连的结缔组织。胃肝韧带位于肝与幽门之间，在切断胃肝韧带时应注意识别胆总管，以免误切胆总管。将幽门拉出腹壁切口外，并用温生理盐水纱布垫隔离，防止缩回。

在幽门窦、幽门和十二指肠近心端做一个足够长的直线切口。切口位于幽门的腹面、幽门前缘与后缘之间的无大血管区间。切口一端为十二指肠边缘，另一端到达胃壁。小心切开浆膜及纵行肌和环形肌纤维，使黏膜层膨出在切口之外。若黏膜不能向切口外膨出，切口两创缘可能会重新黏合。为此，在切开纵行肌纤维以后，对环形肌纤维必须完全切断。如果环形肌纤维未能完全切断，将限制黏膜下层从切口中膨出。在切断环形肌纤维时，可沿着不同的纵行部位进行切开，这样可以避免切透黏膜层。在环形肌完全切开之后，为了使黏膜下层尽量从切口中膨出，可用米氏钳或止血钳进行分离，使黏膜膨出切口外。在幽门的近心端分离直到胃壁的斜肌和结构正常的胃壁肌纤维，幽门的远心端应分离到穹隆部（图4－10），在这一部位，稍有疏忽就可能撕破附着在该处的浅表黏膜。所以，既要完全分离开肌层，当显露出向内倾斜的穹隆部黏膜后，又必须停止继续分离，以免撕破在此处反折而靠近表面的黏膜。在分离黏膜下层时可能出血，若有轻微的渗血，可用棉球或纱布球压迫1～2min，很少需要结扎止血。这种渗血可能是由于系膜受到牵拉使静脉回流受阻所致，当还纳回腹腔后渗血将自行停止。

为了检查膨出的黏膜有无破损，可用手指轻轻压迫十二指肠以阻塞肠腔，将胃内气体挤入幽门管进行检查。若有黄色泡沫状液体出现，说明黏膜有穿孔，可用3/0或4/0肠线做水平褥式缝合以闭合裂口，必要时可将一部分网膜松松地扎入线结内，使网膜紧贴缝合处又不致过于狭窄。对黏膜的小穿孔，也可用切一肌瓣的方法来修补（在幽门括约肌上切一肌瓣，用剥离器将其游离，转移肌瓣覆盖黏膜穿孔处，并将肌瓣固定于对侧幽门括约肌，必要时用网膜覆盖）。凡黏膜发生了大的穿孔，均应进行幽门肌成形术。

用生理盐水冲洗幽门部及胃壁，拆除胃壁上的牵引固定线或撤去艾利氏钳，清点隔离纱布，在确定腹腔内没有遗留下任何异物的情况下，将幽门和胃还纳回腹腔内。最后按常规闭合腹壁切口。

［术后护理］

手术中幽门黏膜没有穿孔者，在麻醉苏醒后 4h 即可让犬饮糖盐水，24h 后可给少量米汤、肉汤或牛奶，48h 后即可恢复其正常的饲喂量。若幽门黏膜发生了穿孔，经缝合修补的犬，术后应禁食 24h 以上，可静脉内补液并供给能量。有部分犬术后发生呕吐，但在 4～5d 内即可停止。术后 3～4d 内常规使用抗生素，以预防腹壁切口感染。

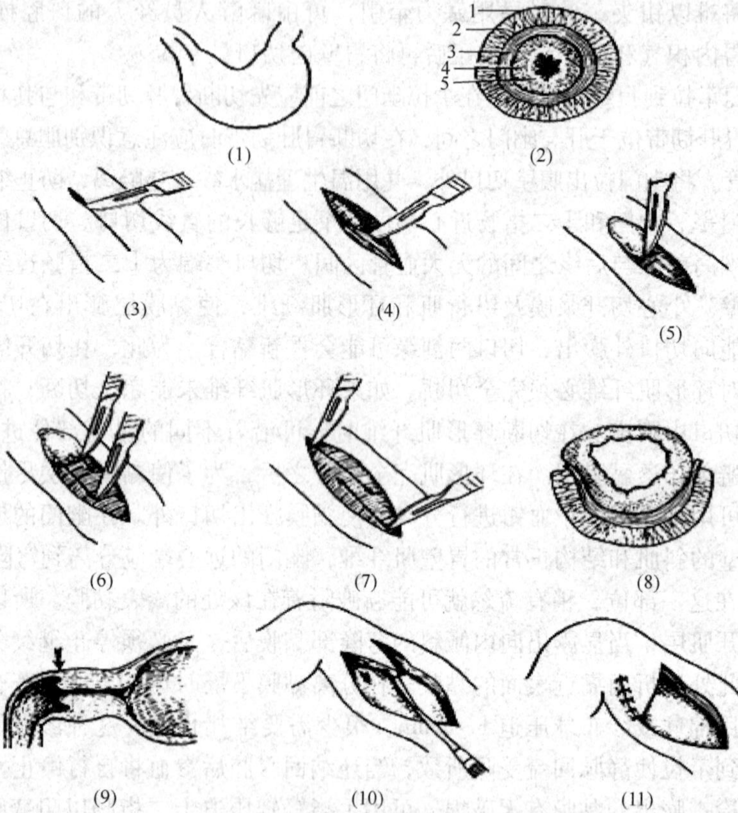

图 4－10　犬幽门肌切开术

（1）幽门肌切开部位　（2）幽门肌组织分层　1—浆膜　2—纵形肌　3—环形肌　4—黏膜下层　5—黏膜　（3）切开浆膜　（4）切开纵行肌纤维　（5）切开环形肌纤维　（6）、（7）在不同的径路上切开环形肌纤维　（8）黏膜膨出，幽门狭窄缓解　（9）箭头所指处为危险区（穹隆处），肥厚的幽门肌穿入十二指肠腔内，十二指肠黏膜在此处反折，构成穹隆区　（10）黏膜穿孔，切一肌瓣，用剥离器剥离　（11）转移肌瓣覆盖住黏膜穿孔处，将肌瓣固定于对侧幽门括约肌上

［适应证］

用于消除犬顽固性幽门肌痉挛、幽门肌狭窄，促进胃的排空，避免发生胃扩张－扭转综合征，或作为胃扩张－扭转综合征治疗的一部分。

二、幽门肌成形术

［器械］

同幽门肌切开术。

［麻醉］

同幽门肌切开术。

［保定］

同幽门肌切开术。

［手术操作］

术前禁食24h以上，麻醉后插入胃导管，尽量排空胃内容物。

脐前腹中线切口。切开腹壁后用生理盐水纱布垫隔离腹壁切口，装置牵开器，充分显露胃、十二指肠和胰腺等脏器，用温生理盐水纱布垫隔离胰、肝和胆总管。

手术方法开始与幽门肌切开术相同，纵行切开幽门纵行肌与环形肌纤维后，再切开黏膜层，吸去幽门切口内的胃内容物，用弯圆针带3/0或0号铬制肠线，在纵行切口的一端胃幽门交界处的浆膜外进针，黏膜层出针，然后针到纵行切口的另一端幽门十二指肠交界处的黏膜层进针，幽门外浆膜层出针，将该缝合线拉紧打结后，使幽门部的纵向切口变为横向，从而使幽门管变短、变粗，幽门管内径明显增大。用3/0或0号铬制肠线对已变成横向的切口进行全层间断缝合（图4－11）。缝毕，用生理盐水冲洗，将大网膜覆盖在幽门缝合区，以使术中的偶然污染引起的炎症反应局限化。

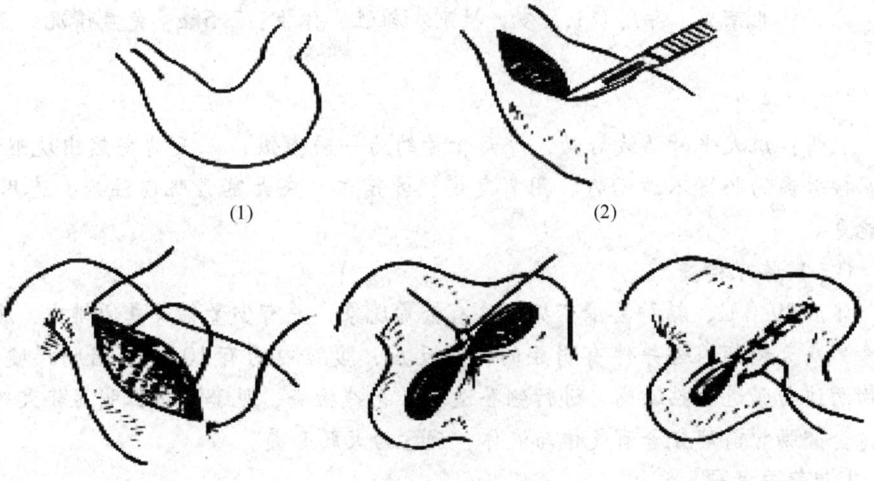

(1) (2) (3) (4) (5)

图4－11 幽门肌成形术

（1）幽门肌切开线 （2）切开幽门环形肌纤维及黏膜 （3）切口的两端系缝合线

（4）拉紧缝合线使纵向切口变为横向 （5）全层简单间断缝合

另一种缝合方法是两层缝合，第一层用3/0～0号铬制肠线进行全层间断缝合，经生理盐水冲洗后，再进行第二层伦勃特缝合。该缝合方法因造成了组织内翻，可能抵消了幽门成形术的目的，扩大了的幽门排出孔经缝合后又有变狭窄的趋向。如果所做的幽门部纵向切口有足够的长度，可避免缝合后的狭窄。

[术后护理]

同幽门肌切开术。

[适应证]

本手术为减少胃内容物潴留，作为胃排空性手术，又是犬胃扩张－扭转综合征经手术整复后防止再发生的常规手术。

单元九 | 肠管切开与吻合手术

【知识目标】

通过案例学习肠管切开与吻合术，识别肠管切开与吻合术的目的和手术通路，掌握肠管切开与吻合术的适应证和技术操作。

【技能目标】

能根据肠管的发病部位、病理情况判断肠管切开方法；会独立设计手术方案；掌握肠管切开与吻合术的操作技能。

【案例导入】

（一）基本资料

品种：北京犬，年龄：1.5岁，性别：雄性，体重：2.5kg，免疫情况：免疫完全。

（二）病史

主诉：该犬平时活泼好动，每天食量约为一碗多饭，三天前突然出现呕吐，在家按普通的肠胃不适治疗，用胃复安、爱茂尔、庆大霉素肌肉注射，连用3d未能见效。

（三）临床检查

体温39.8℃，精神萎靡不振，伴有努责现象，并有少量稀薄粪便排出，腹腔触诊，病犬频频闪避并伴有明显的疼痛反应，腹腔内约有10cm长腊肠样硬物，硬物两边与肠道有粘连感。进行钡餐造影X射线检查，见套叠部位明显粗大约一倍，套叠肠管前部分含有气体与液体，确诊为犬肠套叠。

【课前思考题】

犬患肠套叠都有哪些治疗方法？肠管切开术的适应证都有哪些？肠管如何切开和切除？肠管切开后如何缝合？手术过程中有哪些注意事项？术后如何去护理？

一、小肠切除术

[器械]

一般外科手术器械，肠钳四把。

[麻醉]

犬、猫等进行全身麻醉，并进行气管插管，以防呕吐物逆流入气管内。

[保定]

仰卧保定。

[术前准备]

因肠变位引起肠坏死的宠物大多伴有严重的水、电解质代谢紊乱和酸碱平衡失调，并常常发生中毒性休克。为了提高动物对手术的耐受性和手术治愈率，在术前应纠正脱水和酸碱平衡紊乱，并防治休克。静脉注射胶体液（如全血、血浆）和晶体液（如林格尔氏液）、地塞米松、抗生素等药物，并在中心静脉压的监护下进行。插入胃导管进行导胃以减轻胃肠内压力，同时积极进行术部、器械、敷料和药品的准备。

在非紧急情况下，术前24h禁食，2h禁水，并给以口服抗生素，如土霉素、新诺明或红霉素等，可有效地抑制厌氧菌和整个肠道菌群的繁殖。

[手术操作]

采取脐前腹中线切口。

1. 按剖腹术方法打开腹腔

寻找病变部位，术者将涂以生理盐水的手伸入腹腔内寻找病变部，把病变部拉出至切口外，检查其发生的原因。若为小肠内异物，拉出异物段肠管，在肠管的游离端侧方切开肠管，切开肠管后取出异物。若为肠套叠、肠绞窄等，肠管已坏死，将肠管坏死部切除，做肠管端端吻合术。

2. 小肠部分切除

暴露待切除肠段，将其置于腹壁上的盐水纱布垫中，在预定切除范围的肠系膜作“V”字形切开（图4－12）。先剪开表层腹膜，暴露其下系膜血管，用两把弯血管钳并排夹住系膜血管，在其间切断血管，用1号丝线结扎，最后切断小肠系膜。在小肠预定切断处，用肠钳夹住肠管，切除待切除肠段。

3. 开放双层吻合法

以前方浆膜肌层作为第一层缝合，采用连续等分法缝合，以便减轻因手术操作所致的肠壁创伤，先在其肠系膜对侧缘以1号丝线行浆肌层缝合、结扎，然后在系膜缘做同样缝合、结扎（图4－13）；此后在两针中点缝第三针。依此类推，直至前方浆膜肌层全部缝合完毕（图4－14），保留最先缝合的两针缝线做为牵引，剪去其余线尾。翻动肠管使已缝合的部分位于吻合口后方（图4－15），使后方未缝合肠壁转到前方（图4－16）。

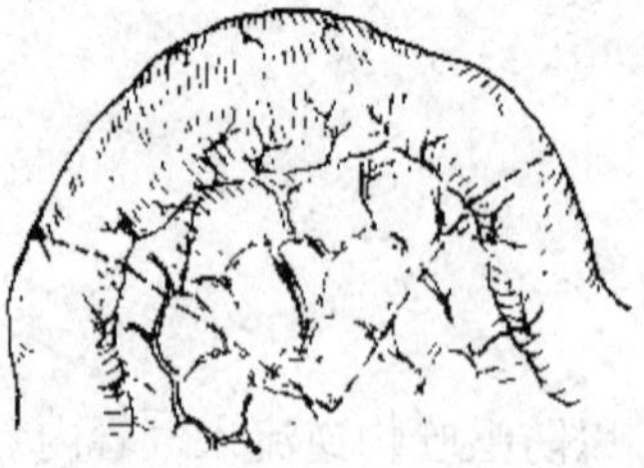

图 4－12　预定切除线

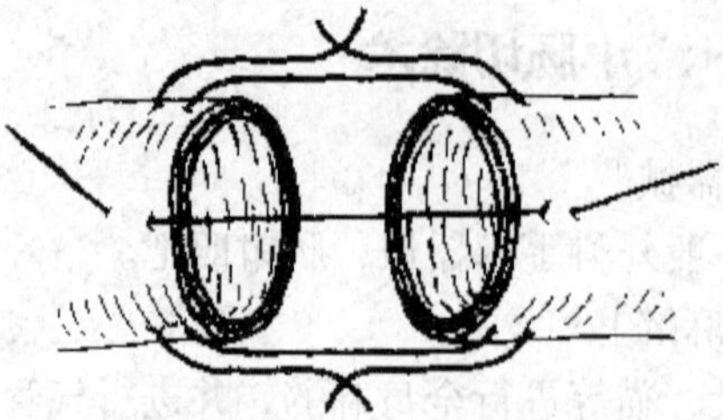

图 4－13　两侧前方中点浆膜肌层缝合

用可吸收缝线进行肠壁全层缝合，在后壁中点缝合打结，然后分别连续锁扣缝合两侧肠壁全层（图 4－17 至图 4－20）。转角处将缝线从肠内穿至肠外（图 4－21），运用康乃尔连续缝合或库兴连续缝合（褥式缝合）完成浆膜层对合（图 4－22），最后用 1 号丝线间断缝合浆膜肌层（图 4－23）。

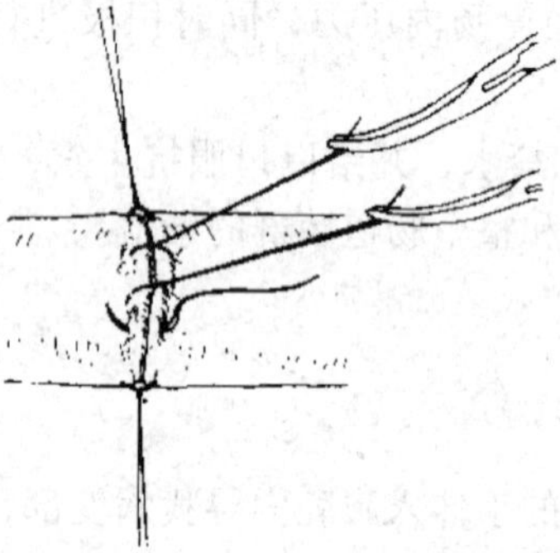

图 4－14　前壁浆肌层等分法缝合

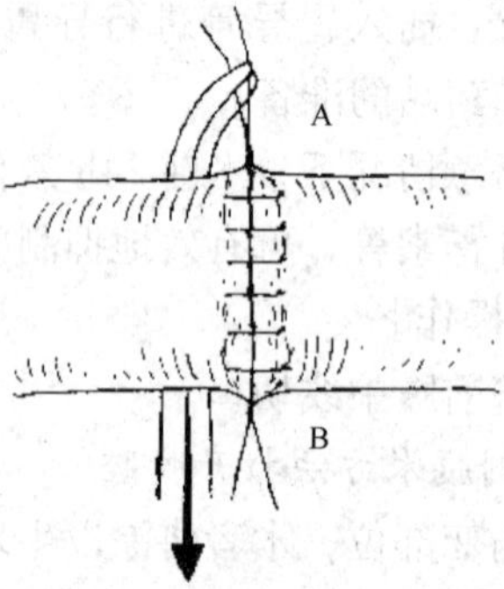

图 4－15　翻转肠管

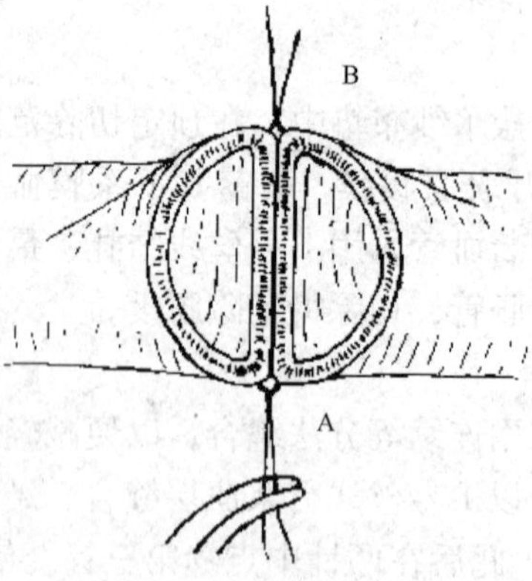

图 4－16　将后方未缝合肠壁翻至前方

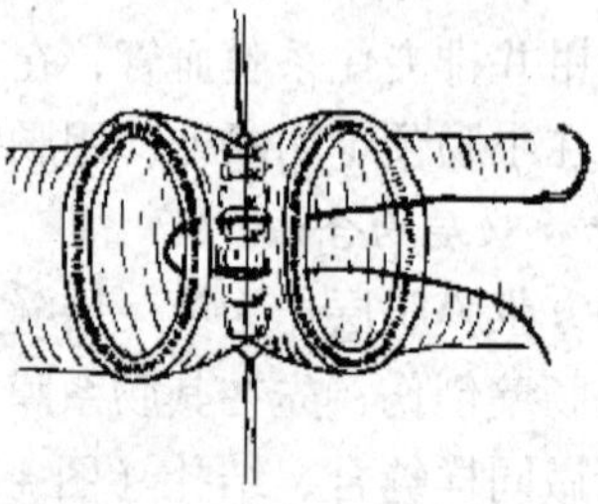

图 4－17　缝合后壁全层

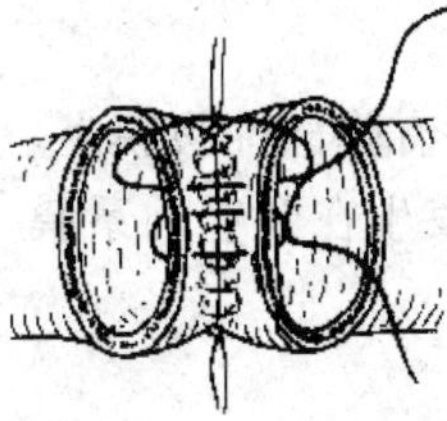

图4－18 连续扣锁缝合

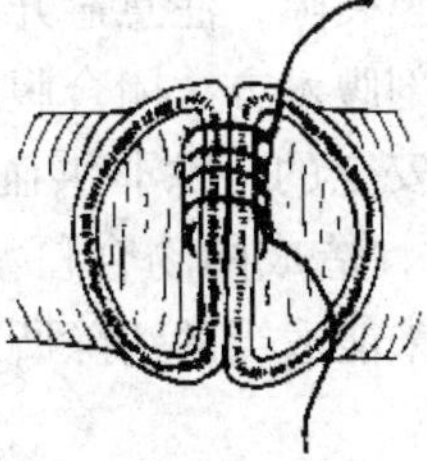

图4－19 后壁全层连续扣锁缝合

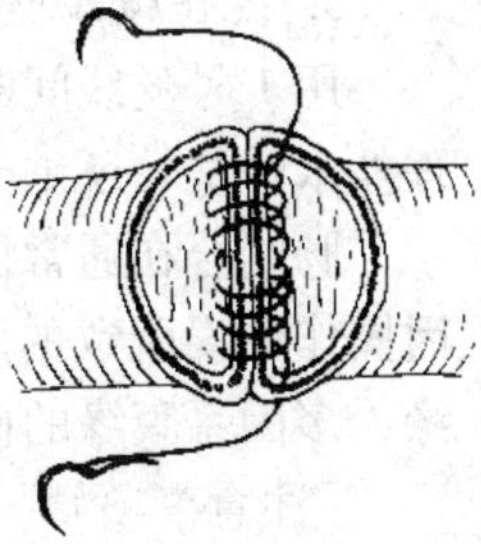

图4－20 后壁扣锁缝合完毕

剪除所有缝线后，仔细检查缝合处有无缺陷，特别注意系膜缘，检查吻合口大小。

4. *开放单层吻合法*

先行单层对端吻合，间断缝合前壁浆膜肌层，留两针缝线牵引，转动肠管显露后方未缝合的肠壁。用1号丝线间断缝合浆膜肌层。吻合完成后，仔细检查是否存在缺陷并检查吻合口的大小。还可采用浆膜黏膜下层缝合法，缝合时，缝针从黏膜下层穿入（图4－24），从距切口边缘2～3mm处浆膜穿出，此法的优点在于使吻合口边缘组织仅轻度内翻，适用于肠腔相对狭小时，以防吻合口狭窄。

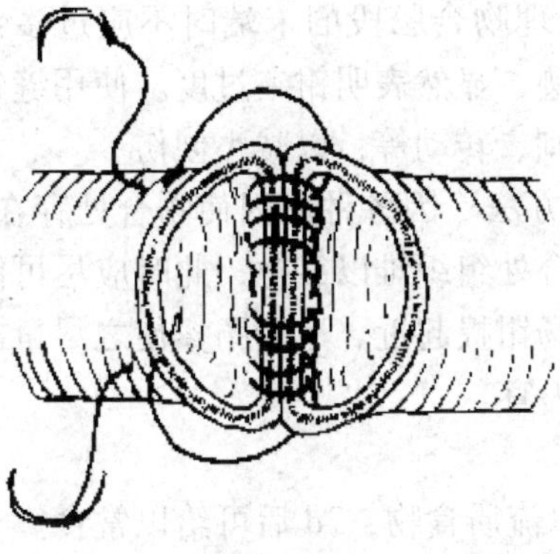

图4－21 转角处将缝线穿至肠外

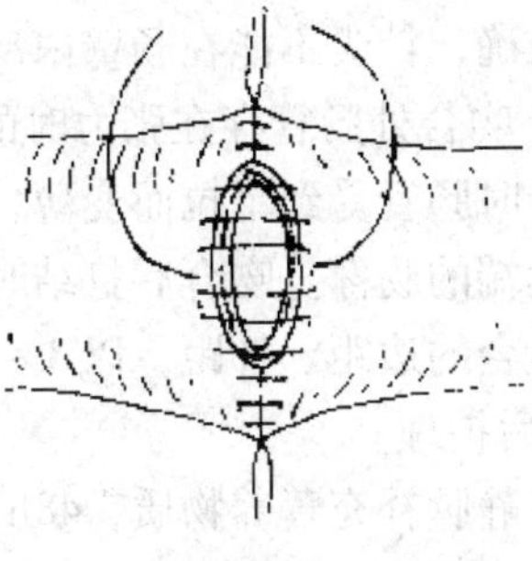

图4－22 前壁康乃尔连续缝合

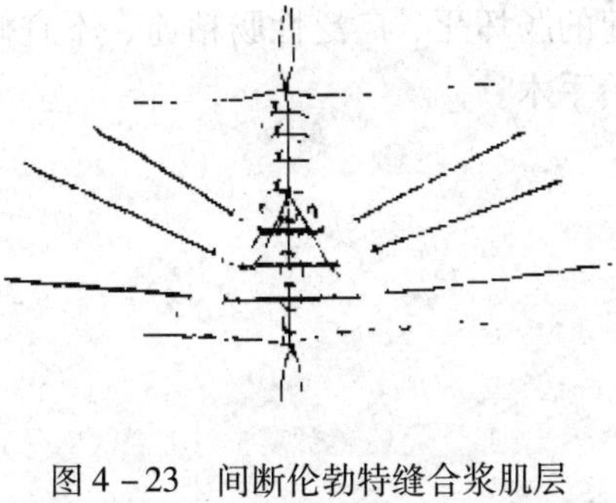

图4－23 间断伦勃特缝合浆肌层

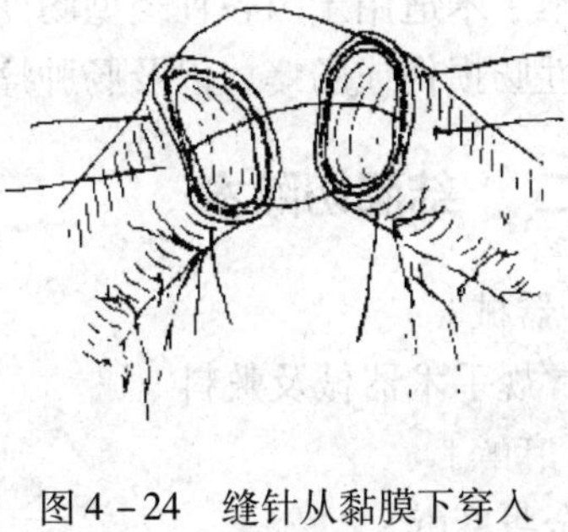

图4－24 缝针从黏膜下穿入

5. 缝合肠系膜裂隙

用1号丝线间断缝合肠系膜裂隙，注意避开肠系膜血管。缝合完毕，用温生理盐水冲洗，还纳于腹腔，按剖腹术方法闭合腹腔。

肠吻合在通常情况下是很安全的，除非供血受到损害或并有弥散性腹膜炎。因操作失误所致的肠吻合失败，造成的吻合口漏，几乎都是发生在肠壁的系膜缘，多因系膜缘的血管及脂肪未能适当的清除所致。

[注意事项]

(1) 保证良好的供血　通过手指触摸到保留肠管断端系膜的动脉搏动，表示供血良好，注意肠吻合处附近系膜中不应有血肿存在，血肿会使循环受到影响。

(2) 精确对合浆肌层　良好的愈合需要浆膜面的正确对合。吻合的肠壁之间不应有脂肪或其他组织。浆肌层缝合必须包含黏膜下层，因为大部分肠管张力位于此处。应特别注意，吻合肠壁的系膜时，吻合前须将终末血管及脂肪从肠壁上分离清除约1cm宽度，以便创造充足的视野及良好的浆膜面对合，同时不用担心血供不良，此外精确的缝合技术也极为重要。

(3) 吻合肠段的近、远端　肠襻应游离足够的反度，以使吻合处无张力。

(4) 缝线打结时的松紧度应恰到好处　过松可导致吻合处缝合不严密而致肠漏，过紧可导致吻合处组织血供障碍，甚至切断肠壁致肠漏。

(5) 避免吻合处肠断端的损伤　处理吻合肠段的末端时不应过多钳夹。如果移开止血钳时发现浆膜上有钳夹口痕迹，显然表明钳夹过度。使用缝针操作时应熟练准确，针尖不能在肠壁内反复穿刺、转动等，以减小创伤。

(6) 吻合处肠管存在张力时的吻合方法　因各种原因使吻合处存在张力时，由于吻合时肠管受到牵拉而变薄，且吻合处组织难以靠拢，此时应尽可能充分游离近、远端的肠襻。吻合后打结时可用肠钳提起近、远端肠襻使之尽量靠拢，同时注意缝合的边距、针距，以3~4mm为宜。

[术后护理]

术后静脉补充营养物质，48h后给以流质食物，7d后可给以常食。全身给予抗生素和磺胺类药物，局部按一般创伤治疗。

[适应证]

本手术适用于因各种类型肠变位引起的肠坏死、广泛性肠粘连、不宜修复的广泛性肠损伤或肠瘘，以及肠肿瘤的根治手术。

二、结肠切除术

[器械]

常规手术器械及敷料 。

[麻醉]

全身麻醉。

［保定］

仰卧保定。

［手术操作］

母犬采用脐后腹中线切口，公犬采用脐后腹中线旁切口，切口长10~15cm。若要切除大部分结肠，切口应扩大到骨盆前缘。术部剃毛、清洗、消毒。

1. 切开腹壁

切开皮肤显露皮下脂肪，用镊子夹持脂肪并用剪刀剪除。然后，左手用镊子夹住腹白线（或腹直肌）向上提起，右手持刀用外向运刀的方式向腹腔内刺透腹膜，再改用手术剪伸入小切口内扩大手术切口，显露腹腔。检查腹壁切口内缘有无过长的镰状韧带，有则切除，以便于操作。整个过程中注意止血。

2. 显露发病结肠

将手伸入腹腔，先把网膜和小肠推向腹腔前部，用湿的生理盐水纱布隔离。用手轻轻拉出结肠，找到发病部位，并让病部结肠充分显露。把欲切除肠段中的内容物挤向两边，在其两端健康肠段的肠系膜上用止血钳戳一小口，将细橡胶管穿入，缠绕结肠一圈，抽紧，用止血钳或用肠钳在对肠系膜侧夹紧橡胶管以闭合结肠的两端，防止肠内容物进入术部。

3. 结扎血管

血管的结扎是整个手术的关键。结肠的血管分布与其他肠管不同，整个结肠的血液由两条主要的动脉供应，它们是结肠中动脉和肠系膜后动脉的分支。这两条动脉的走向是和肠管平行的，它们发出很多更小的分支到结肠。结肠切除前要先将切除区的这些小分支进行双重结扎，两条主要的动脉一定要注意保护，千万不能结扎或损伤。

4. 切除结肠

血管双重结扎好以后，在双重结扎线之间切断血管以及病段结肠的肠系膜，将病段结肠分离、切除。

5. 结肠吻合

结肠断端用酒精棉球擦一下，去除残留的内容物。将保留的结肠末端和结肠近心端牵引靠拢，使两端重叠。在重叠的两断端的肠系膜侧和对肠系膜侧各作牵引线，使两断端对齐，然后进行端端吻合。用1号缝线做两层缝合，第一层康乃尔缝合，第二层间断伦勃特缝合。吻合好后检查肠系膜缘有无间隙，必要时将肠系膜缝合1~2针。用生理盐水冲洗后还纳回腹腔内。

6. 缝合腹壁切口

用4号丝线连续缝合腹膜和腹横肌膜，再连续缝合肌层，切口内撒布抗生素，用碘酊棉球擦一下皮肤切口两外缘，然后间断缝合皮肤，再用碘酊棉球消毒切口，最后安装结系绷带。

［注意事项］

（1）一定要防止损伤结肠中动脉和肠系膜后动脉分支这两条主要血管，千万不要将其结扎。对小分支双重结扎时一定不能结扎过度，即不要将供应未被切除的健康肠管的小分支动脉结扎，否则，吻合端肠管会因失去血液供应而无法愈合，引起严重后果。

（2）吻合肠管时一定要严密，但一定不能造成不通或狭窄。

（3）肠管吻合好以后，一定要将两端肠系膜缘间的空隙缝合，以防止此处肠嵌闭的发生。还要注意不要缝住供应健康肠管的小的血管分支。

［术后护理］

术后禁食24h，禁食期间静脉输液以维持机体的营养需要，然后饲喂易消化的食物，5d后转入正常。全身使用抗生素5～7d防止继发感染，并密切注意犬全身情况的变化。7～10d后拆线。

［适应证］

结肠疾病是犬、猫常见的消化道疾病之一。降结肠是结肠中最长的一段，也是最常发病的部位。结肠秘结时，由于过长时间的压迫可引起结肠的坏死，应将坏死肠段切除；巨结肠症时，结肠变粗，肠壁变的很薄，结肠失去蠕动功能，不能再恢复，也应将这段肠管切除；结肠肿瘤时，将结肠部分切除术是最好的治疗手段。结肠的良性肿瘤需要将结肠部分切除，以完全去除瘤组织；结肠发生恶性肿瘤时，如果能在转移之前诊断出来，也要将结肠部分切除。由于结肠的解剖结构不同于小肠，手术方法也不同于小肠。

三、盲肠切除术

［器械］

一般外科手术器械，肠钳两把。

［麻醉］

全身麻醉。

［保定］

左侧侧卧保定。

［手术操作］

术部在右肷部，从肋骨弓后方向髋骨连线，在连线中点、上方距腰椎横突3指宽处为起点，沿着腹内斜肌方向前下方切开皮肤5～8cm，切开腹外斜肌，按肌纤维方向钝性分离腹内斜肌和腹横肌，直达腹膜，切开腹膜，用创钩拉开创缘。手伸入腹腔，在十二指肠的内上方深层确认盲肠，将盲肠拉至创缘部，提起盲肠头，将血管结扎，分离盲肠和回肠的结缔组织。用肠钳夹住盲肠基部，切断盲肠进行端端缝合。以连续缝合法缝合腹膜，结节缝合法缝合腹肌、皮肤。

盲肠部止血要确实，出血部位必须结扎止血，以防术后出血。切除盲肠时注意防止肠内容物污染其他脏器或腹腔。

［术后护理］

术后禁食48h，静脉补充营养物质，48h后逐渐给予流食，7d后可饲喂常食。术后给以抗生素和磺胺类药物，预防感染。

［适应证］

盲肠炎或回盲部肿瘤等的外科疗法。

单元十 | 脾脏摘除手术

【知识目标】

通过脾脏摘除手术的操作技术的学习，结合临床症状，明确宠物患有何种脾脏疾病，明确手术的部位，掌握手术的麻醉方法，掌握手术的具体操作方法。

【技能目标】

能诊断宠物患何种脾脏疾病并采取手术治疗。能够识别各种脾脏疾病的病性和主要症状。会制订脾脏手术的手术计划。能够独立或在教师的指导下解决手术中可能出现的问题。能够完成脾脏的摘除。

【案例导入】

（一）基本资料

品种：萨摩犬，年龄：6月龄，性别：雄性，体重：20.4kg，免疫情况：免疫完全。

（二）病史

主诉：平时该犬喜闹，没有闲着时候。主人拿水果刀要给苹果去皮，该犬以为给它吃的东西，从远处直奔过来，因主人躲闪不及，将刀刺入犬的左侧腹壁。见有肠管和血流出。

（三）临床检查

患犬临床表现精神沉郁、结膜苍白。走路摇晃，在左腹壁有一2cm的刀口，边缘整齐，从外伤流出血液。脾脏、肠系膜露出切口外。

【课前思考题】

该犬患有什么疾病？根据临床症状应采取什么治疗方案？如果采取手术治疗，用哪种麻醉方法较好？手术部位选择在什么部位更有利于手术？手术后是否需要治疗，用什么药品？

［器械］

一般外科手术器械。

［麻醉］

全身麻醉。

[保定]

仰卧保定或侧卧保定。

[手术操作]

术部在腹正中线，脐前方4～5cm处切开腹壁。如果是脾脏破裂，由于腹腔内大出血，开腹后腹腔内血液会大量涌出来，血压可能会急剧下降，因此，此时应该加快输液和输血的速度。术者将手伸入腹腔检查脾脏情况，若创口小，可以扩大，继而将脾脏拉至创口或创口外，网膜可用浸有温生理盐水的纱布覆盖，防止干燥。分离脾脏周围的血管及结缔组织，在其基部结扎血管，确实结扎止血。用止血钳夹住基部与脾脏之间，然后切断将脾脏摘出。检查结扎确实，无出血后，将网膜及各种组织还纳腹腔，然后闭合腹腔。

[术后护理]

术后以抗生素或磺胺类药物进行全身或局部治疗。手术中脾脏的血管要结扎确实，以防出血。

[适应证]

脾脏破裂、巨脾症、脾脏肿瘤等。

单元十一 | 疝的手术

【知识目标】

通过对疝疾病学习，明确疝的种类及基本特性，识别不同疝采取的保定方法及手术部位。掌握临床上常发生的几种疝的手术治疗方法。

【技能目标】

能了解临床上常见疝的部位及症状，能够对诊断出的疝予以合理的手术方法，能够独立制订不同疝的手术方案，掌握手术的操作技术。

【案例导入】

(一) 基本资料

品种：牧羊犬，年龄：8月龄，性别：雄性，体重：15kg，免疫情况：未免疫。

(二) 病史

主诉：平时该犬无任何异常，幼时肚脐比其他犬大，现在更大了，像小皮球。用手揉揉肚脐可变小，但松手还会出现肿大。最近犬总舔舐该处，掉毛严重。

(三) 临床检查

患犬临床表现精神正常，在脐部有一个直径5cm的肿胀。触诊肿胀柔软，用力压迫肿胀消失，能摸到扩大的脐孔，可伸进2根手指。肿胀皮肤有硬感、红色。

【课前思考题】

牧羊犬脐部肿胀的原因是什么？肿胀的内容物可能是什么？该患病的牧羊犬应采取怎样的治疗？腹壁疝、脐疝、腹股沟疝、会阴疝如何区别诊断？腹壁疝、脐疝、腹股沟疝、会阴疝手术有何治疗方法？术后如何护理？

一、腹壁疝手术

[器械]

一般外科手术器械。

[麻醉]

全身麻醉。

[保定]

病变部向上的横卧保定。

[手术操作]

术部为病变部。沿着病变部纵行切开皮肤 5～8cm，钝性分离皮下组织至疝囊，还纳疝囊内容物。切开疝囊，纽扣状缝合疝环。将多余的皮肤切除，然后结节缝合皮肤。

[术后护理]

全身投给抗生素或磺胺类药物 7d，局部手术创治疗。术后饲喂减量，进食八成左右，2～3d 后逐渐达到正常食量。

[适应证]

腹壁疝。

二、脐疝手术

[器械]

一般外科手术器械。

[麻醉]

全身麻醉。

[保定]

仰卧保定。

[手术操作]

疝部皮肤切开长度是脐环的两倍，钝性分离皮肤与疝囊。脐疝有非嵌顿性和嵌顿性两种。

非嵌顿性疝：将疝内容物还纳于腹腔，切开疝囊，用褥式缝合法闭合疝环，切除多余的皮肤，以结节缝合法缝合皮肤，用碘酊消毒。

嵌顿性疝：疝内容物不能还纳腹腔，首先找到未粘连部切开疝囊，然后钝性分离疝囊与疝内容物粘连部，逐渐分离开，将疝内容物还纳腹腔，用褥式缝合法闭合疝环，切除多余皮肤，以结节缝合法缝合皮肤。

[术后护理]

全身投给抗生素药物或磺胺类药物，连用7d，局部按创伤治疗。术后喂饲减量，进食八成左右，2～3d后逐渐达到正常食量。

[适应证]

脐疝。

三、腹股沟疝手术

[器械]

一般外科手术器械。

[麻醉]

全身麻醉。

[保定]

仰卧保定，后躯抬高。

[手术操作]

术部在腹股沟部，先触摸腹股沟外环，纵向切开皮肤4～8cm，钝性分离皮下组织与疝囊至腹股沟管皮下环，还纳疝囊内容物于腹腔内，切开皮下环，用褥式缝合法缝合腹股沟管皮下环。若保留睾丸，可用结节缝合法缝合皮肤。若不保留睾丸，在闭合腹股沟管皮下环后，在睾丸上方将精索结扎，在结扎下部切断，连同睾丸一并摘除，然后皮肤用结节缝合法缝合，在创部涂以碘酊。

[术后护理]

全身投予抗生素或磺胺类药物，连用7d，局部按创伤治疗。术后喂食减量，每日进食八成左右，2～3d后逐渐达到正常食量。

[适应证]

腹股沟疝的一般外科疗法。腹股沟疝有先天性和后天性两种。

四、会阴疝手术

[器械]

一般外科手术器械。

[麻醉]

全身麻醉。

[保定]

腹卧保定，在下腹部放置沙袋，使后躯抬高。

[手术操作]

术前禁食24h，温水灌肠，清除直肠内宿便，术部剃毛消毒。如为膀胱性会阴疝，先导尿或直接膀胱穿刺，将膀胱内积尿清除。

(1) 会阴部切口　手术切口选在肛门外侧，自尾根外侧向下至坐骨结节内侧作一弧形切开，钝性分离皮下组织，打开疝囊，辨清盆腔及腹腔内容物后再行处理，如内容物为膀胱可将其送回原位，个别病例复位困难时，用夹有纱布的长钳抵住膀胱将其复位。为防止再次脱出，也可用止血钳夹住疝囊底，沿其长轴捻转几圈，然后在钳子上套上线圈，用另一把钳子把线圈推向疝囊颈部打结，并在靠近疝囊的部位结扎，从尾肌到肛门括约肌上部用肠线作2~3针缝合，暂不打结，然后再由侧面的荐结节阔韧带到肛门括约肌作1~3针荷包缝合。疏松而多余的皮肤应做梭形切除，结节缝合，10~12d拆线。

(2) 腹部切开口　灌肠除便，行仰卧保定，全身麻醉，术部剃毛消毒，于耻骨前缘沿腹中线切开腹腔，切口大小以5~10cm为宜。暴露肠系膜及肠管后找到直肠，食指沿直肠根部向四周探查。如为膀胱性会阴疝，触摸到膀胱颈，拇指与食指配合将膀胱勾出，如果疝孔比较小，或发生粘连，导致膀胱不易勾出，可以在会阴处施压，并用手指剥离膀胱，膀胱一般都能脱离疝囊而复位。检查膀胱的完整性。疝孔作荷包缝合，膀胱侧韧带与腹壁作2~3针结节缝合。如为前列腺会阴疝，无粘连发生，很容易复位。如内容物是脂肪组织等，可直接切除。整复后闭合腹壁，10d拆线。

[术后护理]

术后给予1~2周的抗生素或磺胺类药物，局部按创伤治疗。注意防止术部污染。有研究认为进行该手术时，同时进行去势术，可防止复发。

[适应证]

会阴疝的外科疗法。

单元十二 | 直肠及肛门手术

【知识目标】

通过对直肠固定、直肠脱出的切除、锁肛的重造、肛门囊切除手术的学习，明确直肠及肛门疾病的诊断、治疗措施，识别手术的适应证，掌握手术的操作的部位和方法。

【技能目标】

能检查分析直肠及肛门疾病，独立作出诊断，制订并实施手术方案，会提出术后治疗措施。掌握直肠及肛门的各种疾病手术技术。

【案例导入】

(一) 基本资料

品种：家犬，年龄：1月龄，性别：雄性，体重：15kg，免疫情况：未免疫。

(二) 病史

主诉：自家养有奶牛就给小犬喂牛奶，1 个月了除长得慢点没什么毛病。4d 前小犬拉稀，大肠头脱出，还出血。

（三）临床检查

患犬临床表现精神沉郁、里急后重、被毛蓬乱。在肛门有一个圆柱状的肿胀物即直肠脱出。脱出的直肠表面出现破裂口、出血。

【课前思考题】

常见的直肠疾病有哪些？直肠脱出保守疗法如何进行？手术是怎样进行的？手术时使用何种麻醉药及麻醉方法？手术的适应证有哪些？手术过程中有哪些注意事项？术后如何去护理？

一、 直肠固定术

[器械]

一般外科手术器械，橡胶直肠塞。

[麻醉]

全身麻醉。

[保定]

侧卧保定。

[手术操作]

将脱出的直肠黏膜用冷生理盐水洗净，除去附着在黏膜上的异物和污物，再用 0.1% 高锰酸钾溶液对脱出的直肠部进行消毒，涂抹碘甘油，用手将脱出的直肠部轻轻地还纳回去，再用橡胶直肠塞塞住。将左侧肷部荐结节的前方 2 ~ 3cm 与荐结节下方 2 ~ 3cm 之交点处作为起点，向下垂直切开皮肤 5 ~ 10cm，打开腹腔。由助手从肛门部将脱出的直肠往前送至腹部切口附近，术者将直肠牵引至腹腔，固定在左侧腹壁上。固定方法，要求缝针刺入浆膜和肌层，不要刺透黏膜，用 2 ~ 3 针结节缝合法将直肠固定在腹壁。然后依次缝合腹膜、肌层和皮肤，关闭腹壁切口。

[术后护理]

术后给予 7 ~ 10d 的抗生素治疗，局部按创伤处置，术后 10 ~ 12d 拆线。

[适应证]

习惯性复发性直肠脱。

二、 直肠脱切除术

[器械]

一般外科手术器械，长形钢针两支。

[麻醉]

全身麻醉或尾椎硬膜外麻醉。

［保定］

侧卧保定，后躯抬高。

［手术操作］

术前禁食12～24h，用温肥皂水灌肠，排出肠内容物，保持直肠内无宿粪。用0.1%高锰酸钾溶液清洗消毒直肠黏膜。在距肛门2～3cm的健康黏膜处，用钢针在脱出的直肠水平方向刺入，上下一针、左右一针，两针呈十字交叉状，在钢针的前方1～2cm处将脱出的直肠横行切断，注意不要残留变性、坏死的黏膜，确实止血。用丝线连续缝合法将浆膜和浆膜、肌层和肌层、黏膜和黏膜缝在一起，用碘甘油涂抹缝合部。除去钢针，将直肠还纳回去。

［术后护理］

术后48h内禁饲，静脉内补充营养物质。术后全身应用抗生素治疗7d。每天直肠用0.1%高锰酸钾溶液清洗，清洗后涂抹碘甘油。

［适应证］

直肠脱出难以整复者或直肠脱出的黏膜已变性、坏死者。

三、 锁肛重造手术

［器械］

一般外科手术器械。

［麻醉］

全身麻醉或尾椎硬膜外腔麻醉。

［保定］

侧卧保定，后躯抬高。

［手术操作］

在正常的肛门部可触知膨隆部，剪毛、消毒。在膨隆部中心纵向切开皮肤，切口大小要求相对为肛门孔径，用钝性分离法分开皮肤与皮下组织，直达直肠盲端，在盲端的顶部有一膜状膈称为肛膜，用丝线将肛膜两侧固定，钝性分离肛膜及直肠末端的周围组织，将内部粪便向直肠内推送，用止血钳夹住肛膜，将其切开，切开后排除内部粪便，用生理盐水清洗干净，再用青霉素溶液清洗直肠末端和肛膜切口部，将肛膜修整成圆形，皮肤创缘也修整成圆形，然后将肛膜的创缘与皮肤的创缘对应的缝合在一起，做成人工肛门。用0.1%新洁尔灭溶液消毒创部。

［术后护理］

术后经常以消毒液清洗人造肛门，涂抹碘甘油溶液，防止感染。切口应适当，不应过大或过小。

［适应证］

锁肛。

四、 肛门囊切除术

[器械]

一般外科手术器械。

[麻醉]

全身麻醉或尾椎硬膜外麻醉。

[保定]

侧卧保定，尾部向上抬起固定，暴露出肛门部。

[手术操作]

术前24h禁食，术前灌肠排除直肠内宿粪，防止污染手术部位。用0.1%新洁尔灭溶液或1%～2%来苏儿溶液清洗肛门部及周围，消毒。先将肛门囊内容物挤压排出，用1%～2%来苏儿溶液清洗囊内。用探针插入肛门囊内，作为标记，沿着探针切开肛门囊，用止血钳子夹住囊壁，将肛门囊与其他组织分离开，注意止血，结扎直肠动脉分支。注意勿伤及肛门内括约肌。分离排泄管后，随同排泄管以及肛门囊全部摘除，用缝合线将其空腔进行2～3针埋没缝合。用结节缝合法缝合皮肤，碘酊消毒。用同样方法切除对侧肛门囊（图4－25）。

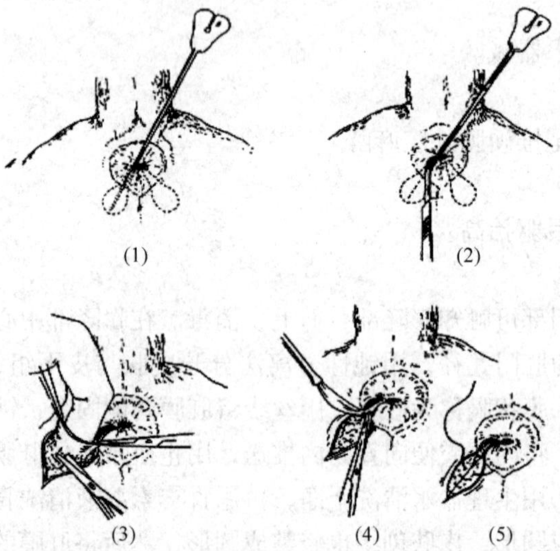

图4－25 肛门囊摘除术

（1）有沟探针探查肛门囊的深度 （2）在探针指引下，切开肛门囊导管和肛门囊 （3）对于中型或大型犬，可将食指插入肛门囊，使其与肛门外括约肌分离 （4）牵引肛门囊，钝性分离其下层组织 （5）结节缝合肛外括约肌和皮下组织，再分别做皮内和皮肤结节缝合

[术后护理]

术后用盐酸普鲁卡因青霉素进行创围封闭治疗，安装颈圈，防止啃咬。术后7d左右拆线。

［适应证］

慢性肛门囊炎、肛门囊脓肿、肛门囊瘘。

【知识链接】

1. 犬胸腔局部解剖

犬的胸腔比较宽阔，胸侧壁弯度很大，膈的肋骨附着缘比其他动物低，胸容积显著增大。胸廓呈圆筒状，入口呈卵圆形，肋骨一般是13对，其中9对真肋，4对假肋。肋骨体窄而厚，弯度大。胸骨长，两侧压扁，8个胸骨片，除老龄者外一般不完全愈合。膈呈强度弯曲状，中央腱质部较小，有食管裂孔，位于第12胸椎腹侧的左、右肺间。膈附着于第9肋的下部，在第10、11肋骨处，稍偏肋软骨结合部下方1~2cm；在第12肋骨处，位于其腹侧端；在最后肋骨处，则位于肋骨中央下方。

胸两侧有皮肤、皮下组织和肌肉覆盖，肋间隙有内、外肋间肌，在肌间有血管、神经束。肋骨表面有锯肌，腹侧是胸肌，背侧表面是背阔肌。胸内动、静脉在胸骨与肋骨结合的背侧，前后穿行。

2. 右主动脉弓残留的病理解剖

主动脉移向食管和气管的右侧，从而形成气管和食管由心脏前基部包围，右主脉弓到右侧，背主动脉在背侧，动脉韧带和肺动脉在左侧。血流正常，但是当吃固体或大的坚实食物压缩食管时会产生阻塞。

3. 腹壁的构成

皮肤、腹壁肌层（腹外斜肌、腹内斜肌、腹直肌、腹横肌）、腹膜、腹壁的血管和神经。

4. 犬腹腔器官局部解剖

（1）胃　胃底部位于贲门的左侧和背侧，呈圆隆顶状；胃体部最大，位于胃的中部，自左侧的胃底部至右侧的幽门窦，然后变狭窄，形成幽门管，与十二指肠交界处称为幽门。幽门处的环形肌增厚构成括约肌。

胃弯曲呈C字形。大弯主要面对左侧，小弯主要面对右侧。大血管沿小弯和大弯进入胃壁。胃的腹侧面称为壁面，与肝接触；背侧面称为脏面，与肠管接触。向后牵引大弯可显露脏面，脏面中部为胃切开手术的理想部位。

（2）脾　犬的脾长而狭窄，镰刀形，下端稍宽，上端尖，位于最后肋骨和第一腰椎横突的腹侧，在胃的左端和左肾之间。其位置随胃的充盈度而改变，较松弛地附着在大网膜上。

（3）肠管　十二指肠自幽门起，走向正中矢状面右侧，向背前方行很短一段距离便向后折转，称为前曲；然后沿升结肠和盲肠的外侧与右侧腹壁之间向后行，称为降十二指肠；至接近骨盆入口处向左转，称为十二指肠后曲；再沿降结肠和左肾的内侧向前行便是升十二指肠；于肠系膜根的左侧和横结肠的后方向下转为十二指肠空肠曲，连接空肠。

空肠自肠系膜根的左侧开始，形成许多弯曲的小肠襻，占据腹腔的后下部；回肠是小肠的末端部分，很短，自左向右，它在正中矢状面的右侧，经回结口连接结肠；盲肠短而弯曲，长10~15cm，盲肠位于第2、3腰椎下方的右侧腹腔中部，盲肠尖向后，前端经盲结口与升结肠相连接；结肠无纵带，被肠系膜悬吊在腰下部。结肠依次分为：升结肠自盲结口向前行，很短（约10cm），位于肠系膜根的右侧；横结肠-升结肠行至幽门部向左转为结肠右曲，经肠系膜根的前方至左侧腹腔，于左肾的腹侧面转为结肠左曲，向后延接为降结肠；降结肠是结肠中最长的一段，长30~40cm，起始于肠系膜根的左侧，然后斜向正中矢状面，至骨盆入口处与直肠衔接。在降结肠与升十二指肠之间有十二指肠结肠韧带相连（图4-26）。

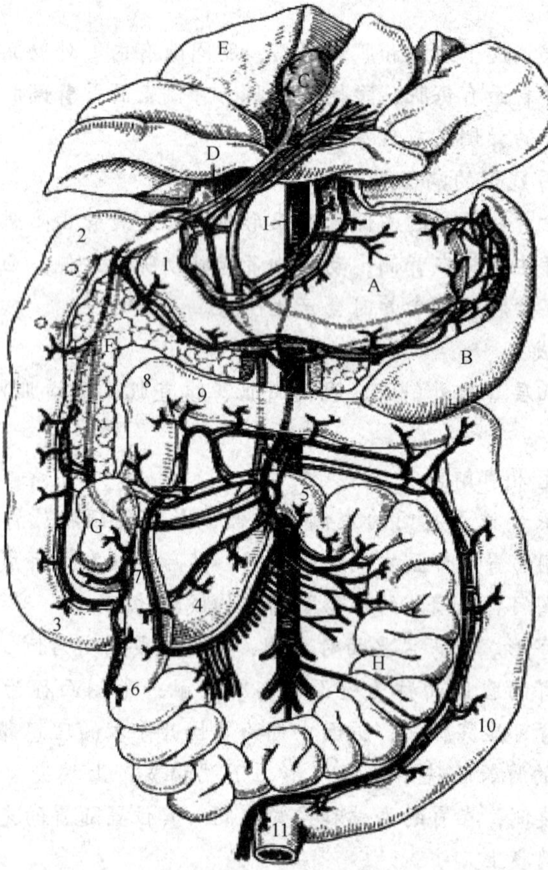

图4-26 犬的腹腔器官位置图

A. 胃 B. 脾 C. 胆囊 D. 总胆管 E. 肝脏 F. 胃底腺 G. 盲肠 H. 穿肠 I. 动脉
1—胃的幽门区 2—十二指肠起始区 3—十二指肠降区 4—横向的十二指肠
5—十二指肠升区 6—穿肠末端 7—回肠 8—回结肠交界处 9—横向的结肠
10—结肠降区 11—直肠

5. 胆结石

胆结石是胆囊内结石的总称。患病宠物一般不表现临床症状，临床上需要进行X射线及B超检查确诊。宠物通常会伴有胆囊炎、呕吐、厌食、黄疸、发烧、腹部疼痛等症状，一般老年宠物比较易发生此病。

6. 幽门狭窄

采用X射线透视和食管、胃造影透视检查法。

(1) 一般X射线透视胸、腹部，患犬取3种姿势，腹背位、侧位、背腹位。肺、食管、胃、肠内未见特殊密度的异物存在，肋骨、胸骨等均未见异常。

(2) 食管、胃造影检查，患犬取仰卧位保定，先插入胃导管至咽喉的后方，导管的外端接上装有硫酸钡液的注射器（60 mL）在透视下边注射硫酸钡液，边透视颈段和胸段食道，结果无异常，钡液也能顺利通过贲门，再将导管向下插至胃内，徐徐注入钡液（共注入30 mL），透视下见钡液聚集在胃底部近幽门处。拔出导管，松开保定，让患犬自由活动，40 min后，再行透视，大量的钡液沉积于胃底部，仅有极少量的钡液通过幽门进入十二指肠。

7. 犬肛门囊局部解剖

在犬肛门的左右侧各有一个特殊的腺体称为肛门囊。肛门囊位于肛门外括约肌和肛门提肌之间，呈球形。根据犬的大小，其肛门囊大小不等，从樱桃大到胡桃大。有长约1cm的排泄管，排泄管沿着肛门内外括约肌之间走向肛门黏膜和皮肤的移行部3mm的外侧，呈漏斗开口。内括约肌和囊壁之间的下方有直肠动脉的两个分支。

8. 犬会阴疝

犬的会阴部是在尾的下方，从肛门至股内侧下方。在会阴部的骨盆腔后口部皮下有密集的会阴筋膜，会阴筋膜与臀部、后腹筋膜相连接，与荐结节韧带一并进入骨盆外底部。前部表面有肛门括约肌和尾骨肌，它们与会阴筋膜共同支持着骨盆腔外口。对于老龄雄犬，这些骨盆外口的支持组织老化，起不到应有的作用则发生会阴疝。

【情境小结】

宠物胸部、腹部相关手术是本教材手术的重要部分，涉及的学习内容通过案例的介绍提出问题，学员需带着问题进入手术过程，通过手术操作过程解决案例中的问题。需要手术相关人员密切配合，熟悉手术理念，掌握手术过程与手术步骤。即为什么要做这个手术，这个手术能为该动物解决什么问题。掌握基本原则，了解这个手术的缺陷和缺陷弥补的措施。手术理念要通过手术过程来实现，手术过程中有众多的手术步骤，每个手术步骤均有自己的目的，为什么这个手术步骤要这么做，这么做有什么好处，不这么做有什么危害，每个手术步骤中可能出现哪些手术意外，出现了怎么处理……当把这些问题全解释清楚了，也就学会了这个手术，具备较丰富的手术经验了，而且有可能在这个手术中有所创新。

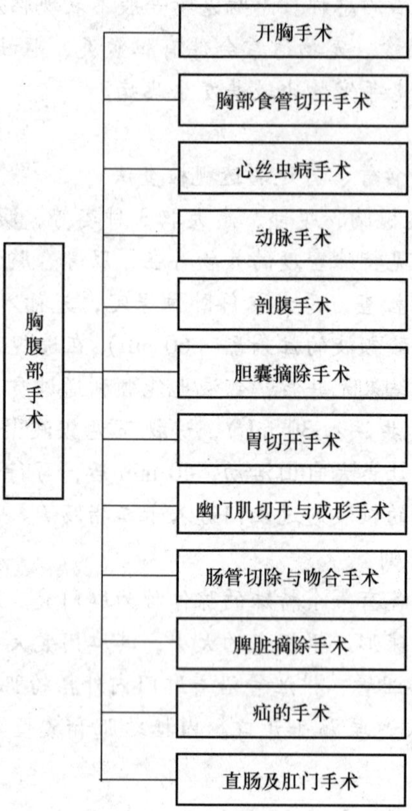

【情境测试】

1. 下列属于开胸术主要适应证的是（　　）。

A 膈疝　　B 右主动脉弓残留手术　　C 气管内异物取出

D 肺切除术　　E 胸骨骨折

2. 犬肋骨的数量为（　　）对。

A 11　　B 12　　C 13　　D 14　　E 15

3. 胸腔手术中最常出现的并发症为（　　）。

A 体温过低　　B 失血过多　　C 麻醉过度　　D 呼吸衰竭　　E 胸腔感染

4. 除常见因素外，胸腔手术引发呼吸衰竭的主要原因是（　　）。

A 体温过低　　B 失血过多　　C 麻醉过度　　D 肺组织损伤

E 胸腔感染

5. 胸腔手术除准备常规手术器械外，还应准备（　　）。

A 肋骨切除器械　　B 肋骨开张器　　C 烧烙止血器械　　D 呼吸机

E 监护仪

6. 胸部手术时可采用的保定体位为（　　）。

A 侧卧　B 半仰卧　C 仰卧　D 俯卧　E 任何体位

7. 下列属于胸部切开的手术通路为（　　）。

A 侧胸切开　B 胸骨切开　C 颈部切开　D 腹正中线

E 接近胸部的任何位置

8. 侧胸切开时，前胸手术一般选择的切开部位是（　　）。

A 1～2 肋间　B 2～3 肋间　C 3～4 肋间　D 4～5 肋间

E 5～6 肋间

9. 侧胸切开时，膈的手术一般选择的切开部位是（　　）。

A 1～2 肋间　B 2～3 肋间　C 3～4 肋间　D 4～5 肋间

E 第 8 肋间

10. 胸部手术后，如胸膜闭合不良，易出现（　　）。

A 皮下气肿　B 胸腔感染　C 呼吸困难　D 创口裂开　E 动物死亡

11. 开放式气胸闭合后，动物应行下列的处置是（　　）。

A 恢复胸腔负压　B 胸腔引流　C 抗生素治疗

D 装置高压绷带　E 吸入纯氧

12. 行肋骨切除术时，骨膜上的切口为（　　）。

A“工”字形　B 与肋骨平行　C 与肋骨垂直　D 斜切口

E 钝性分离

13. 剪断肋骨后，骨断端应（　　）。

A 锉平　B 生理盐水冲洗　C 涂布抗生素软膏　D 肌肉包被

E 不处理

14. 犬胸部食管切开术，切口一般选择在第（　　）。

A 2 肋间　B 3 肋间　C 4 肋间　D 5 肋间　E 6 肋间

15. 如发生食管坏死，食管切除的最长距离为（　　）。

A 0.5cm　B 1 cm　C 1.5 cm　D 2 cm　E 3 cm

16. 缝合食管时，应采用（　　）。

A 肠线　B 丝线　C 细钢丝　D 任何缝线　E 不缝合

17. 食管闭合后注入生理盐水的目的是（　　）。

A 冲洗创口　B 渗漏测试　C 防止黏膜干燥　D 平衡渗透压

E 保持腔道通畅

18. 治疗犬心丝虫病时，可进行切开的部位是（　　）。

A 颈静脉　B 右心室　C 肺动脉　D 左心室　E 颈动脉

19. 动脉导管未闭手术治疗时，切口一般选择在第（　　）。

A 2 肋间　B 3 肋间　C 4 肋间　D 5 肋间　E 6 肋间

20. 右主动脉弓残留治疗手术，切口一般选择在左侧胸壁第（　　）肋间。

A 2　B 3　C 4　D 5　E 6

21. 犬发生膈疝时，进入胸腔的器官常为（　　）。
A 肠管　　B 肝脏　　C 肾脏　　D 子宫　　E 大网膜
22. 下列不能用剖腹术的手术是（　　）。
A 胃切开术　　B 肠吻合术　　C 剖腹产术　　D 阴囊疝整复术
23. 剖腹术应采取的切口位置是（　　）。
A 腹中线切口　　B 肋弓斜切口　　C 阴囊缝隙切口　　D 背中线切口
24. 剖腹术皮肤切开是（　　）。
A 紧张切开　　B 用手撕开　　C 止血钳刺破　　D 皱襞切开
25. 腹膜的切开是（　　）。
A 紧张切开　　B 用手撕开　　C 止血钳刺破　　D 皱襞切开
26. 腹膜缝合使用的缝合线是（　　）。
A 18 号线　　B 10 号线　　C 8 号线　　D 4 号线
27. 不能用于剖腹术的麻醉方法是（　　）。
A 全身麻醉　　B 传导麻醉　　C 硬膜外腔麻醉　　D 表面麻醉
28. 剖腹术采取的保定方法是（　　）。
A 仰卧保定　　B 趴卧保定　　C 站立保定　　D 倒立保定
29. 下列叙述中，剖腹术腹白线旁切口定位法不正确的是（　　）。
A 经腹直肌内侧缘 0.5 ~ 1cm 处的腹中线旁切口
B 经腹直肌外侧缘 0.5 ~ 1cm 处的腹中线旁切口
C 经腹直肌的腹中线旁切口
D 经腹直肌的腹中线前切口
30. 剖腹术术后应（　　）。
A 不用禁食　　B 禁食 2h　　C 禁食 12h　　D 禁食 48h
31. 剖腹术术后不能出现的并发症是（　　）。
A 腹膜炎　　B 尿闭症　　C 肠麻痹　　D 角膜炎
32. 犬胆囊摘除术采取的麻醉是（　　）。
A 全身麻醉　　B 传导麻醉　　C 硬膜外腔麻醉　　D 表面麻醉
33. 犬胆囊摘除术采取的保定是（　　）。
A 仰卧保定　　B 侧卧保定　　C 站立保定　　D 倒立保定
34. 犬胆囊摘除术采取的切口位置是（　　）。
A 腹白线右侧切口或腹侧壁切口　　B 腹白线左侧切口或腹侧壁切口
C 腹中线右侧切口或腹侧壁切口　　D 腹白线右侧切口或腹背侧壁切口
35. 胆囊摘除术有（　　）。
A 顺行性胆囊摘除法和逆行性胆囊摘除法
B 上行性胆囊摘除法和逆行性胆囊摘除法
C 顺行性胆囊摘除法和下行性胆囊摘除法

D 上行性胆囊摘除法和下行性胆囊摘除法

36. 胆囊摘除术不适应的疾病是（　　）。

A 胆囊结石　　B 胆囊肿瘤　　C 胆囊癌、胆囊破裂　　D 胆汁蓄积

37. 胆囊摘除术中不易发生的事故是（　　）。

A 误伤胆总管　　B 误伤胆囊动脉　　C 胆囊充盈过度　　D 肝脏破裂

38. 胆囊摘除术术后最好禁食（　　）。

A 4h　　B 8h　　C 12h　　D24h

39. 犬胃切开术采取的保定是（　　）。

A 左侧卧保定　　B 右侧卧保定　　C 仰卧保定　　D 倒立保定

40. 犬胃切开术常采取的麻醉是（　　）。

A 全身麻醉　　B 传导麻醉　　C 硬膜外腔麻醉　　D 表面麻醉

41. 犬胃切开术非紧急手术术前应禁食（　　）。

A 6h　　B 10h　　C 24h　　D 36h

42. 犬胃切开术切口位置是（　　）。

A 脐前腹中线切口　　B 剑状突旁侧切口

C 脐后腹中线切口　　D 腹壁侧切口

43. 犬胃切开术腹壁切开后首先要除去的韧带是（　　）。

A 镰状韧带　　B 子宫阔韧带　　C 膀胱韧带　　D 圆韧带

44. 胃壁切口的缝合分为（　　）。

A 一层缝合　　B 二层缝合　　C 三层缝合　　D 四层缝合

45. 胃壁切口的缝合第二层缝合是（　　）。

A 结节缝合　　B 螺旋连续缝合　　C 内翻缝合　　D 外翻缝合

46. 胃切开不适应的疾病治疗是（　　）。

A 胃内肿瘤的切除　　B 急性胃扩张－扭转的整复、减压或坏死胃壁的切除

C 慢性胃炎或食物过敏时胃壁活组织检查　　D 阑尾炎切除

47. 犬幽门肌切开术适应的疾病治疗是（　　）。

A 顽固性幽门肌痉挛和幽门肌狭窄

B 急性胃扩张－扭转的整复、减压或坏死胃壁的切除

C 慢性胃炎或食物过敏时胃壁活组织检查

D 阑尾炎切除

48. 犬幽门肌成形术适应的疾病治疗是（　　）。

A 减少胃内容物潴留　　B 胃内肿瘤的切除

C 阑尾炎切除　　D 慢性胃炎或食物过敏时胃壁活组织检查

49. 肠管切开和吻合术缝合分（　　）。

A 一层缝合　　B 二层缝合　　C 三层复合　　D 四层复合

50. 小肠部分切除时肠系膜应采取（　　）。

A 预定切除范围的肠系膜作“V”字形切开
B 预定切除范围的肠系膜作“十”字形切开
C 预定切除范围的肠系膜作“U”字形切开
D 预定切除范围的肠系膜作“丁”字形切开

51. 缝合肠系膜采用（　　）。
A 1 号丝线间断缝合　　B 2 号丝线间断缝合
C 7 号丝线间断缝合　　D 10 号丝线间断缝合

52. 肠线主要用于缝合（　　）。
A 皮肤　B 肌肉　C 胃　D 骨　E 筋膜

53. 若猫不慎将不锈钢缝针吞食，确诊猫体内是否有缝针的最佳手段是(　　)。
A 用手轻轻触诊　B 叩诊　C 拍 X 射线片　D 剖腹探察

54. 下列执刀姿势，适合于肠管切开的是（　　）。
A 指压式　B 反挑式　C 全握式　D 执笔式

55. 急诊治疗犬胃扭转时应当做的第一步是（　　）。
A 给犬的主人以保证　B 插胃管　C 输液纠正酸中毒　D 胃穿刺放气

56. 胃、肠、子宫的缝合常用（　　）。
A 内翻缝合　B 外翻缝合　C 结节缝合　D 钮孔状缝合

57. 肠套叠确诊方法是（　　）。
A 腹部叩诊　B X 射线造影　C 腹部听诊　D 粪便常规检查

58. 回肠套叠且施行肠切除术，正确的操作方法是（　　）。
A 垂直肠管纵行切除病变肠管　B 在病变肠管的边缘切除肠管
C 在横结肠与空肠之间切除肠管　D 切前先结扎通向套叠肠管的血管

59. 母犬结肠手术的术部在（　　）。
A 采用脐后腹中线切口　B 采用脐前腹中线切口
C 采用脐后腹中线旁切口　D 采用脐前腹中线旁切口

60. 结肠切除术适应的疾病是（　　）。
A 结肠肿瘤　B 肠炎　C 空肠套叠　D 结肠臌气

61. 盲肠手术采取的保定方法是（　　）。
A 左侧侧卧保定　B 仰卧保定　C 右侧侧卧保定　D 站立保定

62. 盲肠手术术后需禁食（　　）。
A 8h　B 12h　C 24h　D 48h

63. 盲肠切除手术适应的疾病是（　　）。
A 回盲部肿瘤　B 结肠炎　C 肠臌气　D 直肠便秘

64. 下列不能做脾脏摘除的疾病是（　　）。
A 脾脏破裂　B 巨脾症　C 脾脏肿瘤　D 胃炎

65. 脾脏摘除术术部在（ ）。

A 腹正中线，脐前方4~5cm B 胸正中线，脐前方4~5cm

C 腹正中线，脐后方4~5cm D 腹正中线，脐前方5~8cm

66. 常发生脐疝的动物是（ ）。

A 猫 B 犬 C 牛 D 羊

67. 手术治疗脐疝，常用的麻醉方法是（ ）。

A 表面麻醉 B 传导麻醉 C 硬膜外腔麻醉 D 局部浸润麻醉

68. 与腹压无关的疝是（ ）。

A 脐疝 B 脑疝 C 腹壁疝 D 腹股沟阴囊疝

69. 下例属于内疝的是（ ）。

A 脐疝 B 阴囊疝 C 外伤性腹壁疝 D 膈疝

70. 疝病根治方法是（ ）。

A 手术 B 消炎 C 保守疗法 D 强心

71. 肛门黏膜消毒常采用（ ）。

A 0.1%高锰酸钾 B 5%碘酊 C 70%酒精 D 0.1%甲醛

72. 下例不属于肛门囊摘除术的疾病是（ ）。

A 慢性肛门囊炎 B 肛门囊脓肿 C 肛门囊瘘 D 肛门闭锁

73. 锁肛重造术适应于（ ）。

A 锁肛 B 肛门肿瘤 C 直肠脱出 D 会阴疝

74. 直肠、肛门手术时术前应（ ）。

A 禁食 B 不禁食 C 导尿 D 灌服泻药

75. 直肠、肛门手术术后应（ ）。

A 用抗生素 B 多喂食物 C 术部不用消毒 D 麻醉

情境五 泌尿生殖系统手术

单元一 | 膀胱手术

【知识目标】

通过对膀胱修补、膀胱造瘘、膀胱切开等手术的学习，明确上述手术的适应证；明确膀胱手术的麻醉方法；识别手术通路，掌握手术的操作知识。

【技能目标】

能独立或在教师的指导下制订膀胱手术的工作流程；掌握手术前采取的麻醉方法；掌握手术的部位及操作技术。

【案例导入】

（一）基本资料

品种：京巴犬，年龄：4 岁，性别：雄性，体重：5kg，免疫情况：未免疫。

（二）病史

主诉：患犬表现尿频，偶有尿不畅、尿带血，这样情况达半年之久。在此期间，主人买排石药喂过，有点效果，现在无效。病情比以前加重。

（三）临床检查

体温 38.5℃，排尿有困难，滴尿且尿中有血。腹部触诊可触摸到多个颗粒状硬异物，见有排尿动作，但排尿量少，出现腹壁收缩。经 X 射线影像学探查发现，膀胱内有一体积较大的高密度亮点（直径约 3cm）。

【课前思考题】

常见的膀胱疾病有哪些？膀胱疾病采取的手术是怎样进行的？手术时使用何

种麻醉药及麻醉方法？手术的适应证有哪些？手术过程中有哪些注意事项？术后如何去护理？

一、膀胱破裂修补术

[器械]

一般外科手术器械，导尿管。

[麻醉]

全身麻醉。

[保定]

仰卧保定，后躯稍垫高，后肢伸直向外后方开张保定。

[手术通路]

雌犬在耻骨前缘腹中线上切口，雄犬在腹中线旁 2～3cm 处作平行于腹中线的纵切口。

[手术操作]

1. 放出尿液

由后向前纵行切开皮肤和肌肉，到达腹膜后，先剪一小口，缓慢、间断地放出腹腔内的尿液。

2. 引出膀胱

切开腹壁后，手指伸入将肠管向前拨动，然后移入骨盆腔入口处，检查膀胱，如果膀胱与周围组织发生粘连，应认真细致地将粘连部剥离。用舌钳固定膀胱轻轻向外牵引拉出。

3. 缝合膀胱

拉出膀胱后，把膀胱破裂口修剪整齐，然后检查膀胱内部，如有结石、砂石、异物、肿瘤等，将其消除，并用大量生理盐水冲洗。用铬制肠线缝合破裂口，第一层作连续缝合，第二层作间断内翻缝合。

4. 装置导尿管

原发性下尿道阻塞未解除之前，为了解决病犬排尿问题，应装置导尿管。导尿管能随时放出膀胱内积尿，使膀胱保持空虚状态，以减少缝合张力，防止膀胱粘连，有利于膀胱组织的愈合。若下尿道通畅，可不用装置导尿管。

装置导尿管的方法是在膀胱体腹面，先用丝线通过浆膜肌层作一荷包缝合，缝线暂不抽紧打结，用外科刀在荷包缝合圈内，将膀胱切一小口，随即插入医用 22 号蕈状导尿管，并抽紧缝线固定。在腹壁切口旁边作一小切口，伸入止血钳夹住导尿管的游离端将其引出体外，并用结节缝合使其固定在腹壁上。

5. 冲洗腹腔

以大量灭菌生理盐水冲洗腹腔，尽量清除纤维蛋白凝块，缝合腹壁各层。

6. 闭合腹腔

［术后护理］

（1）查明膀胱破裂的原因，排除下尿道阻塞。

（2）原发性尿道阻塞原因排除后，用止血钳暂时关闭导尿管，根据术后膀胱功能恢复与尿道通畅情况，确定拔管时间。

（3）术后应用抗生素控制腹膜炎。

（4）应用尿路消毒药，对消除膀胱和尿道的炎症有一定作用。

［适应证］

膀胱破裂。

二、膀胱造瘘术

［器械］

一般外科手术器械，尿道管。

［麻醉］

全身麻醉。

［保定］

仰卧保定，后躯稍垫高，后肢伸直向外后方开张保定。

［手术通路］

雌犬在耻骨前缘腹中线上切口，雄犬在腹中线旁 2 ~ 3cm 处作平行于腹中线的纵切口。

［手术操作］

打开腹腔后，将膀胱引至切口外，缝合膀胱破裂口。然后于膀胱的腹面作 2 ~ 3cm 长的纵切口，使膀胱切口黏膜外翻，与腹壁切口两侧腹膜、皮下组织和皮肤作结节缝合，即成为永久性膀胱瘘。

［术后护理］

（1）查明膀胱破裂的原因，排除下尿道阻塞。

（2）原发性尿道阻塞原因排除后，用止血钳暂时关闭导尿管，根据术后膀胱功能恢复与尿道通畅情况，确定拔管时间。

（3）术后应用抗生素控制腹膜炎。

（4）应用尿路消毒药，对消除膀胱和尿道的炎症有一定作用。

［适应证］

因下尿道阻塞继发膀胱破裂，经膀胱造瘘作为永久性排尿通路，可省去对原尿道阻塞的治疗。

三、膀胱切开术

［器械］

一般外科手术器械。

[麻醉]

全身麻醉。

[保定]

仰卧保定。

[手术操作]

1. 腹壁切开

同膀胱破裂修补术。

2. 膀胱切开

腹壁切开后，如果膀胱膨满，需要排空蓄积尿液，使膀胱空虚。用一指或两指握住膀胱的基部，小心地把膀胱翻转出创口外，使膀胱背侧向上。然后用纱布隔离，防止尿液流入腹腔。

膀胱切开位置是在膀胱的背侧，无血管处。若在膀胱的腹侧面切开，在缝线处易形成结石。也有理论认为膀胱切开在其前端为好，因为该处血管比其他位置少。在切口两端放置牵引线。

3. 取出结石

使用茶匙或胆囊勺除去结石或结石残渣。特别应注意取出在狭窄的膀胱颈及近端尿道的结石。防止小的结石阻塞尿道，在尿道中插入导尿管，用反流灌注冲洗，保证尿道和膀胱颈畅通。

4. 膀胱缝合

应用双层连续内翻缝合，保持缝线不露在膀胱腔内，因为缝线暴露在膀胱腔内能增加结石复发的可能性。第一层应用库兴缝合，膀胱壁浆膜肌层连续内翻水平褥式缝合；第二层应用伦勃特缝合，膀胱壁浆肌层连续内翻垂直褥式缝合。缝合材料应该采用吸收性缝合材料，例如聚乙醇酸缝线。

5. 腹壁缝合

缝合膀胱壁之后，将膀胱还纳腹腔内，常规缝合腹壁。

[术后护理]

(1) 术后观察患病动物排尿情况，特别在手术后48 ~72h，有轻度血尿，或尿中有血凝块。

(2) 给予患病动物抗生素治疗，防止术后感染。

[适应证]

膀胱结石、膀胱肿瘤等疾病的外科疗法。

单元二 | 尿道手术

【知识目标】

通过尿道切开术、尿道造口术、尿道造瘘术、会阴部尿道造口术的现场操作和学习，明确尿道疾病的种类及临床表现；明确这些疾病的手术部位、麻醉方法。识别尿道的各种手术使用医疗器械，掌握手术的操作规程。

【技能目标】

能区别开不同的尿道疾病，能根据疾病独立设计手术操作计划。会根据手术计划安排手术人员、动物的麻醉方法、选择手术器械等术前工作。能掌握手术的操作技术，独立完成尿道的各种手术。

【案例导入】

（一）基本资料

品种：波斯猫，年龄：7岁，性别：雄性，体重：3.4kg，已经去势，免疫情况：未免疫。

（二）病史

主诉：看不到猫排尿，这种现象持续有一周。曾作膀胱穿刺放尿，然后打点滴。久治不见好转。

（三）临床检查

患猫临床表现精神沉郁、喜卧。检查时发现阴茎不回缩，始终外露。龟头的尿道口呈暗紫色。用导尿管导尿只能插入0.5cm，再往里送猫反抗。X射线检查未发现尿道及膀胱的结石。

【课前思考题】

案例中的波斯猫没有尿道结石可能患的是什么疾病？案例中的患猫应作什么手术能解决其痛苦？犬、猫的尿道疾病如何区别诊断，手术如何操作？不同的尿道疾病手术术后如何治疗？

一、雄性犬尿道切开术

[器械]

一般外科手术器械，导尿管、小锐匙等。

[麻醉]

全身麻醉或局部浸润麻醉。

[保定]

仰卧保定。

[手术操作]

使用导尿插管或探针插入尿道，确定尿道阻塞部位。根据阻塞部位，选择手术通路，可分为前方尿道切开术和后方尿道切开术。

1. 前方尿道切开术

应用导尿管或探针插入尿道，确定阻塞部位是阴茎骨后方。术部确定为阴茎骨后方至阴囊之间。包皮腹侧面皮肤剃毛、消毒。左手握住阴茎骨提起包皮和阴茎，使皮肤紧张伸展。在阴茎骨后方和阴囊之间正中线做3～4cm的切口，切开皮肤，分离皮下组织，显露阴茎缩肌并移向侧方，切开尿道海绵体，使用插管或探针指示尿道。在结石处做纵行切开尿道 1 ~ 2cm。用钝刮匙插入尿道小心取出结石。然后导尿管进一步向前推进到膀胱，证明尿道通畅，冲洗创口。如果尿道无严重损伤，应用吸收性缝合材料缝合尿道。如果尿道损伤严重，进行外科处理，不缝合尿道，大约 3 周即可愈合。

2. 后方尿道切开术

术部选择在坐骨弓与阴囊之间，正中线切开。术前应用柔软的导尿管插入尿道。切开皮肤，钝性分离皮下组织，大的血管必须结扎止血，在结石部位切开尿道，取出结石，生理盐水冲洗尿道，清洗松散结石碎块。其他操作同尿道切开术。

[术后护理]

术后全身给予抗生素或磺胺类药物治疗 7d 左右。留置导尿管 48 ~ 36h 后拔出。术后注意排尿情况，若再出现排尿困难或尿闭时，马上拆除缝线，仔细探诊尿道是否有结石嵌留。

[适应证]

尿道结石，肿瘤。

二、 雄性猫尿道切开术

[器械]

一般外科手术器械，导尿管、小锐匙等。

[麻醉]

全身麻醉。

[保定]

仰卧保定。

[手术操作]

术部准备，阴茎前端到坐骨弓之间皮肤剃毛、消毒，将阴茎从包皮拉出约 2cm 用手指固定。从尿道口插入细导尿管到结石阻塞部位，于阴茎腹侧正中切开皮肤，钝性分离皮下组织，结扎大的血管，在导尿管前端结石阻塞部切开尿道，取出结石。导尿管向前方推进到膀胱，排出尿液，用生理盐水冲洗膀胱和尿道。如果尿道无严重损伤，应用可吸收性缝线缝合尿道。如果尿道损伤严重，不能缝合，进行外科处理后，经过几天后即可愈合。

对于患下泌尿道结石性堵塞的雄性猫，可以实施尿道造口手术：猫趴卧保定，后躯垫高；常规消毒阴茎周围的皮肤，切开阴茎周围的皮肤，分离阴茎与周围的组织，使阴茎暴露于创口外 4 ~ 6cm，插导尿管，在阴茎头的背侧距阴茎头 2cm 向后纵向切开阴茎组织 3 ~ 4cm，使尿道暴露，将双腔导尿管插入膀胱，并注射 1mL 液体使双腔导尿管位置稳固，将尿道黏膜与创缘皮肤缝合在一起，导尿管连接尿袋，固定于背部，用纱布使尿袋固定。

[术后护理]

创部涂布抗生素软膏，创部冲洗3d，采用静脉输液4d供应营养并纠正猫体内的酸碱平衡。为了防止猫咬坏导尿管，应戴上伊丽莎白圈使猫不能咬坏创部组织和导尿物品，术后使用7d抗生素。

[适应证]

尿道结石或由于局部瘢痕收缩造成的尿道狭窄。

三、尿道造口术

[器械]

一般外科手术器械，导尿管等。

[麻醉]

全身麻醉。

[保定]

仰卧保定，两后肢向前方固定，暴露会阴部。

[手术操作]

术前禁食24h。术前用温肥皂水灌肠，除去直肠内宿粪，防止污染。

术部在会阴部正中线上，距肛门下方3～5cm处术部剪毛、消毒。用生理盐水清洗包皮及阴茎头部，将导尿管插入尿道内直至术部。

在术部切开皮肤3～4cm，出血时注意止血，大血管结扎止血，依次切开皮下组织、阴茎退缩肌、尿道海绵体和尿道黏膜，长为2～3cm的尿道创口。用小锐匙插入尿道内取出结石，导尿管从创口向深部插入，检查尿道是否通畅。然后将尿道黏膜与皮肤对合，用连续缝合法缝合黏膜和皮肤，即完成手术造口。用碘酊消毒创部。

[术后护理]

术后创部以盐酸普鲁卡因青霉素做创围封闭治疗，5～7d。于10d左右拆线。

[适应证]

尿道上部结石的手术疗法。

四、雌性犬尿道造瘘术

[器械]

一般外科手术器械外，导尿管、金属探针、钝钩等。

[麻醉]

全身麻醉。

[保定]

仰卧保定或侧卧保定。

［手术操作］

在耻骨前方腹正中线剪毛、消毒。将消毒的导尿管从尿道外口部插入尿道并固定。

术部在耻骨前缘前方 2～3cm 处，沿腹正中线向后方切开皮肤 4～5cm，钝性分离皮肤，切开耻骨前腱和骨盆内脂肪组织，暴露出膨隆部。切开脂肪组织后，可以触及插入尿道深部的尿道探针。在尿道下方用钝钩拉开创口并固定。在尿道的腹侧面切开尿道 2cm 左右，直至尿道黏膜。

缝合尿道，将切开尿道部的前方黏膜与皮肤切开创的前方皮肤缝合在一起，固定。从此处向后方以连续缝合法将左侧尿道黏膜与左侧皮肤创缘缝合在一起，然后再以同样方法缝合右侧尿道黏膜和右侧皮肤创缘。闭合尿道，将导尿管撤出，后部尿道口用结节缝合方法闭合。用灭菌生理盐水冲洗创部，涂布碘酊消毒。

［术后护理］

全身给予抗生素或磺胺类药物 5～7d。术后局部注意污染，术后 2～3d 确认从尿道口排尿，必要时可从该部导尿。

［适应证］

雌犬的尿道周围炎、尿道内或尿道周围肿瘤等原因造成尿道狭窄形成尿闭时，或摘除肿瘤时的前处置。

五、 雄性猫会阴部尿道造口术

［器械］

一般外科手术器械。

［麻醉］

根据临床症状、血常规来综合评估猫的全身状况，选择合适的麻醉方式和麻醉剂量。

［保定］

仰卧或腹卧保定，其中腹卧保定更利于该手术的实施。对于腹卧保定的猫，在其后腹部垫一个长约 15cm 椭圆形或圆柱形物，以充分暴露会阴部。固定后肢，将尾巴拉向背侧。清理直肠中的粪便，用丝线荷包缝合肛门。也可以将一小块棉花或纱布塞入肛门，防止手术中有排泄物污染创口。常规消毒。

［手术操作］

对于状况比较差，出现食欲废绝、呕吐等尿毒症症状的猫，及时纠正酸中毒，调节体液电解质平衡。如果膀胱没有积尿，或者尿液已经被排空，手术前要先给猫补液。如果膀胱里的积尿无法排出，则在手术中将尿液排空之后立即给予补液。猫的会阴部，包括尾根腹侧的部位进行剃毛。

如果猫未去势，应首先实施去势术。围绕阴囊和包皮椭圆形切开皮肤，肛门和切口顶端间的位置至少要间隔 1cm。应充分去掉阴囊和包皮基部的皮肤，使皮肤与尿道缝合时有轻度的紧张性。

皮下沿阴茎仔细的钝性分离出坐骨海绵体肌和坐骨尿道肌。将阴囊前后动脉烧烙或者捻转止血，出血不严重时则不需要处理。用剪刀将坐骨海绵体肌和坐骨尿道肌在靠近坐骨的一端剪开，这样可以减少出血。把阴茎牵向一侧，使对侧紧张，以利于坐骨附着部的分离。用剪刀小心地剪开腹侧耻骨附着部。把阴茎和骨盆部尿道向背侧拉，仔细地钝性分离腹侧，使阴茎和骨盆部尿道游离并易于向外牵引。当分离处的拉力很小，甚至没有时，表明尿道组织已充分游离。

在阴茎的背侧可以看到阴茎退缩肌、尿道球腺海绵体肌和尿道球腺。将阴茎退缩肌与尿道分离，在肛门外括约肌处将其横断。分离的时候一定要仔细，以免破坏直肠和盆神经。

如果有可能的话，应该先进行插管，以确定尿道的位置。将阴茎部尿道从阴茎头至尿道球腺这一段从背侧切开。在尿道球腺处，骨盆部尿道的直径大约可以达到 4 mm。

去掉远端的部分阴茎，在被切断的阴茎断端用可吸收缝线进行纽扣状缝合止血，出血不严重时可不进行缝合。将切开的骨盆部尿道和大约 2/3 的阴茎部尿道用 4/0 的单股尼龙线或聚丙烯线，或者用 5/0 的合成可吸收缝线同皮肤结节缝合，尿道黏膜与皮肤一定要很好的对合。

固定导尿管，去掉肛门周围的荷包缝合线或肛门内的堵塞物。

[术后护理]

手术后为了防止猫舔舐伤口，需要给猫戴伊丽莎白圈 7 ~ 10d，直到拆线。每天用生理盐水冲洗创口，并涂抹抗生素软膏，直到 3 ~ 5d 去掉导尿管。为了防止上行性泌尿道感染，连续使用抗生素 10 ~ 20d。

[适应证]

反复性尿道梗阻、尿道闭锁以及尿道损伤或肿瘤。

单元三 | 肾脏手术

【知识目标】

通过对肾切除术、肾切开术的学习，识别这两种手术的适应证及手术目的，掌握手术的部位、麻醉方法及操作技术。

【技能目标】

能根据犬的肾脏疾病症状判断是否采取手术治疗。会独立制订手术的操作计划，能在教师的指导下完成肾脏手术。掌握手术的操作技术。

【案例导入】

（一）基本资料

品种：家犬，年龄：10 岁，性别：雄性，体重：20.4kg，免疫情况：未免疫。

（二）病史

主诉：呕吐，排尿时有血，血在地上形成凝块。有时尿为脓白色。不愿吃食，爱伸懒腰。

（三）临床检查

患犬临床表现精神沉郁、呕吐、食欲时好时坏；弓背，触诊肾区敏感，有时呻吟。X 射线检查可见肾实质影像模糊，右侧肾区有一高密度影像，确诊该犬为右肾结石。

【课前思考题】

该犬为什么尿血？尿中带血可能有哪些疾病？犬发生肾结石经保守疗法无效时应采取何种治疗方案？犬的肾脏疾病在什么情况下做肾脏切除术，在什么情况下做肾脏切开术？肾脏手术术后如何护理？

一、肾切除术

［器械］

一般外科手术器械。

［麻醉］

全身麻醉。

［保定］

仰卧或侧卧保定。

［手术操作］

仰卧保定时术部切口在腹下正中线脐前方。侧卧保定时术部切口在最后肋骨后方 2cm，自腰椎横突向下与肋骨弓平行切口。其中腹下正中线切口，手术径路较好，可以使两肾全面显露，便于检查。

1. 肾脏显露

左肾显露：将结肠移向右侧，在降结肠系膜后方显露左肾。

右肾显露：右肾前端紧贴于肝脏右叶的后方，将十二指肠近端移向左侧，在十二指肠系膜后方显露右肾。

2. 分离肾脏

犬的左肾活动性较大，腹膜和后肾筋膜用镊子提起，用手术剪剪断，用手指和纱布从肾脏剥下筋膜。当肾松动时，将肾从腰下部提起，显露出肾动脉、肾静脉和输尿管。右肾的分离比左肾困难些。

3. 肾脏血管的结扎和切断

在直视条件下，以食指、中指夹持肾脏，显露肾动脉、肾静脉、输尿管。首先充分分离肾动脉，安装血管钳，贯穿结扎肾动脉，近心端 3 道结扎，远心端 1 道结扎。如果是肾癌瘤，应首先结扎肾静脉。分离肾静脉，放置血管钳，近心端与远心端各 1 道结扎。

4. 输尿管分离

在肾盂找到输尿管，充分分离输尿管直到膀胱。注意结扎伸延到膀胱的输尿管断端，远心端 2 道结扎，近心端 1 道结扎，防止形成尿盲管，因为尿盲管会造成感染。输尿管断端结扎切断后，用石炭酸或白金耳烧灼。摘除肾脏。

5. 缝合腹壁切口

摘除肾脏后清除脂肪组织中的凝血块，确实止血。逐层缝合腹壁切口。

[术后护理]

术后纠正水、电解质和酸碱平衡紊乱；全身给予抗生素治疗，防止术部感染。

[适应证]

化脓性肾炎、肿瘤、结石及肾外伤等。

二、 肾切开术

[器械]

一般外科手术器械。

[麻醉]

全身麻醉。

[保定]

仰卧保定。

[手术操作]

术部切口在腹下正中线脐前方。

1. 显露肾脏

将肾脏显露后，使用血管钳暂时阻断肾动脉和肾静脉。将肾脏固定在拇指和食指间，充分露出肾的凸面。

2. 肾脏切开

用手术刀从肾脏凸面纵行矢状面切开皮质和髓质部达到肾盂，除去结石。然后用生理盐水冲洗沉积在肾组织内或肾盂的矿物质沉积物。从肾盂的输尿管口插入纤细柔软插管，用生理盐水轻微冲洗输尿管，证明输尿管畅通。因为该手术切口不损伤主要血管，所以肾的切口部位出血量很少。

3. 肾脏缝合

缝合肾脏前，取下暂时阻断肾动脉、肾静脉的血管钳，观察切面血液循环恢复情况，对小出血点进行压迫止血。然后用拇指和食指将切开的肾脏两瓣紧密对合，轻轻压迫，使肾组织瓣由纤维蛋白胶接起来，只需对肾脏被膜连续缝合，不需要肾组织褥式缝合，该法称为无缝合肾切开闭合法。

4. 逐层缝合腹壁切口

[术后护理]

(1) 术中和术后，静脉给予补液，有利于从尿道排出血液凝块。

(2) 因为术后血尿将持续几天，术后要给予止血药。

[注意事项]

(1) 由于犬、猫的肾盂很小，如果肾盂结石，不应做肾盂切开，因为肾盂切开术有损伤血管的危险。

(2) 肾脏切开术能出现暂时性肾功能降低20% ~40%，因此要注意观察肾功能恢复过程。

(3) 如果两侧肾结石，患病动物患有严重氮血症。在一次手术时，只能做一个肾的切开，不能同时做两个肾切开。要间隔一段时期，待肾功能恢复正常时，再做另一侧手术。

[适应证]

肾结石、肾盂结石、肾盂肿瘤。

单元四 | 输尿管吻合手术

【知识目标】

通过学习，明确输尿管吻合术的适应证；明确手术的麻醉方法；明确手术部位；明确手术如何术后治疗。掌握手术操作技术。

【技能目标】

能判断输尿管患何种疾病才采取手术治疗；能独立设计手术计划；能独立做术前准备工作。掌握输尿管吻合术的操作技术。

【案例导入】

(一) 基本资料

品种：白色京巴犬，年龄：3岁，性别：雄性，体重：7kg，免疫情况：未免疫。

(二) 病史

主诉：该犬一周前开始已有排尿困难的迹象，尿频，每次仅数滴。去宠物门诊看过病，穿刺一次，稍微缓解症状，但第二天又不行，且用过速尿，仍无效，症状更严重，早上见其有排尿动作，却不见尿液，精神痛苦。

(三) 临床检查

该犬腹壁敏感、紧张，拒绝触诊，膀胱充盈，龟头发红、微肿。X射线拍片可见左侧输尿管部有2颗直径约1mm的结石，相依而行。膀胱内和后方尿道无结石样可疑亮点。初步确诊为输尿管结石。

【课前思考题】

案例中的犬患输尿管结石可有哪些治疗方法，在什么情况下进行手术治疗？案例中的犬如果需要手术，术部应如何选择？输尿管吻合术手术部位有几种选择？手术的适应证有哪些？手术过程中有哪些注意事项？术后如何护理？

[器械]

一般外科手术器械。

[麻醉]

全身麻醉。

[保定]

仰卧保定。

[手术操作]

腹下正中线切口。

1. 输尿管断端的修整和缝合

将吻合的两个输尿管断端分别剪成三角铲形，使连接的两端呈“尖与底”连接（图5－1）。在6倍放大镜或手术显微镜帮助下，使用纤细聚乙醇酸缝线缝合。缝合前，吻合两端先放置支持缝线，然后进行连续缝合。

2. 检查缝合效果

输尿管吻合缝合完毕，使用细注射针直接注入少量灭菌生理盐水到输尿管腔内，加大腔内压力，观察是否在吻合处有泄漏。吻合处如有轻微渗漏，可以涂布氟化组织黏合剂，使该处形成薄膜，防止渗漏。这种组织黏合剂比其他黏合剂毒性小，炎性反应轻微，不影响正常的组织愈合。

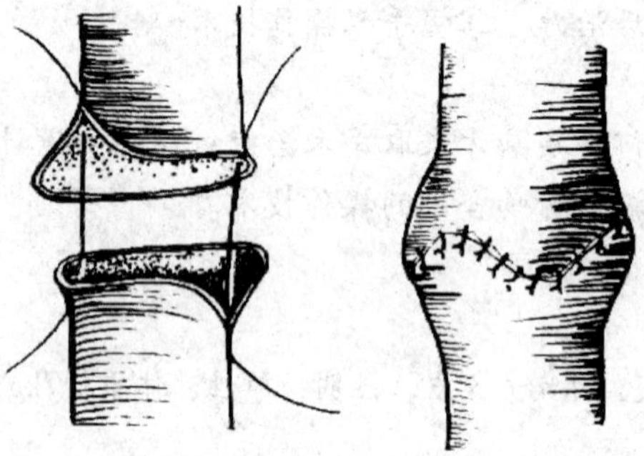

图5－1　输尿管断端缝合

3. 常规逐层缝合腹部切口

[术后护理]

（1）观察患病动物的排尿情况，患畜静脉注射5%葡萄糖溶液，促进动物排尿。

（2）给予患病动物抗生素药物，防止术后感染。

［适应证］

输尿管损伤、输尿管结石。

单元五 | 去势手术

【知识目标】

通过去势手术这一单元的学习，了解去势术的目的及意义，明确去势术可以治疗哪些疾病；掌握犬、猫去势术的部位，识别手术使用的手术器械，掌握手术的操作方法。

【技能目标】

能根据不同的宠物、不同的性别设计去势术的手术计划，会预测手术过程中出现的问题并知道如何解决；能根据手术计划准备术前工作，掌握手术操作步骤及术后治疗方法。

【案例导入】

（一）基本资料

品种：松狮犬，年龄：5 岁，性别：雄性，体重：21kg，免疫情况：免疫完全。

（二）病史

主诉：左侧睾丸发红，一碰就叫，但没有溃烂脱皮，也没有斑点颗粒。食欲正常。昨天早上吐了一次，后来不吐了。喜趴或坐卧。总是舔舐睾丸。抹药、打针后不消肿，有加重趋势。

（三）临床检查

两侧睾丸呈现不同程度的肿大，其中左侧睾丸肿得较大，疼痛，站立时后肢外展，运步时步态强拘，前进时两后肢开张，拱背，拒绝交配。触诊阴囊皮肤水肿并留有压痕，睾丸体积增大，热、痛明显，鞘膜腔内有浆液纤维素性渗出物，精索变粗，有压痛。同时，病犬体温升高达 39.8℃，精神沉郁，食欲减退，脉搏加快。

【课前思考题】

案例中的松狮犬为什么不敢走路，可能患有什么疾病？松狮犬已经采取各种保守疗法治疗无效，应实施哪种治疗方案？去势术除了治疗一些生殖器官疾病还有哪些目的和意义？雄性犬、猫去势术如何进行？雌性犬、猫的去势术手术部位如何确定？手术应如何操作？犬、猫去势后如何护理和治疗？

一、 雄性犬去势术

［器械］

一般外科手术器械。

[麻醉]

全身麻醉。

[保定]

仰卧保定，两后肢向后外方伸展固定，充分显露阴囊部。

[手术操作]

术前对去势犬进行全身检查，注意有无体温升高、呼吸异常等全身变化。如有则应待恢复正常后再行去势。还应对阴囊、睾丸、前列腺、泌尿道进行检查。若泌尿道、前列腺有感染，应在去势前1周进行抗生素药物治疗，直到感染被控制后再行去势。去势前剃去阴囊部及阴茎包皮鞘后2/3区域内的被毛。

1. 显露睾丸

术者用两手指将两侧睾丸推挤到阴囊底部前端，使睾丸位于阴囊缝际两侧的阴囊底部最前的部位。从阴囊最低部位的阴囊缝际向前的腹中线上，做一个5～6cm的皮肤切口，依次切开皮下组织。术者左手食指、中指推一侧阴囊后方，使睾丸连同鞘膜向切口内突出，并使包裹睾丸的鞘膜绷紧。固定睾丸，切开鞘膜，使睾丸从鞘膜切口内露出。术者左手抓住睾丸，右手用止血钳夹持附睾尾韧带，并将附睾尾韧带从附睾尾部撕下，右手将睾丸系膜撕开，左手继续牵引睾丸，充分显露精索。

2. 结扎精索、切断精索、去掉睾丸

用三钳法在精索的近心端钳夹第一把止血钳，在第一把止血钳的近睾丸侧的精索上，紧靠第一把止血钳钳夹第二、第三把止血钳。用4～7号丝线，紧靠第一把止血钳钳夹精索处进行结扎，当结扎线第一个结扣接近打紧时，松去第一把止血钳，并使线结恰好位于第一把止血钳的精索压痕，然后打紧第一个结扣和第二个结扣，完成对精索的结扎，剪去线尾。在第二把与第三把钳夹精索的止血钳之间，切断精索。用镊子夹持少许精索断端组织，松开第二把钳夹精索的止血钳，观察精索断端有无出血，在确认精索断端无出血后，再将精索断端还纳回鞘膜管内（图5-2）。在同一皮肤切口内，按上述同样的操作，切除另一侧睾丸。

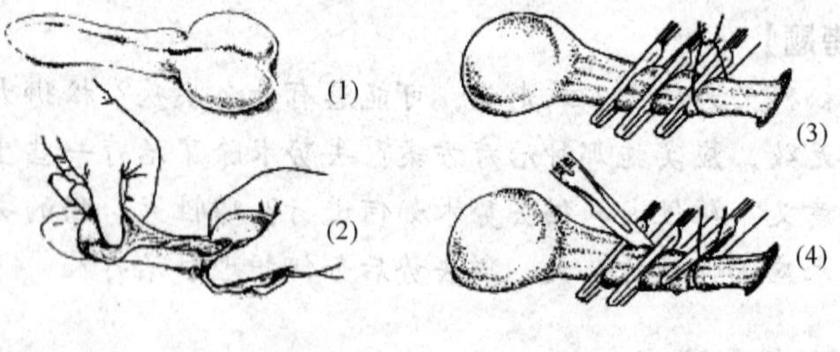

图5-2 公犬去势示意图

(1) 切口定位 (2) 显露睾丸和精索 (3) 精索上钳夹三把止血钳，在紧靠第一把止血钳处的精索上结扎精索 (4) 松去第一把止血钳，使线结扎在钳痕处，在第二把与第三把止血钳之间切断精索

3. 缝合阴囊切口

用20号铬制肠线或4号丝线间断缝合皮下组织，用4~7号丝线间断缝合皮肤，打以结系绷带。

［术后护理］

术后阴囊潮红和轻度肿胀，一般不需治疗。伴有泌尿道感染和阴囊切口有感染倾向者，在去势后应给予抗生素治疗。

［适应证］

适用于犬的睾丸癌或经一般治疗无效的睾丸炎症。切除两侧睾丸用于良性前列腺肥大和绝育。还可用于改变雄性犬的不良习性，如发情时的野外游走、与其他雄性犬咬斗、尿标记等。

二、 雄性猫去势术

［器械］

一般外科手术器械。

［麻醉］

全身麻醉。

［保定］

左侧或右侧卧保定，两后肢向腹前方伸展，猫尾要反向背部提举固定，充分显露肛门下方的阴囊。

［手术操作］

剃去阴囊部被毛，常规消毒。将两侧睾丸同时用手推挤到阴囊底部，用食指、中指和拇指固定一侧睾丸，并使阴囊皮肤绷紧。在距阴囊缝际一侧0.5~0.7cm处平行阴囊缝际做一个3~4cm的皮肤切口，切开肉样膜和总鞘膜，显露睾丸。术者左手抓住睾丸，右手用剪刀剪断阴囊韧带，向上撕开睾丸系膜，然后将睾丸引出阴囊切口外，充分显露精索，结扎精索和去掉睾丸的方法同雄性犬去势术。两侧阴囊切口开放。

［术后护理］

术后适当运动，便于创液排出。术后无需治疗，也可给予口服抗生素药物3~5d。术后阴囊严重肿胀或有出血不止，可能是结扎线不确实或松脱，排液不畅，应及时全身麻醉，重新结扎止血和排除创内堵塞物，清创。

［适应证］

防止猫乱交配和对猫进行选育，对不能作为种用的雄性猫进行去势。雄性猫去势后可减少其本身特有的臭味和发情时的性行为，如在夜间的叫声等。

三、 卵巢摘除术

[器械]

一般外科手术器械，小钝钩一支。

[保定]

仰卧保定，四肢牵张保定。

[麻醉]

全身麻醉。

[手术操作]

术前禁食12~24h。术部在脐的后方4~5cm，在白线侧方腹壁上。术部剪毛、消毒。

皮肤切开，在脐后白线侧方切开皮肤2~4cm，切开筋膜和肌层露出腹膜，剪开腹膜，打开腹腔，切勿损伤乳房。术者将手伸入腹腔内探查子宫角，子宫角常被肠管覆盖，不能立即见到，此时可用钝钩向前方压迫肠管，以便更好地寻找子宫角。如仍见不到，可再将后躯抬高一些使肠管倾向膈肌而找到直肠，子宫体常与直肠相接，仰卧时，其位于直肠上面。找到子宫角后，术者沿着子宫角向前寻找卵巢，找到卵巢后，将卵巢用手指钩至创口外，集束结扎卵巢动脉，再结扎卵巢系膜及子宫动脉的分支，然后剪断卵巢周围组织，摘除卵巢。

用同样方法摘除另一侧卵巢，充分止血。按剖腹术方法闭合腹腔。

[术后护理]

术后给予抗生素或磺胺类药物5~7d，防止感染。

[适应证]

卵巢囊肿、卵巢肿瘤、重度卵巢炎等卵巢不治之症的外科疗法。以及经宠物主人的要求，为犬、猫做绝育手术。

单元六 | 隐睾阴囊固定手术

【知识目标】

通过学习，了解隐睾的宠物在临床上的表现；明确患有隐睾宠物术部的确定；掌握手术的操作过程及术后的治疗方案。

【技能目标】

能根据临床检查判断是否患有隐睾疾病；会独立设计隐睾手术固定的手术计划；能独立进行麻醉和器械的准备；掌握隐睾阴囊固定术的操作技术。

【案例导入】

（一）基本资料

品种：柯基犬，年龄：6 月龄，性别：雄性，体重：9.5kg，免疫情况：免疫完全。

（二）病史

主诉：犬 6 个多月大，至今未见任何一个睾丸降到体外，阴茎两侧偶尔能见到两个鸡蛋黄大小的半圆体，用手摸其大腿根附近无任何凸起。至今从未见到它对物或其他犬做出过爬跨动作。

（三）临床检查

该犬无其他异常现象。触诊两侧阴囊无睾丸。

【课前思考题】

柯基犬 6 月龄阴囊内还没有睾丸正常吗？该犬可能患了什么疾病？柯基犬的睾丸在哪个解剖腔内？隐睾阴囊固定术是怎样操作的？术后如何护理？

［器械］

一般外科手术器械，细导尿管一支。

［麻醉］

全身麻醉。

［保定］

仰卧保定或半仰卧保定。

［手术操作］

术部在下腹部后方阴茎侧方 3 ~ 4cm 处，距耻骨前缘 10 ~ 15cm。

按剖腹术的方法打开腹腔。单侧隐睾者则在无睾丸侧切开腹腔。切口长约 10cm。打开腹腔后寻找隐睾，隐睾多在肾脏的后方或腹股沟内环处，也可在腹股沟管内。找到隐睾后，视其精索的长短，精索长者较好，可以牵引至阴囊内便于固定；精索短者，牵引至阴囊内有一定困难，具体处理办法分别如下。

精索长者，在同侧腹壁后寻找腹股沟管的内环，待找到内环时，用导尿管从内环插入腹股沟管内，探查其底部位置。若直通至阴囊底部时，拔出导尿管，术者用手轻轻拉动隐睾，从内环向腹股管内推送，直至阴囊底部。切开阴囊后，以 1 ~ 2 针穿过睾丸外膜，将睾丸缝合固定于阴囊底壁上。再以同样方法固定对侧隐睾。

精索短者或腹股沟管未达到阴囊内时，无法使隐睾达到阴囊内，可将导尿管从腹股沟管内环插入，探至腹股沟管的最末端，将导尿管从腹股沟管内拔出，有时最末端在股内侧距阴囊有段距离，术者可用手轻轻拉动隐睾从内环向腹股沟管的最末端推送，送至不能再送时，暂时将睾丸固定在此处。待 3 ~ 4 个月后，再次牵引睾丸至阴囊底部，加以固定。

按剖腹术的方法闭合腹腔。整理创缘，碘酊消毒。

［术后护理］

术后给予抗生素或磺胺类药物治疗 1～2 周。术后宠物应放于干燥、清洁地方，防止污染。术部按创伤处置。手术时牵拉睾丸时，应轻轻牵拉，以防拉断精索。用导尿管探查腹股沟管时，尽量向管的左右扩大，以便睾丸易于通过。7～10d 后拆线。

［适应证］

隐睾又称睾丸下降不全，是指一侧或两侧睾丸未进入阴囊，停留于下降途中的任何部位。由于停留部位不同又分为腹腔隐睾和腹股沟隐睾。也有一侧性隐睾和两侧性隐睾。本手术是将隐睾的睾丸牵引至阴囊内的手术。

单元七 | 前列腺摘除手术

【知识目标】

通过对犬前列腺部位的学习，了解犬易患的前列腺疾病；明确犬哪些前列腺疾病需要手术摘除；明确手术的确定部位；掌握手术操作步骤及术后治疗方法。

【技能目标】

能区别什么样的前列腺疾病可以做前列腺摘除；会制订前列腺摘除术的操作计划；能独立进行麻醉和器械准备；在助手的协助下能独立进行手术操作。

【案例导入】

（一）基本资料

品种：北京犬，年龄：5 岁，性别：雄性，体重：12kg，免疫情况：未免疫。

（二）病史

主诉：平时主要以鸡肝为主食，半年前开始出现排尿困难的症状，按尿道结石治疗没效果。现在滴答尿，总想排尿。

（三）临床检查

患犬表现为里急后重、排尿困难、腹部疼痛、共济失调和体重减轻。触诊和腹腔横断超声图像显示，前列腺两侧的对称性丢失，有疼痛表现，有纤维化或者矿化区域的强回声。做细胞学检查可发现肿瘤细胞，同时伴有全身性症状。初步判断该北京犬患有前列腺肿瘤。

【课前思考题】

根据案例中的临床症状，采取什么治疗方案较好？犬易患哪些前列腺疾病，根治方法是什么？手术应做哪些术前准备工作？犬前列腺摘除手术如何进行？手术后如何治疗？

［器械］

一般外科手术器械，导尿管一支。

[保定]

手术台仰卧保定。

[麻醉]

全身麻醉。

[手术操作]

术部在阴茎侧方3~4cm，从耻骨前缘5cm左右向前切开。

术者左手握住阴茎头部，右手将导尿管从尿道口插入，直至膀胱内将尿导出。打开腹腔，在术部距耻骨前缘5cm处向前切开皮肤10cm左右。充分止血，腹壁后静脉用双重结扎后从中切断。按剖腹术方法切开腹壁，打开腹腔。

打开腹腔后，将肠管轻轻推向前方，暴露出膀胱、前列腺及尿道，把膀胱和前列腺向前拉至创口部。可见分布于前列腺的血管，在膀胱外侧韧带的后方，左右腹膜皱襞内进入前列腺，将前列腺分支双重结扎后从中切断。

把导尿管从膀胱中向后牵拉退至前列腺前端，在前列腺前端环形切断膀胱颈与前列腺的连接，将膀胱分开固定。在前列腺后端环形切断尿道与前列腺的连接，在未切断前先将尿道用四根缝线从上、下、左、右固定，以防切断后尿道退至骨盆腔内。双重结扎前列腺前方与输精管并行的血管，并从中切断，使前列腺与其他组织完全分离。将膀胱颈部的断端与尿道断端对接，将导尿管徐徐地插入膀胱内，将两断端用连续缝合法缝合。按剖腹术方法闭合腹腔。用碘酊消毒术部。

[术后护理]

术后给予抗生素或磺胺类药物治疗1~2周。局部按创伤处置。术后导尿管留置48h，防止尿闭和尿道粘连。

[适应证]

前列腺肥大和前列腺肿瘤的外科疗法。

单元八 | 子宫手术

【知识目标】

通过本单元的学习，了解子宫常患的疾病，区别各种需要手术的子宫疾病，识别子宫切除、剖腹产的适应证。掌握这两种手术的操作技术。

【技能目标】

能根据子宫所患的不同疾病采取不同的手术方法。会制订子宫摘除术、剖腹产术的手术计划；掌握手术的术部和手术的术式；掌握手术术后的治疗方案。

【案例导入】

（一）基本资料

品种：博美犬，年龄：4岁，性别：雌性，体重：5kg，免疫情况：免疫完全。

（二）病史

主诉：此犬已产过2胎，这次是下午13：00开始产崽，13：30左右产下了一只仔犬。到18：00再没下，母犬还一直努责。

（三）临床检查

患犬精神沉郁、痛苦呻吟，臀部、尾巴沾满血迹和黏液，子宫阵缩和努责已经微弱。体温38.3℃，呼吸浅表，心跳微弱。触诊患犬腹部有明显的胎动，先用0.1%高锰酸钾擦洗肛门及阴户周围，后以右手食指、中指二指探查阴道及胎儿情况。探查发现宫颈已部分张开，但胎儿过大，难以通过产道，需要手术救助。

【课前思考题】

博美犬发生难产需要手术救助，那么应作何手术救助该犬？犬、猫一般在什么情况下实施剖腹产术？实施剖腹产术过程中应注意什么？子宫切除术适应于哪些疾病的治疗？子宫切除术、剖腹产术术后怎么治疗？

一、子宫切除术

［器械］

一般外科手术器械，肠钳两把。

［麻醉］

全身麻醉，也可局部麻醉。

［保定］

仰卧保定或侧卧保定。

［手术操作］

术部在脐部至耻骨前缘之间的腹正中线侧方2~3cm处。

1. 打开腹腔

术部剪毛、消毒，在术部切开皮肤7~10cm，按剖腹术的方法切开腹部筋膜和腹肌，露出腹膜，切开腹膜。术者以手指伸入腹腔内，寻找子宫，将子宫拉向创口或创口外。

2. 摘除子宫

将子宫阔韧带上的子宫中动脉分别进行双重结扎并逐一从中切断，然后隔4cm左右集束结扎子宫阔韧带，在卵巢处双重结扎卵巢动脉，并从中切断，再切断子宫阔韧带，使一侧子宫角和卵巢分离于腹壁。用同样方法将对侧的子宫角和卵巢切下。将切断的子宫角和子宫体拉出创口或创口外。在子宫体与子宫颈外用肠钳夹住子宫颈部，在其后方2~3cm处用另一肠钳夹住子宫颈固定，在两肠钳子之间切断子宫，取出子宫体、子宫角以及卵巢。将子宫颈断端用灭菌生理盐水清洗，除去内容物，用荷包缝合法缝合。

3. 闭合腹腔

按剖腹术方法依次缝合腹膜、腹肌和皮肤。整理创缘，碘酊消毒。

[术后护理]

术后给予抗生素或磺胺药物治疗一周左右。局部按创伤处置。注意保暖、防止感冒。

[适应证]

由于某些原因胎儿已经腐烂，子宫扭转者；剖腹产时，发现子宫已经变成暗紫色或坏死时，为了保证母体安全可切除子宫；以及对于子宫蓄脓症治疗无效时、子宫肿瘤等均可实施本手术。

二、剖腹产手术

[器械]

一般外科手术器械。

[麻醉]

全身麻醉或局部麻醉。

[保定]

侧卧保定或仰卧保定，

[手术操作]

小型犬术部多在腹正中线的脐部至耻骨前缘之间，白线侧方 2 ~ 3cm 处。在术部切开皮肤 10cm 左右，切开筋膜、腹肌和腹膜。打开腹腔后，将其腹腔器官移至前方，暴露出子宫。将妊娠子宫轻轻拉到切口外，在胎儿数多的一侧，靠近子宫体近处切开子宫大弯部，避开血管纵行切开长 5 ~ 8cm 的切口，或与胎儿同等大小的切口，露出胎膜，切开胎膜取出胎儿，同时将胎膜取出，依次取出一侧子宫角的胎儿。再通过子宫体从切口处取出另一侧子宫角的胎儿及胎膜。若胎儿数多时，也可同时切开两侧子宫角分别取出胎儿和胎膜。确切检查两侧子宫角内的胎儿和胎膜完全取出后，用温生理盐水冲洗子宫角内腔，排出冲洗液及其内容物，用消毒纱布擦干，注意防止污染腹腔及其器官。

以连续缝合法全层缝合子宫壁，再以包埋缝合法缝合浆膜和肌层。若子宫呈暗紫色或坏死，出现不可逆反应，应将子宫全部摘除。

闭合腹腔，子宫缝合后，用温生理盐水清洗后，还纳于腹腔内。按剖腹术方法缝合腹壁各层，闭合腹腔。7 ~ 10d 拆线。

[术后护理]

术后全身给予抗生素或磺胺类药物 7 ~ 10d。子宫收缩不全时，给予小剂量神经垂体素或卵泡激素，促进子宫收缩。注意监护和保暖，术中防止子宫内的污物、液体流入腹腔，避免污染腹腔、腹膜及腹腔脏器等，引起腹膜炎和腹腔器官粘连，特别是肠粘连。术中减少肠管脱出于创口外，减少其暴露时间。

[适应证]

经保守疗法无效的难产。

单元九 | 阴道手术

【知识目标】

通过自学和教师的讲解，了解动物易患的阴道疾病。识别阴道脱出与阴道肿瘤区别，明确这两种疾病的手术时机。掌握手术的操作技术。

【技能目标】

能根据临床症状判断疾病的性质；会独立制订手术方案，根据手术方案准备手术器械，能独立进行动物麻醉；能在教师的指导下完成手术。

【案例导入】

（一）基本资料

品种：大丹犬，年龄：6岁，性别：雌性，体重：35kg，免疫情况：免疫完全。

（二）病史

主诉：此犬已产过2胎，这次刚产完小狗4d，起初在阴门有一个红色球状的肿物，犬站起后，可缩回去，趴下就出来，喜舔舐。现在阴门外的肿物更肿了、色发暗。站起后也不缩回去。

（三）临床检查

犬的阴门之外有呈红色球状物露出，站立时不能自行还纳。黏膜充血、发紫、水肿、发热、表面干裂，裂口中有渗出液流出。

【课前思考题】

案例中的大丹犬阴门处有一个肿胀物说明该犬患什么疾病？对该犬应采取什么治疗方案？如何进行手术治疗？阴道脱整复术如何操作？阴道肿瘤如何切除？术后如何护理？

一、阴道脱整复术

[器械]

一般外科手术器械，导尿管一支。

[麻醉]

全身麻醉。

[保定]

仰卧或侧卧保定后躯抬高。

[手术操作]

术前禁食12h，手术时用温肥皂水灌肠，排出直肠内宿粪。用0.1%新洁尔灭溶液清洗、消毒阴门及阴道脱出部分。

首先将导尿管从尿道外口插入尿道内并固定，作为标志，以免手术时伤及尿道。用钳子将阴道脱出部分钳住并拉向阴门外，再以缝合线在阴道脱出的上方健康部分缝合并固定，防止切除脱出部后阴道退回阴道内，不利缝合。切除脱出部分，将松弛和肿胀的阴道壁在尿道外口前方三角形切除阴道黏膜。切除的范围取决于犬的体格大小和阴道黏膜松弛的状态。彻底止血，创面以结节缝合或连续缝合法缝合。

除去钳子和固定的缝合线，阴道壁自然还纳，向阴道内塞入洗必泰栓剂。

[术后护理]

术后全身给予抗生素或磺胺类药物1周左右。阴道内塞以洗必泰栓剂，每日两次，每次1~2粒。阴道部黏膜易出血，术中出血较多，对犬的血管可行集束结扎止血，小出血采用压迫止血，若出血不止，而且面积较大，不易发现血管时进行填充压迫止血。

[适应证]

顽固性和习惯性阴道脱出保守疗法无效时，可实施本手术。

二、阴道肿瘤切除术

[器械]

一般外科手术器械，导尿管一支。

[麻醉]

全身麻醉。

[保定]

侧卧保定。

[手术操作]

术前禁食12h，手术时先用温肥皂水灌肠，排出直肠内宿粪。用0.1%新洁尔灭溶液清洗和消毒阴门及阴道。

首先将导尿管从尿道外口插入尿道内并固定，作为标志，以防手术时损伤尿道。切除肿瘤，用钳子将肿瘤基部夹住，然后在其下方用穿束结扎法分别结扎，结扎部位的多少取决于瘤体大小，瘤体大者多结扎几处，小者则少结扎几处。注意结扎点之间相距不应过大，否则易出血。结扎后，在结扎的上方切除肿瘤。以结节缝合法或连续缝合法缝合阴道壁。若肿瘤瘤体较多，可采用上述方法分别切除。

[术后护理]

术后全身给予抗生素药物3~5d。阴道内塞以洗必泰栓剂，每日两次，每次1~2粒。如术后出血不止，按阴道脱出手术处置。

[适应证]

阴道肿瘤的手术治疗。

单元十 | 乳腺肿瘤切除手术

【知识目标】

通过手术操作示教和学习，明确乳腺患何种疾病时应采取切除，识别乳腺切除的方法，掌握手术操作技术。

【技能目标】

能独立设计乳腺肿瘤切除手术的手术方案，会根据手术方案进行术前准备，能独立对动物实施麻醉，能掌握手术操作的全过程。

【案例导入】

（一）基本资料

品种：狼青犬，年龄：6 岁，性别：雄性，体重：25kg，免疫情况：未免疫。

（二）病史

主诉：乳房处发现一硬性肿块，近来发现该犬的乳房肿块长的较快，有排球大小，走路不灵活。没精神，吃的也少，身体逐渐消瘦。

（三）临床检查

病犬体温 40.2℃，心率 120 次/min，呼吸 35 次/min，病犬身体消瘦，精神不振，乳房肿块质地坚硬，界限明显，由于破溃引起感染，引起精神等各方面的异常。

【课前思考题】

根据狼青犬的临床症状可以判断其患什么疾病，应如何治疗？乳腺肿瘤摘除手术有何操作过程？手术过程中应注意哪些问题？术后如何护理？

[器械]

一般外科手术器械。

[麻醉]

全身麻醉。

[保定]

仰卧位保定，四肢向两侧牵拉固定，以充分暴露胸部和腹股沟部。

[手术操作]

乳腺切除的选择取决于宠物体况和乳房患病的部位及淋巴流向。主要有以下 4 种乳腺切除方法。

单个乳腺切除：仅切除一个乳腺。

区域乳腺切除：切除几个患病乳腺或切除同一淋巴流向的乳腺 。

同侧乳腺切除：切除整个一侧乳腺链。

两侧乳腺切除：切除所有乳腺。

皮肤切口视所采用的方法不同而异。对于单个、区域或同侧乳腺的切除，在所涉及乳腺的周围做椭圆形皮肤切口。切口外侧缘应是在乳腺组织的外侧，切口内侧缘应在腹中线。第一乳腺切除时，其皮肤切口可向前延伸至腋部以便将腋下淋巴结摘除；第五乳腺的切除，皮肤切口可向后延伸至阴唇水平处，应将腹股沟淋巴结一同摘除。对于两侧乳腺全切除者，仍是以椭圆形切开两侧乳腺的皮肤，但胸前部应做“Y”形皮肤切口，以免在缝合胸后部时产生过多的张力。皮肤切开后，先分离、结扎大的血管，再做深层分离。分离时，尤其注意腹壁后的浅动、静脉。第一、第二乳腺与胸肌筋膜紧密相连，故需仔细分离使其游离。其他乳腺与腹壁肌筋膜连接疏松，易钝性分离开。若肿瘤已侵蚀体壁肌肉和筋膜，需小心分离肌肉和筋膜，一同切除。如胸部乳腺肿瘤未增大或未侵蚀周围组织，因该淋巴结位置深，接近臂神经丛，腋淋巴结一般不予切除。腹股沟浅淋巴结紧靠腹股沟乳腺，通常连同腹股沟脂肪一起切除。

缝合皮肤前，应认真检查皮肤内侧缘，确保皮肤上无残留乳腺及肿瘤组织。皮肤缝合是本手术最困难的部分，尤其切除双侧乳腺。大的皮肤缺损缝合需先做水平褥式缝合，使皮肤创缘靠拢并保持一致的张力和压力分布。然后做第二道结节缝合以闭合创缘。如皮肤结节缝合恰当，可减少因褥式缝合引起的皮肤张力。如有过多的死腔，在腹股沟部易出现血清肿，应在手术部位安置引流管。

[术后护理]

使用腹绷带 5 ~ 7d，用厚的纱布块压迫术部，消除死腔，防止血清肿、血肿、污染和自我损伤。如创腔比较大可放入引流管，并保持引流管通畅。术后应用抗生素 3 ~ 5d，控制感染。术后 2 ~ 3d 除去引流管，并于术后 4 ~ 5d 拆除褥式缝线，以减轻局部刺激和瘢痕形成。术后 10 ~ 12d 拆除结节缝线。

[适应证]

乳腺肿瘤。此外，乳房外伤或感染有时也需做乳腺切除手术。

【知识链接】

1. 犬、猫膀胱局部解剖

犬的膀胱前端钝圆为膀胱顶，突向腹腔，后端逐渐变细为膀胱颈，与尿道相连，膀胱顶与膀胱颈之间是膀胱体。除膀胱颈突入骨盆外，大部分膀胱位于腹腔内。膀胱的位置与储尿量有关，充盈时呈长的卵圆形，膀胱顶可达脐部。雄性犬的膀胱位于直肠、生殖褶及前列腺的腹侧，雌性犬则位于子宫的后部及阴道的腹侧。

猫的膀胱呈梨形，位于腹腔后部，膀胱的腹侧有一条悬韧带与腹壁固定，两侧则有一对侧韧带与背部体壁固定。

2. 雄性犬、猫生殖器官局部解剖

(1) 阴囊　犬、猫的阴囊位于腹股沟部与肛门之间的中央部。阴囊为皮肤、肉样膜、睾外提肌和鞘膜组成的袋状囊，内有睾丸、附睾和一部分精索，其上方狭窄为阴囊颈，远端游离部为阴囊底（图5－3）。

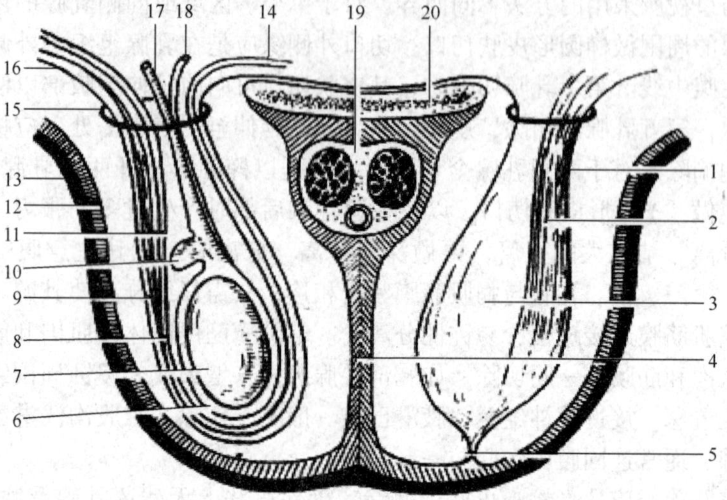

图5－3　阴囊模式图

1—精索　2、9—提睾肌　3、8—总鞘膜　4—阴囊中隔　5—阴囊韧带　6—固有鞘膜　7—睾丸　10—附睾　11—鞘膜腔　12—肉膜　13—阴囊皮肤　14—腹膜　15—腹股沟管　16—提睾肌筋膜（腹直肌鞘外膜）　17—精索内的血管　18—输精管　19—阴茎（切断）　20—耻骨（切断）

（2）睾丸与附睾　犬的睾丸呈卵圆形，长轴略斜向后上方，前为头端，后上方为尾端，附睾较大，紧贴于睾丸的背外侧面，前下端为附睾头，后上端为附睾尾。

（3）精索　精索为一索状组织，呈扁平的圆锥形，由血管、神经、输精管、淋巴管和睾内提肌等组成，上起于腹股沟管内环，下止于睾丸的附睾。分成两部分，一部分含有弯曲的精索内动脉、精索内静脉及由不太发达的平滑肌组成的睾内提肌、精索神经丛和淋巴管；另一部分为由浆膜形成的输精管褶，褶内有输精管通过。

（4）腹股沟管及鞘膜管　腹股沟管是漏斗形的肌肉缝隙，位于腹股沟部的腹外斜肌和腹内斜肌之间。鞘膜管是腹膜的延续部分，位于腹股沟管内，它和腹股沟管一样，也有内口和外口，内口与腹腔相通，外口与鞘膜相通。管内有精索通过，睾外提肌位于鞘膜管的外侧壁外面。

3. 雌性犬、猫生殖器官局部解剖

卵巢细长而表面光滑，犬卵巢长约2cm，猫卵巢长约1cm。卵巢位于同侧肾脏后方1～2cm处。右侧卵巢在降十二指肠和外侧腹壁之间，左卵巢在降结肠和外侧腹壁之间，或位于脾脏中部与腹壁之间。犬的卵巢完全由卵巢囊覆盖，而猫的卵巢仅部分被卵巢囊覆盖，在性成熟前卵巢表面光滑，性成熟后卵巢表面变粗糙和有不规则的突起。卵巢囊为壁很薄的一个腹膜褶囊，它包围着卵巢。输卵管在囊内延伸，输卵管先向前行（升），再向后行（降），终端与子宫角相连。卵巢通过固有韧带附着于子宫角，通过卵巢悬吊韧带附着于最后肋骨内侧的筋膜上。

4. 隐睾症

隐睾症是指睾丸未能按正常发育过程通过腹股沟管沿着腹膜鞘突下降至阴囊，而停留在下降途中部位的一种常见的先天畸形，其发病率较高。隐睾有两种：一种位于腹股沟管内，另一种位于腹腔内。隐睾症可导致生育能力低下，而且可以出现睾丸恶变等严重后果。

5. 犬前列腺局部解剖

犬的前列腺是主要的副性腺器官。前列腺位于或接近耻骨前缘，环绕在膀胱颈和尿道起始部，呈环形卷曲的球状为两个叶的小器官。其位置因膀胱膨满和直肠扩张状态不同而有差异。当膀胱空虚时，位于骨盆腔内；当膀胱膨满时，位于耻骨前缘附近。小型犬从直肠内容易触摸到，大型犬前躯抬高，一手从腹后部向后方压迫膀胱，另一手指从直肠内可以触诊。

6. 犬肾脏局部解剖

犬的肾脏位于腰椎下腹膜后，每个肾的前端背侧面和腹侧面均由腹膜覆盖，而肾的后端只有腹侧面由腹膜覆盖。肾脏由腹膜外纤维蜂窝组织和肾膜固定在脂肪组织中。左肾有较大的活动性，右肾活动性较小，前部与肝的右叶相邻，胃充满时，可以使左肾后移。有13%的犬左肾的肾动脉为成对动脉，而右肾动脉都是单一的。

7. 犬、猫子宫局部解剖

子宫由颈、体和两个长的角构成。子宫角背面与降结肠、腰肌和腹横筋膜、输尿管相接触，腹面与膀胱、网膜和小肠相接触。在非妊娠的犬、猫，子宫角直径不变，几乎是向前伸直的。子宫角的横断面，猫近似于圆形，而犬呈背、腹压扁状。妊娠后子宫变粗，妊娠1个月后，子宫位于腹腔底部。在妊娠子宫膨大的过程中，阴道端和卵巢端的位置几乎不改变，子宫角中部变弯曲向前下方沉降，抵达肋弓的内侧。子宫阔韧带是把卵巢、输卵管和子宫附着于腰下外侧壁上的脏层腹膜褶。

8. 犬、猫乳腺局部解剖

犬、猫的乳腺位于胸腹下两侧皮下，左右各一排，呈纺锤性排列，在前后乳区的中间处变窄，在乳头处乳腺发达。乳腺自腋窝胸部向后延伸至股内侧耻骨前缘。犬正常每侧有5个乳腺，也有4~6个不等；猫每侧有4个乳腺。根据部位不同，乳腺从前向后分别称为胸前乳区（第一）、胸后乳区（第二）、腹前乳区（第三）、腹后乳区（第四）及腹股沟乳区（第五）。胸部乳腺与胸肌连接紧密，腹部与腹股沟部乳腺则连接疏松而悬垂，尤其发情期或泌乳期更显著。腺体组织位于皮肤与皮肌、乳腺悬韧带之间。

第一和第二乳腺动脉血供给来自胸内动脉的胸骨分支和肋间及胸外动脉的分支，第三乳腺主要由腹壁前浅动脉（来自腹壁前动脉）和胸内动脉分支，后者与腹壁后浅动脉分支（由阴部外动脉分出）相吻合而终止，并供给第四、第五乳腺动脉血。不过，前腹壁深动脉分支、部分腹外侧壁动脉、阴唇动脉及旋髂深动脉等也参与腹部和腹股沟乳腺的血液循环。静脉一般伴随同名动脉而行 。第一、第二乳腺静脉血回流主要进入腹壁前浅静脉和胸内静脉，第三、第四及第五乳腺静脉主要汇入腹壁后浅静脉（图 5 -4）。

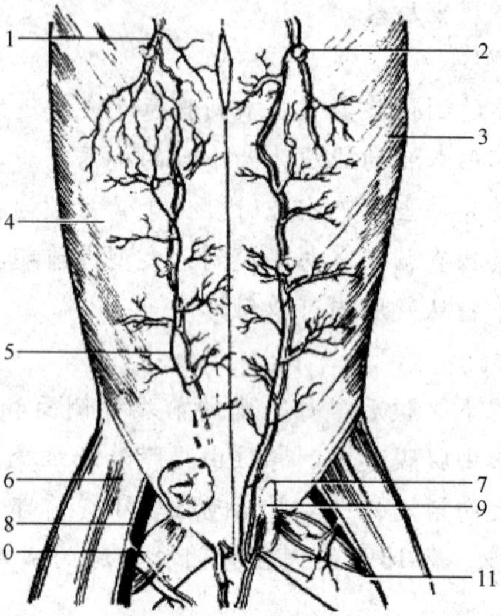

图 5 -4　乳腺动静脉分布

1—腹壁前浅动静脉　2—腹前乳头　3—第十三肋骨　4—腹外斜肌　5—腹壁后浅动静脉　6—缝匠肌　7—腹股沟外环　8—股动静脉　9—壳膜囊　10—耻骨肌　11—阴部外动静脉

【情境小结】

泌尿生殖系统的疾病比较复杂，除了隐睾固定术、庵割术外，其他的泌尿生殖系统疾病可以说都是急诊，需要外科手术治疗。需掌握各种手术适应证、禁忌证、术前准备、麻醉与保定、手术步骤、术中注意要点、术后处理和主要并发症等内容。正文中删除了被淘汰或较少应用的术式，重点介绍了近年来发展成熟的改良方法和新手术。每种手术从手术设计原理、适应证选择、操作要点、术后处理、并发症防治等方面予以系统阐述，要求学生了解和懂得泌尿生殖的有关疾病，同样也要掌握外科手术必须的技术。

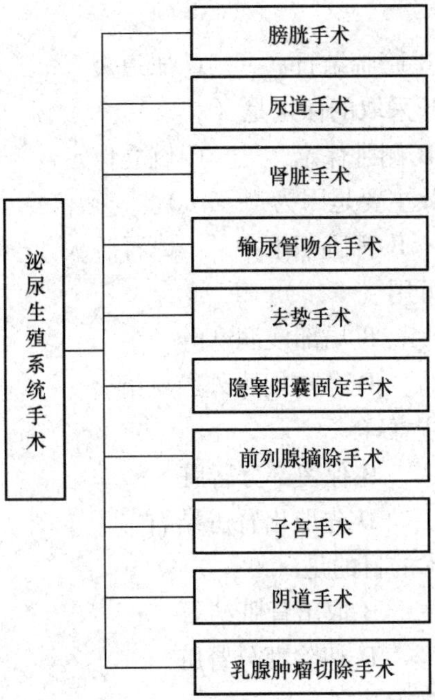

【情境测试】

1. 膀胱破裂修补术打开腹腔后首先要（　　）。

A 放出尿液　　B 放出血液　　C 放出浓汁　　D 放出胃液

2. 尿道堵塞的主要病因是（　　）。

A 尿道结石　　B 尿道真菌感染

C 尿道微生物感染和尿结石　　D 尿道麻痹

3. 治疗猫尿闭性尿道结石症的首选办法是（　　）。

A 导尿　　B 膀胱穿刺

C 吃溶解猫尿结石的药物和猫粮　　D 静脉输液

4. 对犬膀胱尿道结石早期诊断没有指导意义的方法是（　　）。

A 尿液检查　　B 尿道探查　　C X 射线检查　　D B 超检查

5. 膀胱切开是为了治疗（　　）。

A 膀胱结石　　B 膀胱麻痹　　C 膀胱炎　　D 膀胱蓄尿

6. 尿道阻塞可采用的诊断方法是（　　）。

A 导尿插管　　B 胃导管　　C 手触诊　　D 膀胱穿刺

7. 尿道切开术术部可选择切口在（　　）。

A 前方尿道切开术和后方尿道切开　　B 左方尿道切开术和后方尿道切开

C 前方尿道切开术和右方尿道切开　　D 任何位置

8. 尿道切开手术后应留置导尿管（　　）。

A 36～48h　　B 8～16h　　C 4～6h　　D 1～3h

9. 尿道切开是治疗（　　）。
A 尿道结石　B 膀胱结石　C 尿道炎　D 睾丸肿瘤
10. 雄性猫尿道切开采取的保定是（　　）。
A 仰卧保定　B 侧卧保定　C 倒立保定　D 趴卧保定
11. 实施肾脏的切除主要是因为（　　）。
A 化脓性肾炎　B 肾脏积水　C 肾脏大　D 输尿管阻塞
12. 肾脏切除麻醉可用（　　）。
A 全身麻醉　B 局部浸润麻醉
C 表面麻醉　D 荐尾硬膜外腔麻醉
13. 肾脏切除时要注意（　　）。
A 肾脏血管结扎　B 保留部分肾脏
C 先切除膀胱　D 先取出肾脏结石
14. 实施肾脏切开术的目的是（　　）。
A 摘除肾脏　B 取出肾脏结石
C 取出肾脏中尿液　D 切除部分肾脏
15. 肾脏切开术术部在（　　）。
A 腹下正中线脐前方　B 腹下正中线脐后方
C 侧腹部　D 背中线荐椎
16. 肾脏切开时采取的保定是（　　）。
A 仰卧保定　B 右侧横卧保定
C 左侧横卧保定　D 站立保定
17. 输尿管吻合术就是（　　）。
A 输尿管断端的修整和缝合　B 输尿管断端的结扎
C 输尿管的切除　D 左右输尿管缝合在一起
18. 实施去势术的目的是（　　）。
A 动物性情温顺　B 动物好斗　C 游走性强　D 治疗肾炎
19. 雄性犬、猫去势是摘除（　　）。
A 睾丸　B 肾脏　C 阴囊　D 输精管
20. 下列不能做卵巢摘除的疾病是（　　）。
A 卵巢囊肿　B 卵巢肿瘤　C 绝育手术　D 子宫内膜炎
21. 隐睾是指（　　）。
A 睾丸在阴囊内　B 睾丸在腹腔内
C 睾丸在胸腔内　D 睾丸在肠管内
22. 雄性犬去势手术的最佳切口部位在（　　）。
A 两侧阴囊的正中点　B 阴囊前方正中部位
C 一侧阴囊正中点　D 阴囊后方正中部位

23. 雌性犬绝育手术切口部位是（　　）。
A 上界以脐孔为界，向下切开 3 ~ 5cm
B 上界以脐孔为界，向上切开 3 ~ 5 cm
C 上界以脐孔为界，向左切开 3 ~ 5 cm
D 上界以脐孔为界，向右切开 3 ~ 5 cm
24. 猫施卵巢切除术，用非吸入麻醉，首选麻醉药是（　　）。
A 丙泊酚　　B 氯胺酮　　C 硫喷妥纳　　D 无巴比妥钠
25. 根治前列腺肿瘤的方法是（　　）。
A 手术摘除　　B 抗生素疗法　　C 热敷　　D 注射止痛药
26. 前列腺手术后为防止尿道粘连，导尿管应保留（　　）。
A 12h　　B 48h　　C 72h　　D 36h
27. 前列腺摘除术切口位置位于（　　）。
A 阴茎侧方 3 ~ 4cm，从耻骨前缘 5cm 左右向前切开
B 阴茎前方 3 ~ 4cm，从耻骨前缘 5cm 左右向前切开
C 阴茎后方 3 ~ 4cm，从耻骨前缘 5cm 左右向前切开
D 阴茎侧方 3 ~ 4cm，从耻骨后缘 5cm 左右向前切开
28. 子宫的缝合常用（　　）。
A 内翻缝合　　B 外翻缝合　　C 结节缝合　　D 钮孔状缝合
29. 雄性猫去势时，切口应在阴囊的（　　）。
A 颈部　　B 底部　　C 左侧　　D 阴囊前方
30. 下列注意事项与切开子宫无关的是（　　）。
A 切口不宜离子宫体或卵巢过近　　B 切口要在子宫的大弯处
C 切开子宫壁的同时不能切开胎膜　　D 切口要用手术剪剪开
31. 阴道脱出发生的主要机制是（　　）。
A 子宫弛缓　　B 会阴松弛　　C 阴门松弛　　D 固定阴道的组织松弛
32. 乳腺肿瘤的根治方法（　　）。
A 手术摘除　　B 抗生素疗法　　C 冷冻疗法　　D 自由生长

情境六
四肢臀尾手术

单元一 断尾手术

【知识目标】

通过本单元的学习，了解犬尾部的解剖结构和断尾术的基本操作，掌握幼龄犬和成年犬的不同断尾方法。

【技能目标】

能掌握幼龄犬与成年犬的不同断尾方法，在教师的指导下，能够设计合理的手术方案并实施手术。

【案例导入】

（一）基本资料

品种：斗牛犬，年龄：20 日龄，性别：雌性，体重：2kg，免疫情况：未免疫。

（二）病史

主诉：一切正常，为了美观进行断尾 。

（三）临床检查

体温 39. 2℃，心率 90 次/min，呼吸 55 次/min，犬营养较好，精神正常，活泼。

【课前思考题】

犬的断尾手术应注意哪些问题？常用的断尾方法有哪些？成年犬与幼龄犬的断尾术有何区别？术后应如何进行护理？

一、 幼小犬的断尾术

[麻醉]

不需要麻醉。

[保定]

侧卧保定。

[手术操作]

断尾的适宜日龄是出生后 7 ~ 10d，这时断尾出血和应激反应很小。断尾长度根据不同品种及主人的选择来决定。

生后 7 ~ 10d 的幼小犬断尾，不需要麻醉。尾部消毒，尾根部放置止血带。在预计截断的部位，用剪刀在尾的两侧作两个侧方皮肤瓣。横断尾椎，这时尾椎是柔软的。在截断的断端，对合两侧皮肤瓣，应用吸收性缝线间断缝合皮肤，这样缝合能控制出血和防止治愈后出现无毛瘢痕，特别对于短毛犬，更要注意使用吸收性缝线的缝合。除去止血带。缝线一般可以术后被吸收，有时可被犬舐掉。

[适应证]

尾肿瘤、损伤及为了美容断尾。

二、 老龄犬的断尾术

[麻醉]

全身麻醉或硬膜外麻醉。

[保定]

侧卧保定。

[手术操作]

尾的术部剪毛消毒，尾根部放置止血带。预计截断的部位，用手指触及椎间隙。在截断处作背腹侧皮肤瓣切开，皮肤瓣的基部在预计截断的椎间隙处。结扎截断处的尾椎侧方和腹侧的血管。应用外科刀横切断尾椎肌肉，从椎间隙截断尾椎。缝合截断断端上皮肤瓣，覆盖尾的断端（图 6 – 1）。为了防止断端形成血肿，在缝合时，首先应用吸收性缝线作 2 ~ 3 针皮下缝合，防止死腔形成或出现血肿。然后应用非吸收缝线作间断皮肤缝合。10d 后拆线。

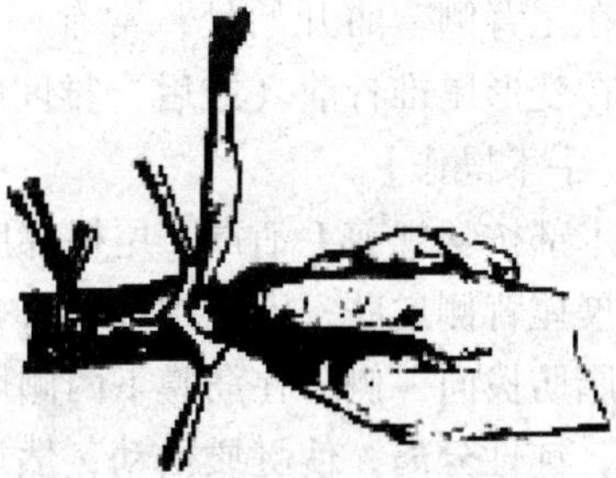

图 6 – 1　沿椎间隙切断犬尾

单元二 | 尾肌切断手术

【知识目标】

通过本单元的学习，了解尾部的解剖结构，掌握手术矫正尾弯曲的方法。

【技能目标】

能识别翻转弯曲尾的临床症状，在教师的指导下，能够设计合理手术方案并实施矫正手术。

【案例导入】

（一）基本资料

品种：狼青犬，年龄：2岁，性别：雄性，体重：24kg，免疫情况：免疫完全。

（二）病史

主诉：新买的狗。发现狗尾巴向一侧弯曲。用手拉直还回去。拉直时狗疼痛。其他都正常。

（三）临床检查

体温38.2℃，心率80次/min，呼吸45次/min，犬身体稍瘦，精神正常。尾向左侧弯曲。

【课前思考题】

翻转弯曲尾的主要临床特征是什么？制订手术计划时应注意哪些问题？本手术的关键操作是什么？手术过程中应注意哪些问题？

[麻醉]

局部浸润麻醉或低位硬膜外腔麻醉

[术部]

在尾背侧弯曲开始处，常有一变形或增粗的尾椎骨。沿其背中线做皮肤切口。在变形尾椎骨前（或后）椎间隙横断或切断荐尾背侧外肌腱。

[手术操作]

术部按常规剪毛消毒。尾根部用橡皮筋结扎止血。用手固定尾的基部，另一手伸展尾背侧皮肤。沿背中线切开皮肤和筋膜2~3cm。用拉钩扩大创口。用镊子将脂肪拨向一侧。在筋膜下两侧可见荐尾背侧外肌腱，呈白色腱质。将剪伸入腱下，钝性分离，使腱质松动，然后剪除或切断腱质1~2cm，止血。应用同样方法剪除尾部另一侧荐尾背侧外肌腱。

荐尾背侧内肌位于荐尾背侧外肌腱的下面，组织分离时，不要使其损伤。按常规闭合创口。

[适应证]

矫正翻转弯曲尾

单元三 | 骨折的整复与固定手术

【知识目标】

通过本单元的学习，了解骨折整复和固定的方法，识别不同类型骨折的特有症状，掌握不同固定材料的使用方法和不同固定方法的具体实施步骤。

【技能目标】

能了解不同固定材料的使用方法，会通过临床症状判断骨折的类型，能熟练掌握不同的固定方法，设计合理的骨折固定手术方案。

【案例导入】

（一）基本资料

品种：贵宾犬，年龄：7岁，性别：雌性，体重：15kg，免疫情况：免疫完全。

（二）病史

主诉：给犬洗澡的时候摔了下来，右上肢骨头折断，已用两块木板和丝袜固定，吃了一粒止痛药。现在犬不愿吃东西，喜欢趴卧。

（三）临床检查

体温41.2℃，心率110次/min，呼吸50次/min。精神不振，不能运步。检查右前肢躲闪并疼痛。X射线检查右前肢臂骨完全骨折。

【课前思考题】

骨折的特有症状有哪些？骨折的整复有哪几种类型？骨折的固定分为哪几种？骨折外固定的常用材料有哪些，内固定的材料有哪些？骨折内固定应注意哪些问题？整复前应考虑哪些问题？

一、 骨折的整复

骨骼与其附着的肌肉类似于一个附设弹性的杠杆系统。肌肉一直处于收缩状态，屈肌群与伸肌群彼此颉颃，维持关节的对抗平衡。一旦发生骨折，所有骨骼肌会竭力地收缩，骨断端重叠移位，骨变短，如局部软组织损伤则加剧肌肉挛缩。若没有及时整复，由于局部浸润性反应，会使收缩变得更为持久，整复也会更加困难。保护好软组织、良好的血液供给、准确的复位和有效的固定，均会在很大程度上促进骨折的愈合。其中整复尤为重要，因为骨折片段得到解剖性复位，并配合固定，可确保骨折端更大程度的稳定。整复可分为闭合性整复和开放性整复两种。

（一）闭合性整复

闭合性整复适用于新鲜较稳定的骨折，即用手整复，并结合牵引和对抗牵引。可用下列几种方法。

（1）利用牵引、对抗牵引和手法进行整复。

（2）利用牵引、对抗牵引和反折手法进行整复。

（3）利用动物自身体重牵引、反牵引作用整复。动物仰卧于手术台上，患肢垂直悬吊，利用身体自重，使痉挛收缩的肌肉疲劳，产生牵引、对抗牵引力，悬吊 10 ~ 30min，可使肌肉疲劳，然后进行手法整复。

（4）戈登伸展架整复。通过缓慢逐渐增加压力维持一定时间（如 10 ~ 30min），待肌肉疲劳、松弛时整复。使用时，逐步旋扭蝶形螺母可增加患肢的牵引力，每间隔 5min 旋紧螺母，增加其牵引力。

（二）开放性整复

开放性整复指手术切开骨折部的软组织，暴露骨折段，在直视下采用各种技术使其达到解剖复位，为内固定创造条件。开放性整复技术在小动物骨折中利用率很高，其适应证为：骨折不稳定和较复杂，骨折已数天以上，骨折已累及关节面，骨折需要内固定。

开放性整复操作的基本原则是要求术者熟知局部解剖，操作时要求尽量减少软组织的损伤（如骨膜的剥离，骨、软组织、血管和神经的分离等操作），按照规程稳步操作，更要严防组织的感染。具体的操作技术可归纳如下几种。

（1）利用某些器械发挥杠杆作用，如骨刀、拉钩柄或刀柄等，借以增加整复的力量（图 6 –2）。

图 6 –2　利用杠杆作用整复骨折

（2）利用抓骨钳直接作用于骨断段上，使其复位（图 6 –3）。

图 6 –3　利用抓骨钳整复骨折

（3）将力直接加在骨断段上，向相反方向牵拉和矫正、转动，使骨断端复位或用抓骨钳或创巾钳施行暂时固定（图 6 –4）。

（4）利用抓骨钳在两骨断段上的直接作用力，同时并用杠杆力（图 6 –5）。

（5）重叠骨折的整复较为困难，特别是在受伤若干天后，肌肉已发生挛缩，整复时翘起两断端，对准并压迫到正常位置（图 6 –6）。

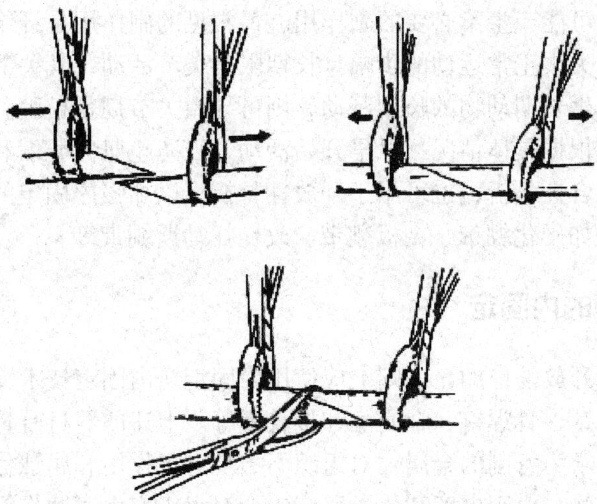

图 6－4　利用抓骨钳使骨折片复位，用创巾钳暂时固定法

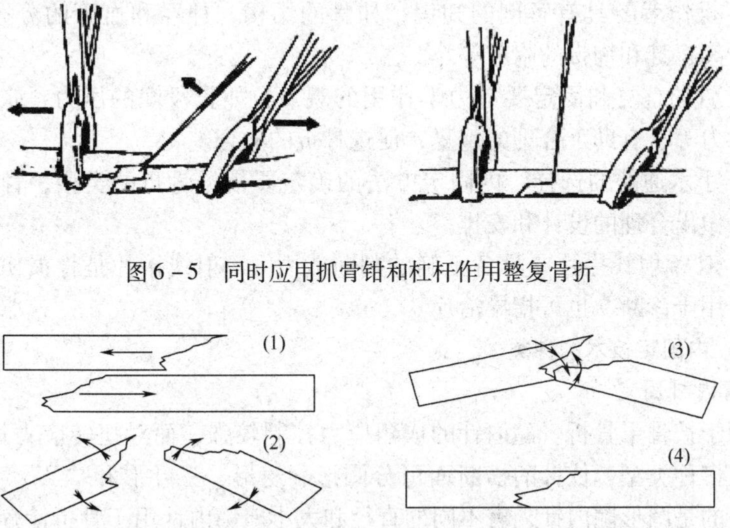

图 6－5　同时应用抓骨钳和杠杆作用整复骨折

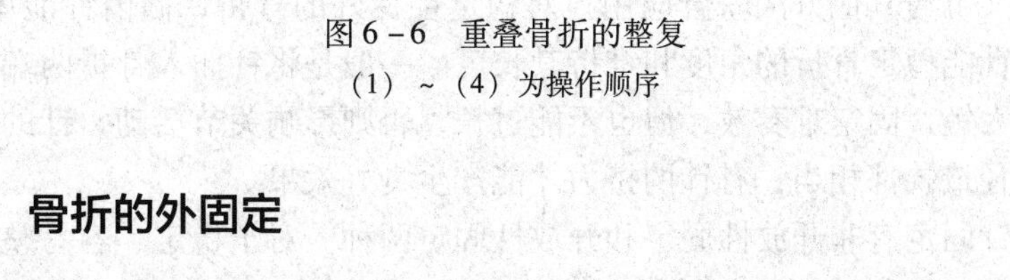

图 6－6　重叠骨折的整复

（1）～（4）为操作顺序

二、骨折的外固定

整复之后，尤其闭合性整复后，必须要进行外固定，限制关节活动，其目的是使患病动物疼痛减轻，减少骨折断端离位、形成角度和维持正常的解剖状态。大关节特别是肘、膝关节的固定有利于保持硬、软组织的愈合，但由于长时间限

制关节活动，也可能产生不必要的副作用。最常见的副作用是纤维化、软组织萎缩，结果可导致失去正常运动的步幅。长期限制关节活动，其关节软骨将产生不同程度的衰退，生长期动物的长期制动，则可导致关节韧带松弛。所以限制关节活动的宠物，应根据具体情况，尽早开始活动，以防止肌肉萎缩和关节僵硬。外固定主要用于闭合性骨折，也可用于开放性骨折，以加强内固定的作用。外固定的方法有多种，如硬化绷带、夹板绷带、改良托马斯绷带等。

三、 骨折的内固定

凡实行骨折开放复位的，原则上应使用内固定。内固定技术需要有各种特殊器材，包括髓内针、骨螺钉、金属丝和接骨板等。上述的器材有较长一段时间滞留在体内，故要求为特制的金属，对组织不出现有害作用和腐蚀作用。当不同的金属器材相互接触，由于电解和化学反应，会对组织产生腐蚀作用，也会影响骨愈合。

（一）内固定技术应遵循的原则

（1）操作者要具有解剖的知识，如骨的结构，神经和血管的分布或供应，肌肉的分离，腱和韧带的附着等。

（2）骨的整复和固定要有力学作用的观点，如骨段间的压力、张力、扭转力和弯曲力等，有助于合理的整复，促进骨折的愈合。

（3）手术通路的选择、内固定方法的确定要依据骨折的类型、骨折的部位等确定，做出合理的设计和安排。

（4）对 X 射线摄片要具备正确的判断能力。X 射线摄片是骨损伤的重要依据，不仅用于诊断，也可指导治疗。

（二）内固定技术的种类

1. 髓内针固定

适用于长骨干骨折。髓内针的成角应力控制较强，而对扭转应力控制较差。髓内针有多种类型，依针的横断面可分圆形、菱形、三叶形和“V”字型 4 种。使用最多的是圆形髓内针，有不同的直径和大小。髓内针用于骨折治疗，既可单独应用，又可与其他方法联合应用。对稳定性良好的骨折，髓内针能单独使用。坚硬的钢针能稳定骨折的角度和维持其长度。一般是将针插入骨折两端的骨质层内。针若太短，固定难奏效，但也不能过长，否则影响关节活动。针的直径应与骨折腔内径最狭部相当，有针的挤力才能产生良好效果。

髓内针固定有非开放性固定和开放性固定两种。对于稳定、容易整复的单纯闭合性骨折，一般采用非开放性髓内针固定，即整复后，针头从体外骨近端钻入。对某些稳定、非粉碎性长骨开放性骨折也可采用开放性髓内针固定，有两种钻入方式，一种仍从体外骨的一端插入髓内针，另一种则是从骨折近端先逆行钻入，再做顺行钻入（图 6－7）。

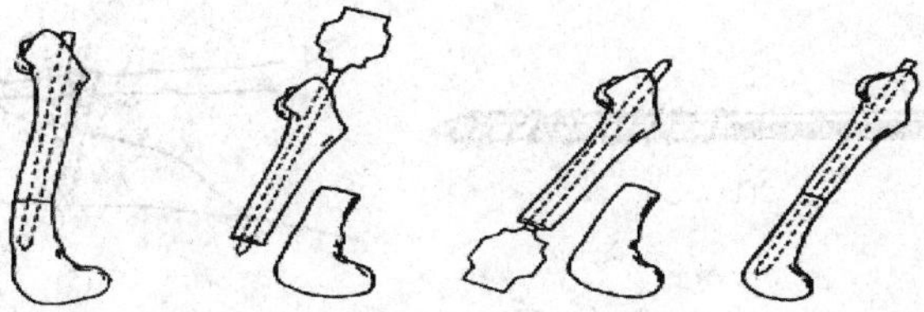

(1) (2) (3) (4)

图6-7 骨干骨折髓内针的插入

(1)、(2) 体外骨的一端插入骨髓内针法 (3)、(4) 骨折近端先逆行钻入，再做顺行钻入法

髓内针多用于股骨、胫骨、肱骨、尺骨和某些小骨的单纯性骨折。如髓内针的固定达不到稳定骨折的要求，可加用辅助固定，以防止骨断段的转动和短缩。常用的辅助技术有：

(1) 环形结扎和半环形结扎［图6-8 (1)、(2)］；

(2) Kirschner夹板辅助髓内针固定［图6-8 (3)］；

(3) 插入骨螺钉时的延缓效应［图6-8 (4)］；

(4) 同时插入两个或多个髓内针［图6-8 (5)］；

(5) 骨间矫形金属丝对骨针的固定［图6-8 (6)］。

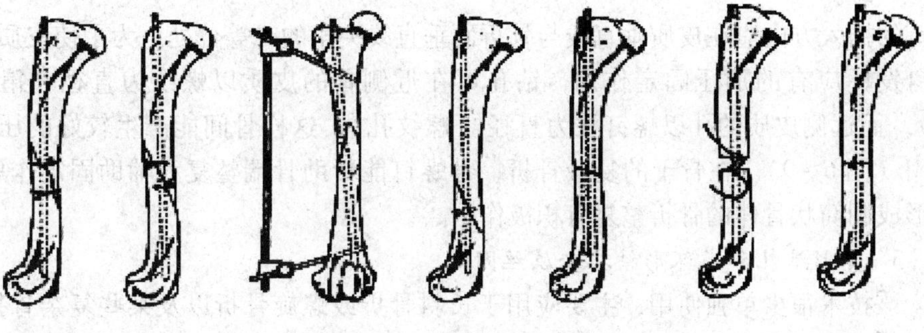

(1) (2) (3) (4) (5) (6)

图6-8 常用辅助技术

(1) 环形结扎 (2) 半环形结扎 (3) Kirschner夹板

(4) 插入骨螺钉 (5) 两个髓内针 (6) 骨间矫形金属丝

2. 骨螺钉固定

有皮质骨螺钉和松骨质骨螺钉两种。松骨质骨螺钉的螺纹较深，螺纹距离较宽，能牢固的固定松骨质，多用于骺端和干骺端骨折。松骨质骨螺钉在靠近螺帽的1/3~2/3长度缺螺纹，该部直径为螺柱直径。当固定骨折时，螺钉的螺纹越过骨折线后，再继续拧紧，可产生良好的压力作用（图6-9）。

皮质骨螺钉的螺纹密而浅，多用于骨干骨折。为了加强螺钉的固定作用，先用骨钻打孔，再用螺纹弓旋出螺纹，最后装螺钉固定。当骨干斜骨折固定时，

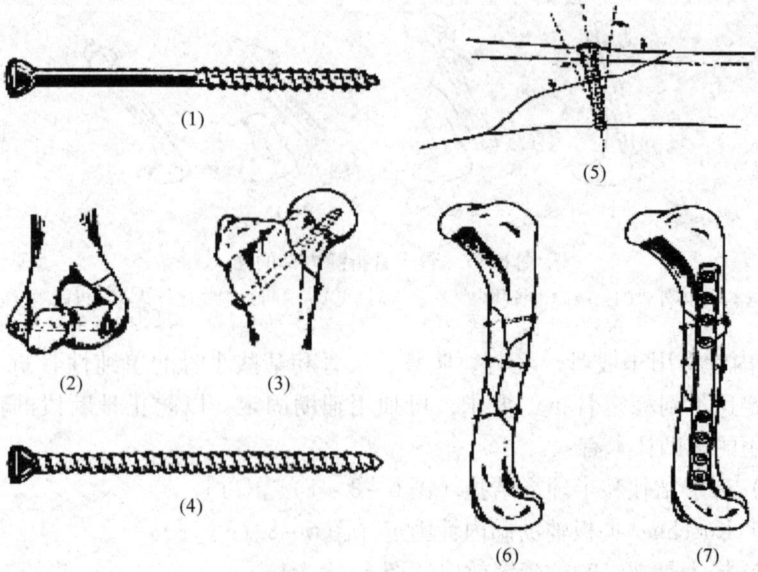

图6－9 骨螺钉
（1）、（2）、（3）松质骨螺钉及其使用 （4）、（5）皮质骨螺钉及其使用
（6）、（7）骨螺钉的辅助固定

螺钉的插入方向应在皮质垂直线与骨折面垂直线夹角的二等分处。为了使皮质骨螺钉发挥应有的加压固定作用，钻孔可在近侧骨的皮质以螺纹为直径（滑动孔），而远侧皮质的孔以螺钉柱为直径（螺纹孔），这样骨间能产生较好的压力作用（图6－9）。在骨干的复杂骨折，骨螺钉能帮助骨端整复和辅助固定作用，对形成圆筒状骨体的骨折整复有积极作用。

3. 环形结扎和半环形结扎金属丝固定

该技术很少单独使用，主要应用于长斜骨折或螺旋骨折以及某些复杂骨折，为辅助固定或帮助使骨断端稳定在整复的解剖位置上。该技术使用时，应有足够的强度，又不能力量过大而将骨片压碎，注意血液循环，保持和软组织的连接。用弯止血钳或专门器械将金属丝传递过去。如果长的斜骨折需多个环形结扎，环与环之间应保持1～1.5cm的距离，过密将影响骨的活动。另外，用金属丝建立骨的圆筒状解剖结构时，不得有骨断片的丢失（图6－10）。

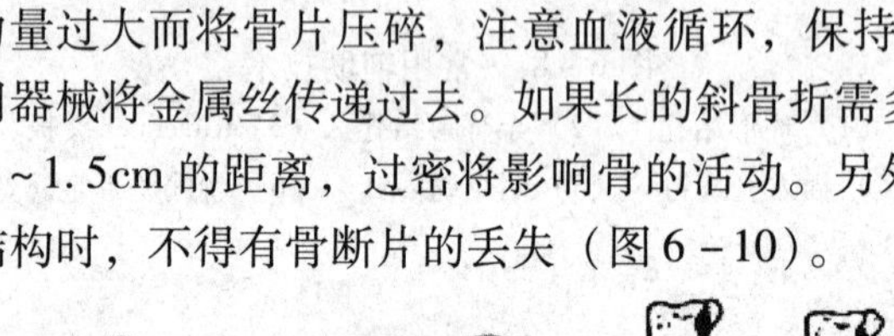

图6－10 用金属丝建立骨的圆筒解剖结构

4. 张力带金属丝固定

多用于肘突、大转子和跟结等的骨折，与髓内针共同完成固定。张力带的原理是将原有的拉力主动分散，抵消或转变为压缩力。其操作方法是，先切开软组织，将骨折端复位，选肘突的后内或后外角将针插入，针朝向前下皮质，以稳定骨断端。若针尖达不到远侧皮质，只到骨髓腔内，则其作用将降低。针插进之后，在远端骨折段的近端用骨钻做一横孔，穿金属丝，与钢针剩余端之间做"8"字形缠绕并扭紧。用力不宜过大，否则将破坏力的平衡（图 6-11）。

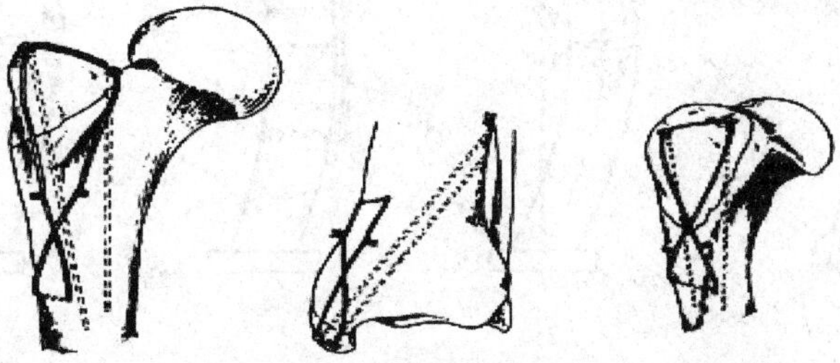

(1)　(2)　(3)

图 6-11　张力带金属丝的使用

（1）股骨大转子骨折　（2）胫骨内侧踝骨折　（3）肱骨大结节骨折

5. 接骨板固定

接骨板的种类很多（图 6-12）。经验表明，接骨时两侧骨断端接触过紧或留有间隙，都得不到正常骨的愈合过程，会出现断端坏死或大量假骨增殖，延迟骨的愈合。在临床上经常使用各样压力器，或改进接骨板的孔形等，目的是使断端紧密相接，增加骨断端间的压力，防止骨断端活动。假骨的形成不能达到骨的第一期愈合时，则拖延治疗时间，严重影响骨折的治愈率。接骨板依其功能分为张力板、中和板及支持板 3 种。

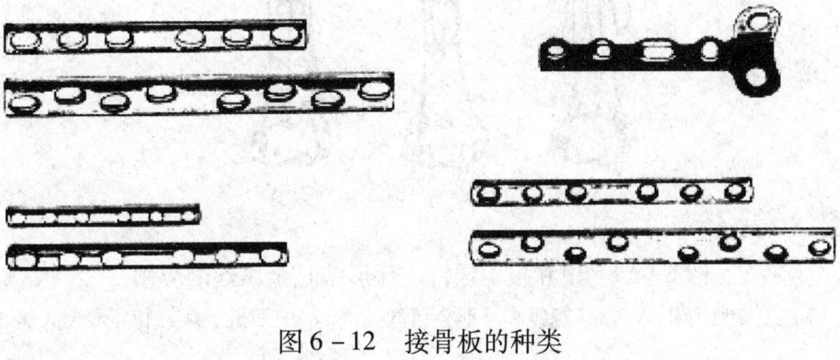

图 6-12　接骨板的种类

（1）张力板　多用于长骨骨干骨折，接骨板的安装位置要从力学原理考虑。应将接骨板装在张力一侧，能改变轴侧的压力，使骨断端密接，固定力也显著增强。以股骨为例，长骨体重的压力是偏心负担，其力的作用形式类似一弯圆柱，若将张力板装在圆柱的凸侧面，能抵抗来自上方的压力，从而提供有效的固定作用。相反，如装在凹侧面，将起不到固定作用，由于张力板承受过多压力，会再度造成骨折。股骨骨干骨折，选择外侧为手术通路是力学的需要（图 6－13）。

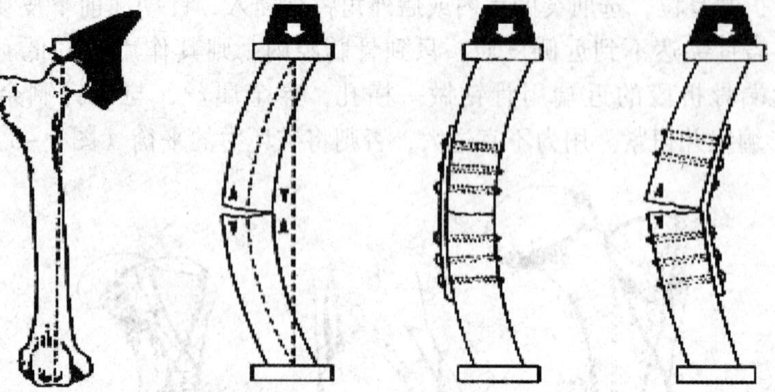

(1)　(2)　(3)　(4)

图 6－13　接骨板的固定原理

（1）长骨骨折　（2）长骨骨折张力方向　（3）接骨板正确安装　（4）接骨板错误安装

（2）中和板　将接骨板装在张力的一侧，能起中和或抵消张力、弯曲力、分散力等的作用，上述的各种力在骨折愈合过程中均可遇到。在复杂骨折中为使单骨片保持在整复位置，常把中和板与骨螺钉同时并用，以达到固定的目的。在复杂骨折中也可用金属丝环形结扎代替螺钉，完成中和作用（图 6－14）。

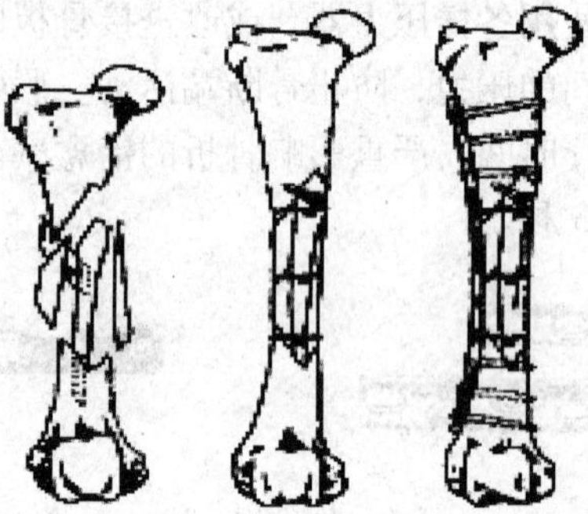

(1)　(2)　(3)

图 6－14　中和板、螺钉、环形结扎金属丝的应用

（1）复杂性骨折　（2）螺钉和环形金属丝　（3）中和板、螺钉和环形金属丝

（3）支持板　用于松骨质的骨骺和干骺端的骨折。支持板是斜向支撑骨折断端的，能保持骨的长度和适当的功能高度，其支撑点靠骨的皮质层（图 6－15）。

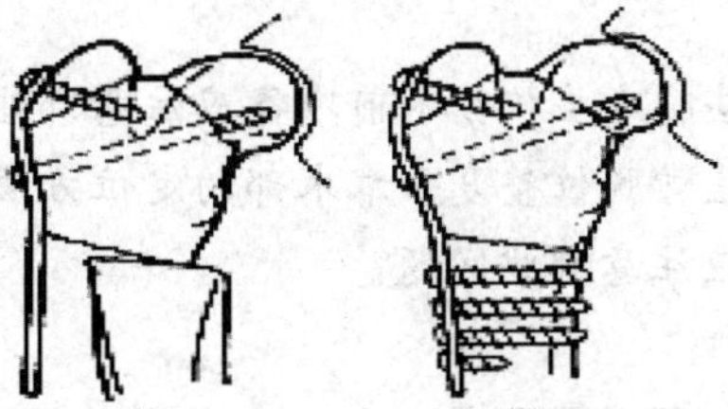

(1) (2)

图 6 - 15 支持板的应用

(1) 适合大转子的弯度，固定股骨颈骨折 (2) 接骨板固定骨干

单元四 | 膝盖骨脱位整复手术

【知识目标】

通过本单元的学习，了解犬膝盖骨脱位的发病机制和发病特点，识别膝盖骨脱位的主要临床特征，掌握纠正犬膝盖骨脱位的手术整复方法。

【技能目标】

能识别膝盖骨脱位的主要临床症状，能在教师的指导下，设计合理的手术方案并顺利实施手术。

【案例导入】

（一）基本资料

品种：西施犬，年龄：2 岁，性别：雌性，体重：3.8kg，免疫情况：免疫完全。

（二）病史

主诉：该犬约于 3 个月前发现开始有不愿行走的情况，且行走时右后肢跛行，后肢外张情形日益严重。该犬的精神、食欲等其他状况正常。

（三）临床检查：

视诊两后肢呈现屈膝“八”字形的蹲坐姿势，走时重心位于前肢，后肢几乎不运动。触诊右后肢髌骨已经偏离滑车沟，位于滑车沟的外侧，以外力拉直右后肢并施加向内侧的外力，无法将其推回滑车沟中。左后肢髌骨也已经偏离滑车沟。将其拉直后，可以用外力将其推到外侧或内侧，但无法推回滑车沟。另外，滑车沟很浅，几乎已成一平面，且股四头肌有明显的萎缩。左右后肢的股骨与胫骨无前后错动的现象，故此判断十字韧带未发生断裂。

X 射线检查两侧后肢髌骨均偏离滑车沟，而且位于滑车沟外侧，滑车沟呈现平浅的现象。

【课前思考题】

犬膝盖骨脱位有哪些临床症状？术前准备应注意哪些问题？如何判断是否有十字韧带断裂发生？膝盖骨脱位整复手术术部的定位方法是什么？该手术的主要步骤有哪些？术后护理应注意哪些问题？

[器械]

一般外科手术器械，弯刃刀一把。

[麻醉]

全身麻醉或局部麻醉。

[保定]

患肢位于下侧的侧卧保定。

[手术操作]

膝关节前方及内侧剃毛、消毒。以股胫关节的角顶做一个1/2的线为假想线，以假想线的水平线和膝盖骨内侧垂线相交点为术部。术部进行局部麻醉。用弯刃刀刺入皮肤和筋膜，刀刃向内刺入到膝盖骨内侧直韧带下方，将刀刃转向上方，切断紧张的膝盖骨内侧直韧带，关节即可整复。皮肤以结节缝合法缝合2～3针，用碘酊消毒，皮肤创进行包扎。

[术后护理]

预防感染，限制运动，术后5～7d拆线。

[适应证]

犬膝盖骨内侧脱位。

单元五 | 股骨手术

【知识目标】

通过本单元的学习，了解犬股骨手术的手术操作方法，识别手术适应证的主要临床症状，掌握术部定位方法、术后护理的相关注意事项和术后并发症的预防。

【技能目标】

能识别股骨手术适应证的主要临床症状，能进一步掌握切开、止血和缝合等手术基本操作，能熟练使用常规手术器械和骨外科手术器械，设计合理的手术方案并实施手术。

【案例导入】

（一）基本资料

品种：博美犬，年龄：2岁，性别：雄性，体重：2.2kg，免疫情况：免疫完全。

（二）病史

主诉：该犬一个月前被一德国黑牧羊犬咬伤，咬伤后到居住地附近宠物医院进行常规处置，体表创伤恢复良好，但该犬左后肢出现轻度跛行。近几日，患肢跛行情况加剧，疼痛感增加。

（三）临床检查

体温、呼吸、脉搏均无异常。视诊后肢不敢着地，呈三足跳，触诊左侧臀部肌肉紧张，人为伸展患肢，痛感明显。X射线检查，髋关节与大转子界限不清，股骨头密度降低，髋关节周围软组织有炎性渗出。初步诊断为髋关节损伤继发股骨头坏死。

【课前思考题】

股骨头和股骨颈切除术的主要适应证有哪些？手术需借助哪些骨科手术器械？骨科手术后，可以给予的止痛药有哪些？上述病例手术的术部如何定位？术中髋关节圆韧带是否要完全切断？该手术的并发症及不良预后有哪些？T型骨折的主要临床症状是什么？克氏针的安置方法有哪些？股骨干骨折的术部定位方法是什么？

一、股骨头和股骨颈切除术

[器械]

一般外科手术器械，骨凿。

[麻醉]

全身麻醉。

[保定]

患侧朝上侧卧保定。

[手术操作]

臀部剃毛消毒。术部以大转子为中心，近端始于近背中线处，远端止近股骨1/3 ~1/2处，在股骨干前缘做一弧形切口。

分离皮下组织，在股前外侧找到股二头肌与臀筋膜和阔筋膜张肌的结合部，沿股二头肌前缘切开，将阔筋膜张肌切断，可见股外侧动静脉从臀中肌延伸下来。分离暴露股三角区（背：臀中肌、臀深肌；外：股外侧肌；内：股直肌）。将臀中肌和股二头肌向后拉，阔筋膜和阔筋膜张肌向上拉，部分分离臀中肌和股外侧肌的附着部，并剥离髋关节肌。钝性分开关节囊上附着的脂肪，暴露关节囊。顺股骨颈方向剪开关节囊，并向远端分离。分离要尽量向远端，这样可以保证股骨颈被尽可能完全切除。向外旋转股骨，用弯剪伸到关节囊内剪断圆韧带。

骨凿与骨干呈45°切下股骨颈和股骨头。用止血钳夹住股骨头，用剪刀将连接在股骨颈上的关节囊、肌腱，以及仍连着股骨头的部分圆韧带剪断。用肠线闭合关节囊，将分离的肌肉恢复原位并用肠线缝合，常规缝合皮肤，做结系绷带。

[术后护理]

(1) 术后需要进行严格监护。早期可给止疼药，如吗啡、盐酸曲马多等。

(2) 术后不限制活动，反而在早期就应该鼓励患犬积极使用手术肢，以助于保持髋关节良好的活动范围。最初时每天分四组，每组 20~30 次对患肢进行被动活动。在拆线前牵遛病犬，或者让其在限定的范围内活动，促进其恢复。

[并发症]

手术肢会发生萎缩，并出现一定程度的缩短，施术关节的活动范围也会受到一定程度的限制。有的犬在手术后出现髌骨内方脱位。此外，对坐骨神经的损伤也是实施股骨头和股骨颈切除术潜在的并发症之一。

[适应证]

犬股骨头和股骨颈切除术适用于髋关节发育不良、同时伴有关节炎的髋关节脱位、不可修复的髋关节骨折、累-卡-佩疾病等。

二、 股骨远端髁间 T 型骨折内固定术

[器械]

常规外科器械及手摇骨钻、骨锯、克氏针、螺钉、骨锤、骨钳等。

[麻醉]

全身麻醉。

[保定]

仰卧位固定 3 条健肢。

[手术操作]

大腿部及膝关节周围剃毛、消毒，自大腿中部前外侧经膝关节至胫骨近端切开皮肤、皮下组织、阔筋膜，钝性分离股外侧肌与股直肌，暴露断端，沿股骨干分离股直肌、外展肌，使其充分游离。沿骨折远端向下纵向切开股膝关节囊、股胫关节囊，向外侧牵引股四头肌肌腱及髌骨，使其髁端及膝关节暴露，由助手将膝关节屈曲，用手及弯头止血钳撬动两髁部骨折块，使其解剖复位，注意避免损伤关节软骨。根据动物股骨大小，选择 1 根直径 1.5~2.0mm 克氏针，从外髁垂直钻入内髁，以针尖刚好钻出内髁为宜，这样髁间骨折即得到固定，T 型骨折转为股骨远端骨折。用手使两骨折断端对合复位后避开滑车关节面，自内、外髁外侧与股骨干约呈 30°夹角交叉钻入 2 根克氏针，至针头钻出骨膜为止，此时股骨远端骨折也得到固定。

如果并发骨折部近端斜骨折及滑车关节骨折时，前者可将脱落的楔形骨片用 1~2 枚螺钉固定于骨干上，后者可用脱落骨片填补滑车关节面后，用可吸收缝线固定于附近筋膜上。

用生理盐水冲洗骨折部，去除细小碎骨片，使髌骨复位于滑车内，创内彻底

止血，用可吸收缝线缝合关节囊，逐层缝合切口，用夹板对患肢进行外固定限制其活动。

X 射线拍片确认钢针深度是否适当，复位是否良好。

[术后护理]

氨苄青霉素类或头孢类等广谱抗生素治疗 1 周，适当补液，1 周后拆除皮肤缝线。经 3 ~ 4 周拍 X 射线片证实骨折愈合后，拆除夹板作膝关节屈伸活动锻炼，逐渐增加运动量。待患病动物运动基本正常，骨折愈合牢固后，拆除内固定物。

[适应证]

股骨远端粉碎性骨折及髁间 T 型骨折。

三、 股骨干骨折内固定术

[器械]

一般外科手术器械，骨科手术器械。

[麻醉]

采用全身麻醉，均可应用吸入或非吸入麻醉。

[保定]

侧卧或半仰卧保定，患肢在上且游离，另 3 肢固定。

[手术操作]

手术通路在大腿外侧，皮肤切开方向是大转子向股骨外髁之间的连线，切口沿股骨外轮廓的弯曲和平行股二头肌的前缘切开，皮下组织在同一线切开。在股筋膜板上造一个 2 ~ 3mm 的小切口，接着在股二头肌上扩延，把股二头肌向后方牵拉，同时将股筋膜拉向前方，使股骨或骨折区明显暴露（图 6 – 16、图 6 – 17）。为充分显露骨干的远端，将股外侧直肌和股二头肌用拉钩分别拉向前后，找到股动脉分支并进行结扎。

先对患部进行检查和清理，除去凝血块，挫灭组织及骨碎片。利用骨钳将骨断端复位，再用抓骨钳或巾钳把整复的两断段骨暂时固定。

在大转子的顶端内侧后部做一皮肤小切口，骨钻从此钻孔并将髓内针引入，沿大转子的内侧进入股骨大转子窝，针的方向是沿着后侧皮质向下伸延，其尖端从骨折近端骨的远端露出。然后将近端骨与远端骨整复在同一线上，用手或抓骨钳固定，髓内针沿近端骨远端插入远端骨近端，针尖一直达到远端骨远端骨松质内（图 6 – 18）。髓内针也可先在近端骨逆行插入，再改顺行插入远端骨。

补充固定用矫形半环金属丝。将骨断端复位，在钻入髓内针之前，在骨折线的两侧，距骨折线 0.5cm 处钻孔，穿过金属丝，先从一孔穿入，再从另孔穿出，在骨髓腔内形成一套状。待髓内针从金属丝套穿过后，在骨折整复的基础上，用金属丝做半环结扎。髓内针则被金属丝牢固控制，使骨折断端保持规定的角度和长度，减少转动（图 6 – 18）。

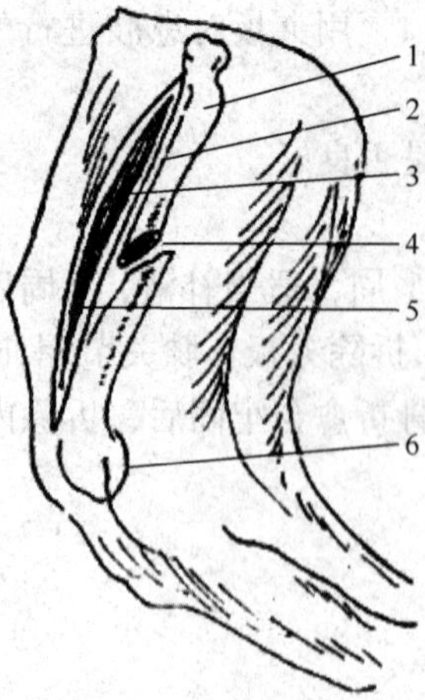

图 6－16　股外侧手术通路

1—大转子　2—皮肤切口

3—肌膜切口　4—股骨干骨折

5—股外侧直肌　6—股骨外侧髁

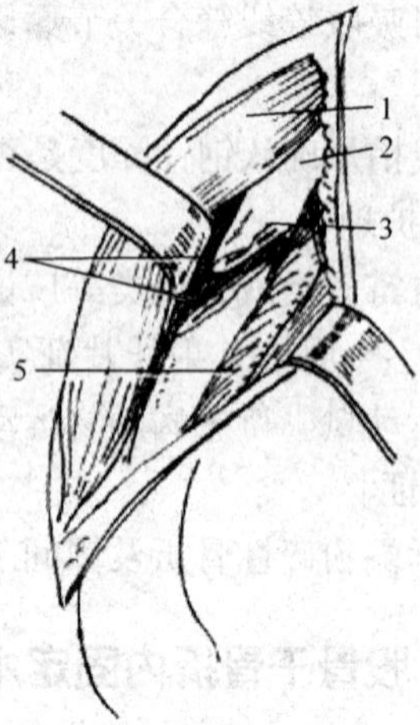

图 6－17　股外侧手术通路深层解剖

1—股外侧直肌　2—股骨干

3—股二头肌　4—骨折部位

5—内收肌

斜骨折也可用全环结扎金属丝辅助固定。应用全环结扎时，骨折的斜长应是骨折部直径的 2 倍，否则将降低金属丝的固定效果（图 6－19）。

图 6－18　髓内针和矫形金属丝固定骨折

1—大转子　2—复位钳　3—髓内针

骨干骨折也可用接骨板和骨螺钉固定。显露骨折部位后，清除骨碎片和血肿，先将骨折断端整复到正常解剖位置，用延迟螺钉或环扎金属丝固定，再装接骨板。装接骨板一般没有必要剥离骨膜，因为这样将更有利于骨的愈合

（图6－20）。

接骨完毕后，清理创口和切口闭合。股二头肌的前缘与股外侧直肌的后缘缝合，用吸收缝线或非吸收缝线间断缝合。筋膜、皮下组织和皮肤常规缝合。

［术后护理］

骨折整复之后，在骨愈合期间，早期限制关节活动，在屈膝关节的同时使跗关节伸展，并使胫骨近端后侧呈现下沉位置。用改良托马斯夹板绷带，或一般的夹板绷带包扎，直至骨连接为止。注意早期活动，防止关节僵硬。

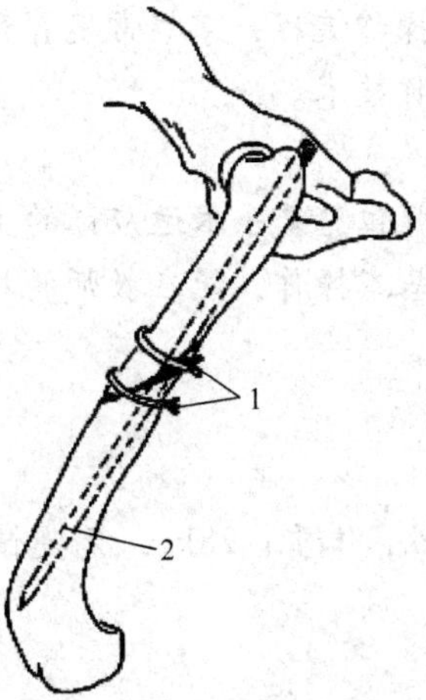

图6－19　股骨全环金属丝固定骨折
1—全环金属丝结扎　2—髓内针

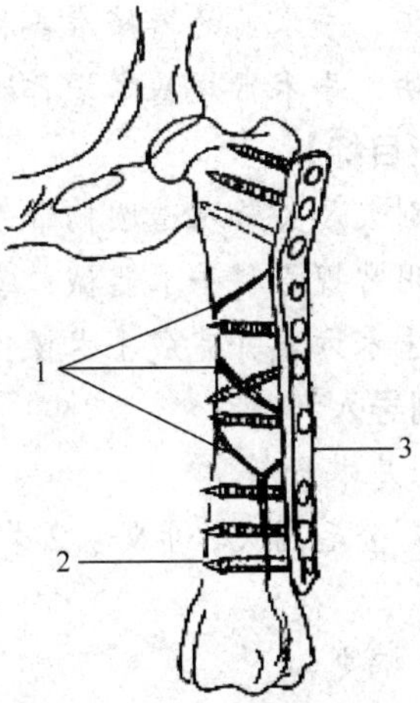

图6－20　接骨板固定骨折
1—粉碎性骨折　2—骨螺钉　3—接骨板

［股骨其他类型骨折的处理方法］

（1）股骨干的粉碎性骨折常使用髓内针、金属丝和骨螺钉相结合的方法。髓内针从股骨大转子与股骨头之间的凹陷插入骨髓腔，直至股骨远端的松质骨，然后分别用金属丝或/和骨螺钉将骨折碎片整合。有时粉碎性骨折也可采用接骨板和金属丝结合的方法，其具体操作是先用接骨板将股骨近、远两断面固定，再用金属丝将碎片整合，但这种方法的治疗效果不如前一种的治疗效果确实。

（2）股骨远端的骨折常采用髓内针与接骨板相结合的方法。这是因为股骨远端骨折部以松质骨为主，单纯用一种方式固定不是十分确实，将髓内针与接骨板相结合较好。

（3）股骨大转子骨折和股骨头骨折通常应进行内固定术，内固定方法常常为骨螺钉和髓内针联合使用。使用时将骨螺钉与髓内针从大转子外侧通过股骨颈钉入股骨头，应避免骨螺钉和髓内针暴露于髋关节内，影响关节的运动。需要注意的是，对于小于5个月的幼犬，内固定后容易造成髋关节的变形和退变，如髋内翻、股骨颈变短等。

［适应证］

适应于股骨骨干中部和远端骨干骨折的治疗。

单元六 髋关节手术

【知识目标】

通过本单元的学习，了解犬髋关节人造圆韧带手术和髋关节脱位整复手术的主要适应证、手术前的器械准备和手术的主要操作流程，掌握常规骨科手术器械的使用方法、手术常规基本操作和本手术的操作技术。

【技能目标】

能识别犬髋关节人造圆韧带手术和髋关节脱位整复手术适应证的主要临床症状，会使用常规骨科手术器械，掌握手术常规基本操作，能在教师的指导下，设计合理的手术方案并完成手术操作。

【案例导入】

（一）基本资料

品种：金毛猎犬，年龄：2岁，性别：雄性，体重：28kg，免疫情况：免疫完全。

（二）病史

主诉：两日前牵遛时，主人松开项圈，任其自由玩耍。在跳跃绿地围栏时，右后肢卡在围栏铁圈中，主人及时将其解救下来，右后肢当时不敢着地，呈悬垂状。主人用手抚触，患犬痛感剧烈。回家后观察一日，无好转迹象，遂来院就诊。

（三）临床检查

视诊患犬不愿站立，俯卧于地上。强行立起，患肢呈悬垂状，不敢着地，髋关节周围组织肿胀。触诊患肢痛觉明显，患肢可人为外展。X射线检查，髋关节脱离髋臼，呈下位拖出。髋关节组织界限模糊，确诊为髋关节外力性脱臼并发圆韧带断裂。

【课前思考题】

如何判断髋关节脱臼时，是否伴发圆韧带断裂？犬髋关节人造圆韧带手术的主要适应证有哪些？犬髋关节人造圆韧带手术过程中套索针应如何安置？犬髋关节人造圆韧带手术中动物的大转子应如何固定？判定犬髋关节复位可借助哪些方法？犬髋关节脱位有哪几种类型，并发髋关节圆韧带撕裂时应如何处置？髋关节整复后应进行哪些处理？术后护理应注意哪些问题？

一、 髋关节人造圆韧带手术

［器械］

常用骨科器械，如手摇钻、骨凿、骨锤、钢丝剪、手术钳、小圆骨针、细钢丝、钻头（从直径 1.5 ~ 3mm 各种型号各 1 个）及一般手术器械。套索针由适当尺寸的小骨圆针制成。小骨圆针在中心轴处折转作 360°，使其中央呈闭合圆环形，用来穿线，钢丝与圆环在同一平面上，环两端的钢丝留置合适长度后，在其中央与圆环同平面上分别折转 180°，两头对称。

［麻醉］

全身麻醉。

［保定］

侧卧保定，患侧向上。

［手术操作］

以大转子为中心，作一上短下长的弧形皮肤切口，大转子以下切口位于股骨前缘，起点约在股骨中部；大转子以上切口稍向头侧弯曲，延伸至接近背中线处。一次性切开皮肤及皮下筋膜。分离皮下结缔组织后，就可看到股阔筋膜张肌呈放射状覆盖于股四头肌，并且与股二头肌的止点筋膜相混。顺皮肤切口方向，在股二头肌前缘切开股阔筋膜张肌腱，剪断其在大转子附近的附着点。充分暴露臀浅肌、股二头肌、股外侧肌。

在大转子水平处，切断臀浅肌腱膜，并把臀浅肌向背侧牵引，暴露大转子及臀中肌。分离股二头肌与股外侧肌的肌沟，在靠近大转子侧的股外侧肌下方钝性分离股外侧肌与股骨干近端的联系。在接近大转子处（约 1 cm）横断该肌肉，充分止血。有的不横断此肌肉，仅按上述方法将其与股骨做钝性分离，其余步骤大致相同。

在转子窝处用止血钳充分分离臀深肌与其下面组织的联系。并留置止血钳于臀深肌下方。应特别注意不要损伤坐骨神经，坐骨神经位于臀中肌后方，斜向穿过髋臼唇后方，并沿着股骨颈后方远端向前下方延伸。从股骨远端向近端方向稍向下倾斜地凿下大转子。把凿下的大转子向背侧牵引，分离臀深肌与关节囊之间的联系，直至充分显露髋关节囊及髋臼缘。

用外科剪剪开关节囊显露髋关节，注意不要损伤股骨头关节面，把后肢向远端牵引，使髋关节间隙增大。用预先准备好的小弯剪伸入关节间隙，将股骨头韧带完全剪断。沿股骨颈方向一周完全剪断关节囊。这样可轻松地将股骨头脱出髋臼，人为制造髋关节前上方脱位。对于髋臼较浅的犬，只要将股骨头韧带剪断，就能将股骨头完全脱位。而对于髋臼很深的犬，只有将髋关节周围关节囊完全剪断，才能使股骨头完全脱位。

使用直径为 1.5 ~ 3mm 的钻头，使钻头从股骨头凹处钻入，在股骨干外侧的大转子正下方约 1 cm 处的第 3 转子处钻出（为第一孔道）。将钻好孔的股骨头复位，并使后肢回复至自然状态。钻头从第 3 转子处的孔道进入，逆着之前钻的孔道推进。当到达髋臼时，向髋臼壁上钻，要求把孔钻在髋臼窝内，以减少关节软骨的损伤。可以在髋臼壁上穿孔，也可以在直视下直接用钻头钻孔。髋臼窝内的骨组织很薄，钻孔时用力要轻。

在股骨外侧方、大转子切除部位与刚钻的孔之间的骨皮质上前后方向，钻一小的孔道（为第二孔道）。这个操作可以在丝线穿过第一孔道和固定大转子后进行。将双股 10 号丝线从套索针的中央环中穿过，用止血钳夹住套索针的一端，使股骨头再次脱位，竖直方向将套索针推入髋臼窝内的孔道内进入骨盆。当套索针完全塞入时，拉紧双侧的丝线，这样套索针即旋转 90°横架在髋臼窝内的孔道上。将细钢丝折成双股，钢丝折弯处从大转子切除部下方的孔道伸入，从股骨头顶处穿出，引导 4 股丝线通过第一孔道。收紧丝线将股骨头复位。将其中的两根丝线也是借助细钢丝帮助从第二孔道的一端穿入，另一端穿出，收紧缝线，确定股骨头完好固定后，将穿过第一孔道的丝线与另两股丝线系紧。关节囊不缝合。

固定大转子在后肢自然状态下，将大转子归位。术者在犬背侧，使用合适的小圆骨针，将手摇钻顺着股骨干方向，略呈倾斜钻入，当感觉到无抵抗时停止，取下手摇钻，在离大转子上方约 0. 5cm 处将小圆骨针剪断，断端剪成一斜面。将此断端稍向犬背侧方向弯成一个小圆弧形，在此小圆骨针弯适当位置，按以上步骤再钻一根小圆骨针固定大转子。用单根细钢丝穿过第二个孔道，作交叉后，钢丝的一端从两个小圆骨针的圆形圈中依次穿过，两钢丝末端收紧后拧紧。从侧面看钢丝呈 8 字形，用骨锤敲击两小骨针的圆环，使其嵌入大转子内。在离基部约 1cm 处剪断拧紧的钢丝，把断端折转，埋于组织内。

结节缝合股外侧肌及其断端，将臀浅肌固定于大转子上方。结节缝合股阔筋膜张肌腱，常规结节缝合皮肤，将后肢用绷带屈曲悬吊固定。

[术后护理]

每天皮下注射适量氨苄西林 2 次，连续 5d。加强营养。宠物应关在笼中静养，限制活动 7d 左右，以后逐步加强运动。

[适应证]

犬髋关节脱臼。但若为先天性髋臼浅或股骨头发育异常，或是受外伤后关节囊及其周围的组织结构已经被完全破坏，此时已经无法通过非开放性整复或是简单的缝合关节囊使股骨头复位。

二、 髋关节脱位整复术

[麻醉]

全身麻醉。

［保定］

仰卧保定。

［手术操作］

由助手将患肢牵拉，以便于关节整复。根据关节脱位方向用不同整复方法矫正。

前背侧方脱位时，助手将患肢用力向下方牵拉，术者将股骨头用力向内侧方压迫整复，使股骨头还纳髋臼窝内。前腹侧方脱位时，助手将患肢用力向前下方牵拉，术者将股骨头用力向后方压迫整复，使股骨头还纳髋臼窝内。

整复后，后肢各关节保持成屈曲状态，用“8”字形绷带包扎固定。

［术后护理］

宠物应在笼中静养，限制活动7d左右，以后逐步加强运动。

［适应证］

股骨头与髋臼脱位的整复。

单元七 | 截肢手术

【知识目标】

通过本单元的学习，了解截肢手术的主要适应证，识别四肢损伤伴发坏死的临床特征，掌握截肢术的操作方法。

【技能目标】

能判断截肢术施术的必要性，能辨别坏死组织与健康组织的差异，在教师的指导下，能够设计合理的手术方案并实施手术。

【案例导入】

（一）基本资料

品种：德国牧羊犬，年龄：13月龄，性别：雄性，体重：25kg，免疫情况：免疫完全。

（二）病史

主诉：犬于几日前被车撞伤，右前肢臂骨被碾成骨折。经多方医治无效，遂5日后就诊。

（三）临床检查

体温40.5℃，呼吸30次/min，脉搏120次/min。右前肢前臂中下部的大部分皮肤脱落，部分肌肉缺损。桡尺骨下1/3处至腕关节上部多处骨折，骨折断端完全分离，周围肌肉呈黏液性渗出，呈黑紫色，黏附多量污秽物。分离端的肢体肌肉完全坏死，腐烂并有恶臭味。

经上述检查，确诊为粉碎性开放式骨折。骨折部下端肢体已无保留的可能，必须立即手术截肢。与犬主商定，决定从前臂骨上1/3处进行手术截肢。

【课前思考题】

坏死组织一般具有哪些特征？组织严重挫灭但未发生坏死时，是否应该实施截肢手术？截肢手术的骨组织截断部位如何确定？截断骨组织断端应如何处置？剥离的骨膜应采用哪种方法缝合？术部肌肉应如何进行分离和缝合？

［器械］

一般外科手术器械和骨科器械。

［保定］

患肢在上的横卧保定。

［麻醉］

全身麻醉。

［手术操作］

截肢部位由损伤部位及程度而定。一般于损伤部位的上部切断关节，若是臂骨或股骨下端损伤时，可以从骨的中部切断。术部剃毛、消毒。在切断部的上方3～5cm处，进行环形局部麻醉。术者持刀沿患肢在术部环形切开皮肤一周，钝性分离皮下组织，剥开上方皮肤，充分止血，在切皮部上方4～5cm处切断肌肉，切断肌肉时对大血管进行结扎止血。把肌肉断端稍向上牵引，暴露骨骼，用骨膜刮子剥离骨膜，剥开后用骨锯将骨锯断，用骨锉修理骨断端，用灭菌生理盐水清洗，牵拉骨膜包住骨端，将骨膜用荷包缝合法缝合。拉下上方的肌肉整理包在骨断端，施行褥式缝合法缝合肌肉。皮肤包围断端进行结节缝合。碘酊消毒，纱布绷带包扎。

若为关节部，则切开关节周围皮肤，分离皮下组织，再切开关节囊，将其关节切断，用皮肤包围关节断端进行结节缝合，碘酊消毒。

［术后护理］

术后进行抗生素治疗，促进愈合，防止感染。

［适应证］

四肢受到严重损伤或由于创伤继发严重细菌感染，发生坏死、坏疽等。

单元八 | 胫骨手术

【知识目标】

通过本单元的学习，了解胫骨骨折固定术的主要方法，识别胫骨骨折的主要临床症状，掌握动物后肢的解剖结构和手术固定的施术方法。

【技能目标】

能识别胫骨骨折的发病特点，结合临床诊断和实验室检查确诊疾病，在教师的指导下，能够充分做好术前准备工作，设计合理的手术方案并实施手术。

【案例导入】

（一）基本资料

品种：比格犬，年龄：2 月龄，性别：雄性，体重：1.8kg，免疫情况：免疫完全。

（二）病史

主诉：该犬在与小孩睡觉时，右后腿被压断，最初送去当地宠物医院治疗，医师发现右后腿已无法着地负重，认为可能已经发生骨折，只简单地打了针抗菌消炎及止血药。

（三）临床检查

体检发现该犬右后肢完全不敢着地也不能负荷重量，触诊胫骨部位出现剧烈的疼痛，其他一切状况正常，初步怀疑为右侧胫骨骨折，决定对其进行放射线检查。X 射线检查确诊为右侧胫骨骨折，该骨折为斜面端骨折，位于胫骨远端 1/3 处。决定对其做内固定手术。

【课前思考题】

胫骨手术的主要适用范围有哪些？术前准备有哪些注意事项？本手术的手术通路如何选择？对于骨折断端可采用哪些固定方法？术后护理应注意哪些事项？

一、胫骨干骨折固定术

［器械］

一般外科手术器械，骨科手术器械。

［麻醉］

全身麻醉。

［保定］

侧卧保定。

［手术通路］

胫骨干的手术通路，多数在小腿的内侧，也可在小腿外侧。小腿内侧没有肌肉覆盖，对骨干的显露比较容易。

1. 胫骨内侧通路

在胫骨内侧皮肤切口，其方向是从胫骨结节向内踝的连线。分离皮下组织时，注意手术通路上的隐动脉和静脉的分支，可采用保护或将其结扎，该支与骨干相交叉，很容易发现。牵拉胫骨前肌、长趾屈肌和腘肌，能获得较为宽阔的视野（图 6－21）。

2. 胫骨外侧通路

皮肤切口是在胫骨结节的前外侧向外踝引线，筋膜沿着胫骨骨干的前侧切开。将胫骨前肌和长趾伸肌拉向后侧，则能很好地暴露其骨干。外侧隐静脉的前支横过切口的远端 1/3，是避开还是结扎应根据具体情况而定（图 6－22）。

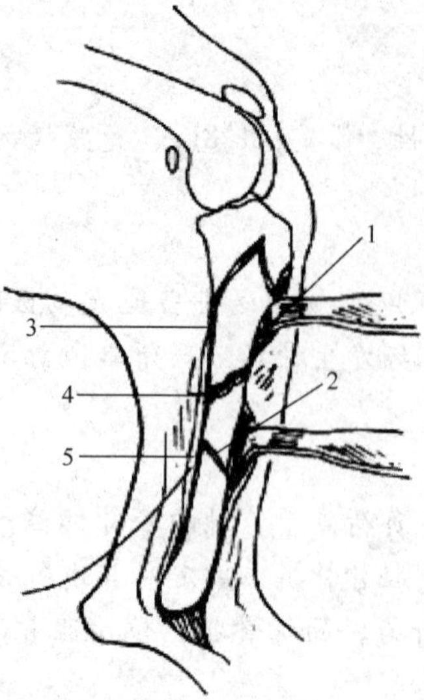

图6-21 胫骨骨干骨折内侧手术通路

1—前胫骨肌 2—隐动脉前侧分支

3—腘肌 4—骨折线 5—长趾屈肌

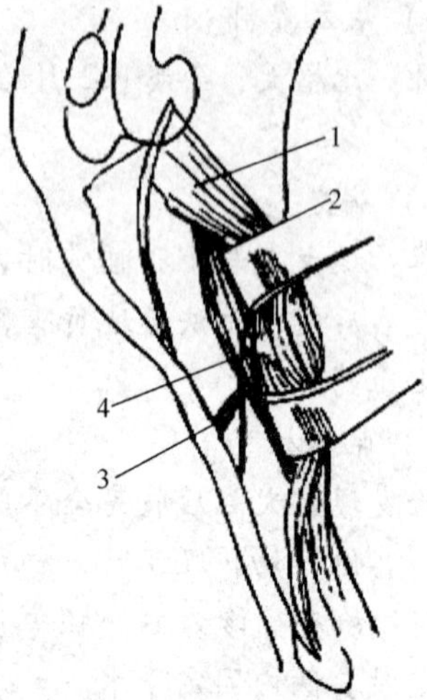

图6-22 胫骨骨干骨折外侧手术通路

1—前胫骨肌 2—拉钩 3—骨折线

4—外侧隐静脉前支

[手术操作]

1. 应用髓内针

选大小适宜的髓内针，从胫骨近端插入，先在膝韧带的内侧皮肤做一小切口，经此切口，针从胫骨结节的前内侧刺入，向近端骨的远端引伸，待远、近端骨整复，髓内针继续钻向远端骨，直至其远端内侧踝的水平处。胫骨骨干骨折时，髓内针不常用逆行法装针，以避免损伤胫骨近端软骨。

2. 半环形矫形金属丝结扎

目的是防止远端骨转动和错位，其方法是在骨折线两侧各钻一孔，金属丝从近端孔穿入骨髓腔，并围绕髓内针，再从远端骨孔穿出，两端金属丝拧紧，有辅助髓内针的功效。对长斜骨折或螺旋骨折，也可使用环扎法辅助固定。

3. 应用矫形接骨板和螺钉

在横骨折的情况下，多用于内侧胫骨表面。

[术后护理]

用抗生素预防感染，早期要逐步进行运动。

[适应证]

各种胫骨骨干的骨折。

二、胫骨近端骨折内固定术

[器械]

一般外科手术器械，细的钢针、松质骨螺钉、张力带金属丝、钩状器械或创巾钳等。

[麻醉]

全身麻醉。

[保定]

侧卧或半仰卧保定，患肢在卧倒的对侧。

[手术操作]

膝盖骨旁做皮肤切口，开始于膝盖骨的近端，向下伸展到胫骨嵴下 2～3cm。沿此切线钝性或锐性分离皮下组织、筋膜，显露胫前肌，切断近端胫前肌前缘，并将其反折，即暴露骨折位置。一般不需要切开膝关节囊。

骨骺骨折端多半斜向胫骨骨干的后外侧。清除凝血块及破碎组织，整复骨骺。用细的钢针分别从骨骺内外缘的非关节部分钻入，并交叉于胫骨干骺处（图 6－23）。在成年的犬也可以用松质骨螺钉。

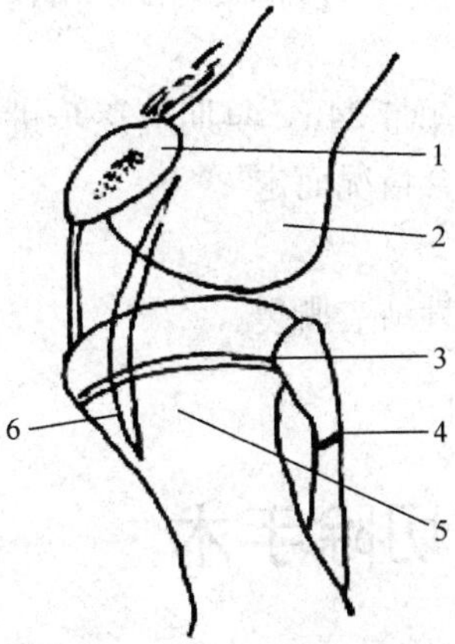

图 6－23 胫骨近端手术通路

1—膝盖骨 2—股骨外髁 3—胫骨骨骺骨折线 4—腓骨骨折

5—胫骨近端 6—皮肤切开线

若为胫骨结节撕裂，宜选用张力带金属丝的固定方法。胫骨结节的骨折和撕裂是股四头肌牵拉的结果，所以骨折段常常位于胫骨近端，复位时使膝关节伸展，利用钩状器械或创巾钳抓住，慢慢拉向确定的位置。

对于未成熟的动物，胫骨结节软而易碎，在整复时要特别注意。未成熟的动物内固定时，可用细的钢针 2 根，通过胫骨结节进入胫骨的干骺端，不要干扰生长板。当动物骨端生长板早期闭锁时，可用松质骨螺钉或张力带金属丝进行固定

（图6－24、图6－25）。

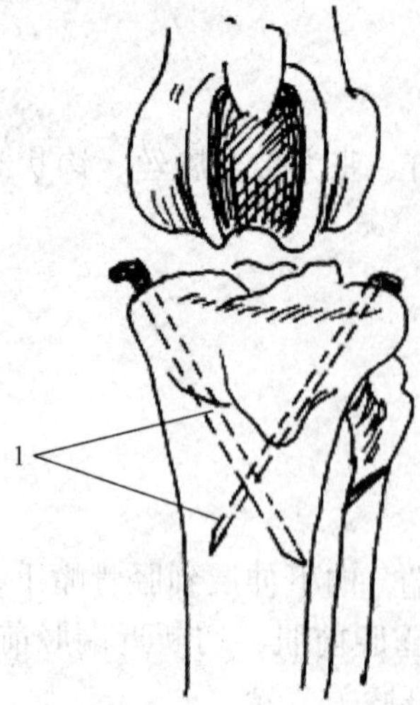

图6－24　胫骨骨骺断离，髓内针固定
1—金属针

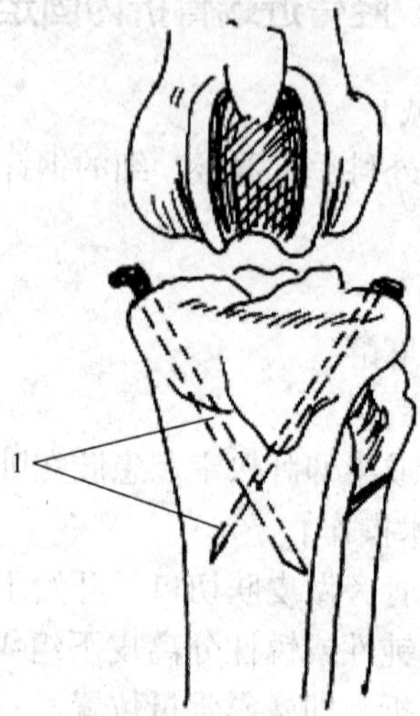

图6－25　胫骨结撕裂，张力金属丝固定
1—金属针

闭合时，先将胫前肌还原到解剖位置，筋膜、皮下组织和皮肤常规缝合。

［术后护理］

术后在胫骨部放置带垫绷带24h。早期应逐步进行运动，开始要用牵引绳控制。针的取出要根据骨折愈合情况而定。

［适应证］

胫骨近端骨骺分离和胫骨结节撕裂。

单元九 | 肘肿切除手术

【知识目标】

通过本单元的学习，了解肘肿的形成机制、发病过程和主要临床症状，识别肘肿与其他机体赘生物的差异，掌握手术治疗肘肿的方法。

【技能目标】

能辨识肘肿的主要临床特征，在教师的指导下，可完成手术方案的设计并做好术前准备，顺利完成手术。

【案例导入】

（一）基本资料

品种：德国牧羊犬，年龄：3岁，性别：雄性，体重：24.8kg，免疫情况：免疫完全。

（二）病史

主诉：两个月前发现左前腿后上方有一鸡蛋大肿胀物，未予诊治。肿胀物逐渐增大，现就诊。

（三）临床检查

精神状态良好，体温、呼吸、脉搏未见异常。视诊可见犬的左前肢肘关节后方有一肿物，长约12cm，宽约8cm，近似圆形；触诊肿物稍可移动，位于皮下，无根蒂，质度坚实，致密，穿刺未见液体流出，也未见其他异物。临床诊断为肘肿，建议手术切除。

【课前思考题】

肘肿的类似机体赘生物还有哪些？术前准备应注意哪些问题？手术过程中应考虑哪些并发症的存在？肘肿部皮下组织应如何进行分离？术中止血可采用哪些方法？创面闭合时应注意哪些问题？术后护理有哪些注意事项？

[器械]

一般外科手术器械。

[麻醉]

全身麻醉或局部麻醉。

[保定]

侧卧保定。

[手术操作]

肘部剃毛、消毒。沿肘肿部纵行切开皮肤，切口长度比肘肿部稍长些。钝性分离皮肤与肿胀部的结缔组织，分离直至肘肿的基部，注意止血，较大血管断端可进行结扎止血或用电烙铁止血。沿其基部分离肘肿，将肘肿全部切除。充分止血后，整理创缘，将多余的皮肤剪去，以结节缝合法缝合皮肤，碘酊消毒。

[术后护理]

术后以盐酸普鲁卡因青霉素做创围封闭治疗，每天一次。切除肘肿时注意不要伤及关节囊，切除多余皮肤时，不要切除过多，以免缝合时缺皮，也可防止术后站立时手术创哆开。

[适应证]

肘部黏液囊水肿、化脓性或纤维素性黏液囊炎以及黏液囊肿瘤等。

单元十 | 膝关节前十字韧带断裂修复手术

【知识目标】

通过本单元的学习，了解犬十字韧带断裂的发病机制和发病特点，识别十字韧带断裂的主要临床特征，掌握十字韧带修复的手术方法。

【技能目标】

能辨识膝关节十字韧带断裂的发病特征，在教师的指导下，熟悉犬后肢的解剖构造，能够设计合理的手术方案并完成修复手术。

【案例导入】

（一）基本资料

品种：哈士奇犬，年龄：5岁，性别：雄性，体重：16.5kg，免疫情况：免疫完全。

（二）病史

主诉：1个月前出现过跛行，几星期后逐渐好转，最近跛行加重。触诊其膝关节，动物敏感，经常回头张望并呻吟。

（三）临床检查

视诊可见病犬右后肢膝关节外展，并且不能负重。触摸后肢敏感，回头张望。膝盖骨脱离，向内脱位。将犬进行左侧卧保定，再次触诊膝关节，与健侧后肢相比较，患肢膝关节活动范围增大，屈曲、伸展、内旋和外旋的程度增加。

将病犬麻醉后，左侧卧保定，使患肢在上，检查者站在病犬后面，一手握住股骨远端，中指紧握股内侧踝，食指握住髌骨，拇指放在股骨外侧踝，另一只手拇指抵住腓骨近端后侧，食指贴近胫关节，其他手指握住胫骨近端内侧，紧握股骨不动，仅移动胫骨关节屈曲时，向前移动胫骨，如果活动范围增加，而前移范围很小或不能前移即为阳性。本病例前抽屉试验结果为阳性。由此诊断为前十字韧带断裂。

【课前思考题】

案例中采用了哪些特殊诊断手法？膝关节十字韧带断裂有哪些临床表现？术前准备应注意哪些问题？前十字韧带修复的方法有哪些？术后护理应注意哪些问题？

[器械]

一般外科手术器械。

[麻醉]

全身麻醉。

[保定]

仰卧保定。

[手术操作]

1. 关节囊外固定术

小型犬（5～10kg）使用该手术方法。用不可吸收缝线或者吸收慢的缝线环绕外侧籽骨，然后通过胫骨嵴拉紧缝线。

2. 腓骨头移位术

大于10 kg的犬可应用这种方法。用外侧侧韧带阻止胫骨前移或者向内转位，将腓骨头前移，用 Kirsehner 丝或骨螺钉固定。

3. 关节囊内固定术

适用于大型品种犬（20 kg 以上）。制作外侧张肌筋膜上带，在半月板间韧带下通过，翻到股骨外侧髁上，并固定在外侧髁上。

［术后护理］

术后应限制犬活动，可以应用模型、夹板固定等方法静养 2～8 周。随后去除固定，仍继续限制活动。以后逐渐增加活动 1～2 个月。12 周后让犬自由活动。对于工作犬，术后 6 个月可开始训练。

［适应证］

前十字韧带断裂。

单元十一 | 爪部手术

【知识目标】

通过本单元的学习，了解犬、猫爪切除术的主要适应证，掌握犬、猫爪的解剖结构和爪的手术切除方法。

【技能目标】

能识别爪的解剖结构，在教师的指导下，能设计合理的手术方案并完成手术。

【案例导入】

（一）基本资料

品种：德国牧羊犬，年龄：3 岁，性别：雄性，体重：26.5kg，免疫情况：免疫完全。

（二）病史

主诉：与主人玩耍亲热时，经常造成主人衣物和手臂皮肤的损伤，出于安全考虑，主人决定对其狼爪进行切除。

（三）临床检查

视诊可见该犬狼爪生长长度已达 2～3cm。

【课前思考题】

狼爪指的是犬爪的哪个位置？切除手术的重点操作步骤是哪几个？犬、猫爪切除术的主要适应证有哪些？手术采用何种麻醉方法，一般使用哪种麻醉药物？手术过程中应注意哪些问题？术后护理的注意事项主要有哪些？

一、犬的狼爪切除术

［器械］

一般外科手术器械。

[麻醉]

局部麻醉。

[保定]

侧卧保定，

[手术操作]

初生仔犬的狼爪可在生后7d内切除，局部剪毛、消毒。用2%盐酸普鲁卡因溶液于狼爪上方做局部麻醉。麻醉后用手术刀或手术剪切断狼爪，以结节缝合法缝合皮肤1~2针即可，碘酊消毒，术后5~7d拆线。

成犬狼爪用同样方法切除。

[术后护理]

该手术为四肢末端手术，术后将犬放在干燥清洁的地方，防止污染。

[适应证]

初生仔犬狼爪切除、成犬狼爪过长或损伤趾球者，以及妨碍运动或为了美观应宠物主人要求而切除狼爪。

二、 猫爪切除术

[器械]

一般组织切开、止血、缝合器械；专用趾甲剪、电烙铁、长直刃剪等。

[麻醉]

全身麻醉。

[保定]

侧卧保定。

[手术操作]

手术方法有两种，即切开肌肉剥离趾甲法和烧烙法。

1. 切开肌肉剥离趾甲法

先剪毛，避免出血，用橡皮筋扎住腕骨上1/3，消毒，顺序切开每个趾甲的皮肤、肌肉，剥离、拔除趾甲及端骨，止血，撒上抗生素粉剂，结节缝合每个趾甲腔，碘酊消毒后，包扎压迫绷带。

2. 烧烙法

用趾甲剪修趾甲到肉芽部，再用烙铁烧入趾甲深部胚细胞及端骨，破坏其生长点、神经，致使整个趾甲脱落。每个趾都涂抗生素软膏，然后完全解除保定。

[术后护理]

术后2~3 d除去包扎绷带，进行开放疗法，7~10d可以拆除缝线。按常规护理，烧烙的趾甲每天必须涂抗生素直至结痂。全身给以青霉素治疗5~7d，术后将猫放在干燥清洁的地方，防止污染。

[适应证]

爪的外伤，交通事故伤。此外，猫爪拔除术还是猫的外科整形术，主要是避免家养宠物锐利的钩爪伤人，抓破衣服及陈列物品，一般应主人要求拔除猫爪。

单元十二 | 肱骨、桡尺骨、指骨与趾骨骨折固定手术

【知识目标】

通过本单元的学习，了解肱骨、桡尺骨、指趾骨骨折固定的方法，识别肱骨、桡尺骨、指趾骨骨折的特有症状，掌握内固定材料的使用方法和固定方法的具体实施步骤。

【技能目标】

能了解内固定材料的使用方法，会通过临床症状和实验室诊断判断骨折的类型，能熟练掌握内固定方法，设计合理的骨折固定手术方案。

【案例导入】

（一）基本资料

品种：金色博美犬，年龄：11 月龄，性别：雄性，体重：2.85kg，免疫情况：免疫完全。

（二）病史

主诉：早上单手抓住犬左前肢抱在胸前，犬因受地上食物诱惑，挣扎后掉到地上，随即发出痛苦尖叫声且左前肢不能走动，触摸左前肢表现剧痛、拒绝触摸。

（三）临床检查

视诊皮肤未见损伤，因患肢剧痛难以接触遂进行麻醉后检查，触摸患肢可感觉肱骨有明显尖刺，X 射线片显示左前肢肱骨螺旋式闭合式骨折，断端尖锐，患肢肱部皮肤肿胀。

【课前思考题】

肱骨骨折的特有症状有哪些？肱骨骨折的术部定位方法有哪些？肱骨骨折为何通常采用髓内针结合金属丝的固定方法？桡尺骨骨折的术部定位方法有哪些？如发生鹰嘴撕脱时该如何处置？

一、肱骨骨折固定术

[器械]

一般外科手术器械，骨折内固定或外固定手术器械。

[麻醉]

全身麻醉。

[保定]

侧卧保定，患侧肢向上。

[手术操作]

由于肱骨所处的位置和其本身的特殊形态，中部骨折时，最常使用的固定方法为内固定。内固定中以髓内针固定和金属丝的联合应用较为常见。

手术时，沿肱骨纵轴进行皮肤切开，分离皮下结缔组织，将臂三头肌拉向后方，将臂头肌与胸浅肌拉向前内方，对臂肌和与臂肌伴行的桡神经进行分离，即可暴露肱骨干。髓内针的插入可以采取顺向或逆向插入两种方法。顺向插入时，在肱骨大结节稍下方的皮肤上做一小的皮肤切口，然后将髓内针通过此皮肤切口打入髓腔，直至肱骨远端，使髓内针针尖位于肱骨远端内侧髁或位于肱骨远端鹰嘴窝稍上方。逆向插入时，将髓内针从肱骨断面的近端插入，从肱骨近端大结节处打出，对合完毕后再将髓内针沿反方向打入远端。为防止肱骨在髓内针固定后转动，可用金属丝辅助固定。

由于肱骨外型较特殊，较少应用接骨板固定。

[术后护理]

早期限制活动。定期进行临床及 X 射线检查，了解骨折处骨的生长及骨折断端的对合状态，随时调整治疗方案。

[适应证]

肱骨骨折。

二、 桡尺骨骨折固定术

[器械] 一般外科手术器械，骨折内固定或外固定手术器械。

[麻醉] 全身麻醉。

[保定] 侧卧保定，患侧肢向上。

[手术操作]

桡尺骨中部或远 1/3 骨折时，对于小型品种犬，常采用外固定技术加以固定，可取得良好的治疗效果，但对于大型品种的犬，往往需要进行内固定术治疗。

采用外固定治疗时，往往用夹板行外固定术。固定用夹板必须质轻、韧性好，长度为患骨近端关节上部到肢体远端的长度。固定前，先将夹板磨平、打光、作成适当厚度。固定时，先在夹板与肢体接触部位垫上纱布或棉花，然后用夹板加以固定。夹板的松紧度要合适，过紧容易引起患肢循环障碍，过松则引起松脱。夹板时间一般至少要持续 3 ~ 4 周，否则难以达到治疗效果。必要时，再加以托马斯支架外固定。固定后，主人应注意监护，既要防止动物拆卸夹板，也要防止绷带缠绕过紧造成的肢端水肿。如果夹板松脱或过紧，应及时重新装置。

需要进行内固定治疗时，往往采用的是髓内针固定的方法。髓内针的长度与直径要适当。长度一般比患骨的长度略短，髓内针的直径应与骨髓腔最窄处的直径大小相当。手术时，常在患处外侧切开，暴露骨折断端，操作时应注意避免血管与神经的损伤。清除瘀血和坏死组织块以后，装置髓内针。髓内针安装时可以采用逆向法，即先将髓内针由骨折断端处插入，由近端或远端关节处打出，直到留在骨折断端处的髓内针的长度不影响骨折断端的对合。将骨折断端对合后，再将髓内针逆向打入骨髓腔，使髓内针不遗留在体外，几乎全部进入髓内腔，只有很少部分遗留在临近关节处的皮下。

鹰嘴撕脱内固定时，先用骨钻在骨折线远端的尺骨上由外侧向内侧钻一小孔，此小孔应与骨折线及尺骨后缘有适当距离，然后用髓内针或骨螺钉由近端向远端的方向将撕脱的鹰嘴复位，将金属一端由外向内通过尺骨上的小孔穿入，由内侧拉出后，再由外向内绕过露在鹰嘴表面的髓内针或骨螺钉，与另一端拧合，造成金属丝为“8”字形，使骨折面对合整齐。有时为了防止鹰嘴的转动，可用另一髓内针平行于先前的髓内针或骨螺钉加强固定。如果撕脱的鹰嘴造成了肘关节的损伤，术后护理时，不应严格限制肘关节的活动，否则易造成肘关节的僵硬和运动不灵活。

[术后护理]

既要保证肘关节能适当的活动，又要避免患肢负重。解决的办法可以通过使用绷带适当屈曲固定患肢腕关节来完成。

[适应证]

桡骨和尺骨骨折。

三、 指骨与趾骨骨折固定术

[器械]

一般外科手术器械，骨折内固定或外固定手术器械。

[麻醉]

全身麻醉。

[保定]

侧卧保定，患侧肢向上。

[手术操作]

常常采取夹板外固定，可以取得较好的愈合效果。固定时，夹板近端应在骨折线近端关节之上，远端应比指（趾）端略长，使患肢在负重时，肢的受力通过夹板上传至肢体骨折线近端的健康部位，为骨折处骨的生长提供一个安静的生长环境。

外固定手术时，夹板的松紧度一定要合适。过松容易造成夹板松脱，过紧则造成患肢的循环障碍，长时间可导致患肢的缺血、坏死及愈合失败。另外，外固定时，应注意将骨折断端复位，尽量使骨折端面对合良好，防止断面的错位和肢体的扭曲。固定完毕后，应拍X射线片检查对合情况。

内固定手术时，所选用的固定材料要合适，即接骨板形状、髓内针长度与粗细、骨螺钉的长度与粗细等要与骨折局部形状、受力适合，不可因为固定材料的选用不当造成局部循环受阻、组织坏死、骨延迟愈合或不愈合，也不可因为固定材料质量不好而术后断裂，造成手术的失败。另外各种固定材料的使用应以骨折断面密接、对合良好为原则。不可人为的过多的植入固定材料，也不可为了少植入固定材料，而给固定带来困难，造成固定不确实。

为了防止术后骨的不愈合和延迟愈合的发生，手术时应注意做到无菌操作，整复良好，固定恰当，创内不留有坏死组织与骨碎片，对于与软组织相连的骨折碎片应尽量保留，尽最大限度的保留健康的骨膜组织和保持局部血液循环良好，也应避免神经组织的受压与损伤。

［术后护理］

骨折手术后，护理要注意保持创伤局部安静。要注意补钙，加强营养，促进愈合。

对于开放性骨折，应尽量将患部按外科创伤处理的要求进行清创，有效及时地使用抗生素，防止感染，争取一期愈合；内固定手术过程中应严格按照无菌技术要求进行操作。手术后要注意全身与局部的抗菌治疗，防止骨折部的感染。骨折固定后，应定期进行临床及X射线检查，了解骨折处骨的生长及骨折断端的对合状态，随时调整治疗方案。一般来说，骨折后4～6周内应严格限制动物的活动，以后可以进行较为轻松的活动，进行患肢的功能锻炼。避免长时间不运动造成患肢肌肉萎缩、关节挛缩和关节的纤维性粘连，导致患肢功能的丧失。

［适应证］

指骨与趾骨骨折。

【知识链接】

一、骨折的愈合过程

骨折愈合是骨组织破坏后修复的过程，可分为三个阶段，这三个阶段是一个逐渐发展和相互交叉的过程，不能截然分开（图6－26）。

1. 血肿机化演进期

骨折的早期因受伤部广泛地出血，在骨断端间隙及其周围形成血肿。骨折断端约有几个毫米长的一段骨质，由于损伤和血液供给断绝，发生骨坏死。骨折病灶内发生无菌性炎症反应。新生的毛细血管和吞噬细胞、成纤维细胞等，侵入血凝块和坏死组织中，逐步进行清除机化，形成肉芽组织，以后转化为纤维组织。骨折断端附近内、外骨膜深层的成骨细胞，相继在伤后活跃增生，5d后开始形成与骨干平行的骨样组织，并逐渐向骨折处延伸增厚。此阶段一般需10～15d。

临床特征是局部充血、肿胀、疼痛和增温，骨折端不稳定。损伤的软组织需修复。

2. 原始骨痂形成期

骨折部断端内外已形成的骨样组织，逐渐钙化成新生骨，即膜内化骨，两者紧贴在骨密质的内、外两面，并逐渐向骨折处汇合，不断生长发展为内骨痂和外骨痂。内、外骨痂将两断端的骨密质及其间的纤维组织，像上夹板似的夹在中间固定住；另一方面，断端间和骨髓腔内血肿机化后已形成的纤维组织逐渐转化为软骨组织，然后软骨细胞增生、钙化而骨化，即经软骨内化骨而分别形成环状骨痂和腔内骨痂。在新形成的骨痂中，血管连同成骨细胞与噬骨细胞，都渐渐侵入骨折端坏死的骨组织内，在已形成骨痂夹板的保护下，开始进行清除坏死骨组织和形成活的骨组织的爬行替代作用。骨折经过骨痂形成和爬行替代作用这两个过程，临床愈合才告完成。

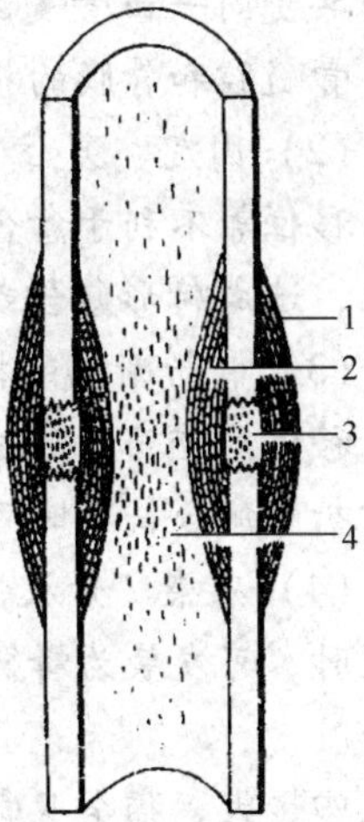

图 6－26　膜内化骨及软骨内化骨基本完成模式图
1—外骨痂　2—内骨痂　3—环状骨痂　4—腔内骨痂

3. 骨痂改造塑型期

原始骨痂由不规则的呈网状编织排列的骨小梁所组成，称为网织骨，尚欠牢固。为了适应生理的需要，随着肢体的运动和负重，在应力线上的骨痂不断地得到加强和改造。骨小梁逐渐调整而改变成紧密排列成行的、成熟的骨板，同时在应力线以外的骨痂逐步被噬骨细胞清除，使原始骨痂逐渐被改造为永久骨痂。髓腔也重新畅通。新骨形成后，骨折的痕迹在组织学或X射线摄片上可以完全或接近完全消失（局部破坏严重或整复不良的病畜常不能消失），骨结构的外形和功能也得到恢复。骨痂的硬固一般约需3～10周，但完全恢复则需数月至一年，或更长时间。

二、骨折的愈合标准

局部无压痛；病肢肢轴端正或稍有变形，无成角畸形；局部无异常活动，能自行起卧，运步正常或仅有轻度或中度跛行；X射线摄片显示骨折线模糊或消失，有连续性骨痂通过骨折线；动物经过内、外固定后，肢体应当无明显跛行症状。

三、影响骨折愈合的因素

1. 全身因素

动物的年龄和健康状况与骨折愈合的快慢直接相关。年老体弱、营养不良、骨组织代谢紊乱以及患有传染病等，均可使骨折的愈合延迟。

2. 局部因素

(1) 血液供应　骨膜在骨折愈合过程中起决定性作用，由于骨膜与其周围肌肉共受同一血管支配，为了保证形成骨痂的血液供应，软组织的完整非常重要。骨髓腔和骨膜的损伤会影响或破坏血液供给，使骨折愈合延迟甚至不愈合。

（2）固定　复位不良或固定不妥、过早负重，可能导致骨折端发生扭转、成角移位等不利于愈合的活动，使断端的愈合停留于纤维组织或软骨而不能正常骨化，造成畸形愈合或延迟愈合。

（3）骨折断端的接触面　接触面越大，愈合时间越短。如发生粉碎性骨折、骨折移位严重而间隙过大、骨折间有软组织嵌入，以及出血和肿胀严重等，均影响骨折的愈合，有时可以出现病理性愈合。

（4）感染　开放性骨折、粉碎性骨折或使用内固定容易继发感染。若处理不及时，可发展为蜂窝织炎、化脓性骨髓炎、骨坏死等，导致骨折延迟愈合或不愈合。

四、犬、猫全身骨骼结构图

犬、猫的全身骨骼结构图如图 6－27、图 6－28 所示。

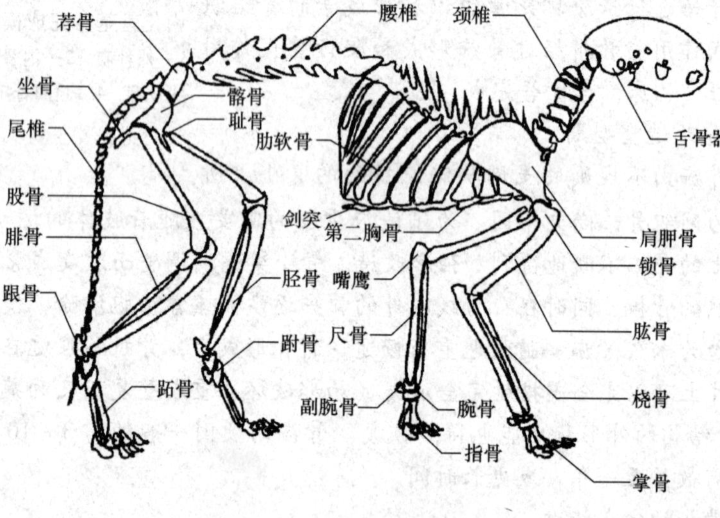

图 6－27　猫的全身骨骼侧面图

五、犬狼爪局部解剖

狼爪是位于前后肢的系部稍下方，其尖端未达到地面的小爪。两前肢均有，后肢有时一肢可见，也有时两肢均有，特别情况下也有两重并列而生。狼爪附着状态由于个体不同而有差异，有时附着在中指骨或中足骨，有的仅附着在结缔组织部。

【情境小结】

情境六主要是四肢、臀部及尾部的手术。共分十二个单元进行解读和练习，每个单元的主要内容是断尾手术、尾肌切断手术、骨折的整复与固定手术、膝盖骨脱位整复手术、股骨手术、髋关节手术、截肢手术、胫骨手术、肘肿切除手术、膝关节前十字韧带修复手术、爪部手术、肱骨、桡尺、指骨与趾骨骨折固定

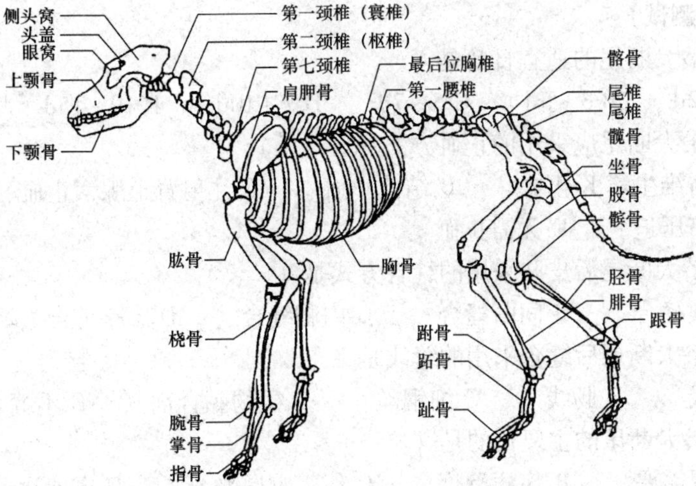

图 6－28 犬的全身骨骼侧面图

手术。学生应了解每个手术的术前准备内容及术后如何护理。掌握手术时应采取的麻醉方法及手术的操作过程。

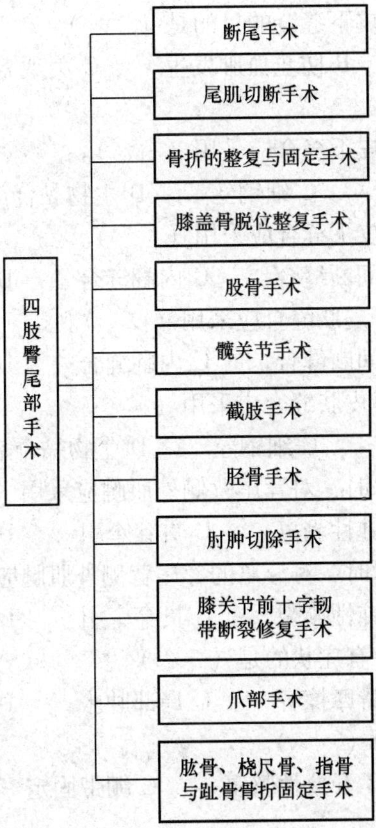

【情境测试】

1. 幼龄犬断尾的适宜日龄是（　　）。

A 1～2d　　B 3～5d　　C 5～7d　　D 7～10d　　E 10～15d

2. 幼龄犬断尾应采用的止血方法是（　　）。

A 注射维生素 K 止血　　B 结扎止血　　C 注射肾上腺素止血

D 纱布压迫　　E 无需止血

3. 幼龄犬断尾后皮肤采用的缝合方式是（　　）。

A 连续缝合　　B 间断缝合　　C 内翻缝合　　D 十字缝合　　E 不缝合

4. 幼龄犬断尾后缝合采用的缝线是（　　）。

A 丝线　　B 肠线　　C 细钢丝　　D 生物黏合剂　　E 不缝合

5. 老龄犬断尾的主要目的是（　　）。

A 美观需要　　B 疾病治疗　　C 纠正咬尾恶习　　D 方便运动

E 以上都不是

6. 老龄犬断尾的术部应选择在（　　）。

A 尾椎间隙前　　B 尾椎间隙正中　　C 尾椎间隙后　　D 第一尾椎前

E 第一尾椎后

7. 老龄犬断尾后行皮下缝合的目的是（　　）。

A 增加缝合张力　　B 防止血肿发生　　C 美观需要　　D 预防出血

E 以上都不是

8. 老龄犬断尾后行皮下缝合应采用（　　）。

A 丝线　　B 肠线　　C 细钢丝　　D 生物黏合剂　　E 不缝合

9. 老龄犬断尾后行皮下缝合应采用（　　）。

A 连续缝合　　B 间断缝合　　C 内翻缝合　　D 十字缝合　　E 不缝合

10. 老龄犬断尾后行皮肤缝合应采用（　　）。

A 连续缝合　　B 间断缝合　　C 内翻缝合　　D 十字缝合　　E 不缝合

11. 老龄犬断尾后行皮肤缝合应采用（　　）。

A 丝线　　B 肠线　　C 细钢丝　　D 生物黏合剂　　E 不缝合

12. 行犬尾肌切断术时，对荐尾背侧外肌腱应采用（　　）。

A 锐性分离　　B 钝性剥离　　C 贯穿牵引　　D 分层切开　　E 不处理

13. 行犬尾肌切断术时，对分离的荐尾背侧外肌腱应采用（　　）。

A 锐性切断　　B 钝性撕裂　　C 贯穿牵引　　D 分层切开　　E 不处理

14. 下列属于骨折特有症状的是（　　）。

A 肢体变形　　B 骨摩擦音　　C 局部肿胀　　D 疼痛　　E 出血

15. 骨折的整复包括（　　）。

A 闭合性整复　　B 开放性整复　　C 绷带固定　　D 人工矫正

E 手术切开

16. 下列属于骨折闭合性整复的是（　　）。
A 利用牵引、对抗牵引和手法进行整复
B 利用牵引、对抗牵引和反折手法进行整复
C 利用动物自身体重牵引、反牵引作用整复
D 戈登伸展架整复
E 骨螺钉固定
17. 下列骨折可行闭合性整复的是（　　）。
A 新鲜的长骨骨折　　B 股骨颈断裂　　C 胫骨粉碎性骨折
D 髌骨脱臼　　E 以上均可
18. 下列材料可用于骨折外固定的是（　　）。
A 硬化绷带　　B 夹板绷带　　C 托马斯绷带　　D 髓内针　　E 接骨板
19. 下列材料可用于骨折内固定的是（　　）。
A 硬化绷带　　B 夹板绷带　　C 骨螺钉　　D 髓内针　　E 接骨板
20. 长骨发生斜骨折时，可用于辅助固定的材料是（　　）。
A 硬化绷带　　B 夹板绷带　　C 钢丝　　D 髓内针　　E 接骨板
21. 按髓内针的横断面不同，可将其分为（　　）。
A 圆形　　B 菱形　　C 三叶形　　D“V”字形　　E 正方形
22. 接骨板按其功能可分为（　　）。
A 张力板　　B 中和板　　C 支持板　　D 圆形板　　E 方形板
23. 行闭合性整复时，借助肢体自身重力牵引的时间为（　　）。
A 1 ~ 3min　　B 3 ~ 5min　　C 10 ~ 30min　　D 60min　　E 大于 60min
24. 下列属于开放性整复适应证的是（　　）。
A 骨折不稳定　　B 骨折较复杂　　C 骨折已数天以上
D 骨折已累及关节面　　E 以上均不是
25. 开放性整复应注意的事项是（　　）。
A 防止感染　　B 减少出血　　C 防止神经损伤　　D 减轻骨膜损伤
E 减少软组织损伤
26. 开放性整复后，行外固定的目的是（　　）。
A 减轻疼痛　　B 维持正常解剖结构　　C 防止感染　　D 防止出血
E 以上都不对
27. 下列属于外固定时间过长所产生的不良影响的是（　　）
A 肌肉萎缩　　B 关节僵硬　　C 运动障碍　　D 关节韧带松弛
E 以上都不是
28. 下列为犬股骨头和股骨颈切除术适应证的是（　　）。
A 髋关节发育不良　　B 伴有关节炎的髋关节脱位
C 不可修复的髋关节骨折　　D 累 - 卡 - 佩疾病　　E 股骨干骨折

29. 下列术后预后不良的犬是（　　）。

A 老龄犬　　B 幼龄犬　　C 雄性犬　　D 雌性犬　　E 肥胖犬

30. 下列属于股骨头和股骨颈切除术后镇痛药的是（　　）。

A 吗啡　　B 盐酸曲马多　　C 安定　　D 盐酸普鲁卡因

E 盐酸丁卡因

31. 下列可用于犬、猫股骨远端髁间T型骨折内固定的骨科工具是（　　）。

A 手摇骨钻　　B 骨锯　　C 克氏针　　D 骨锤　　E 骨钳

32. 为提高固定效果，行金属丝全环结扎时，斜骨折长度应是骨直径的（　　）倍。

A 1　　B 2　　C 3　　D 4　　E 5

33. 行截肢术时，需清除的坏死组织具备的特征是（　　）。

A 触碰无痛觉　　B 颜色紫黑　　C 切割时不出血　　D 气味腐臭

E 失去正常解剖结构

34. 行肘肿切除术时，可采用的止血方法是（　　）。

A 结扎止血　　B 烧烙止血　　C 按压止血　　D 注射维生素K

E 局部喷洒肾上腺素

情境测试参考答案

情境一答案

1. B　2. B　3. D　4. C　5. B　6. B　7. C　8. C　9. D　10. D　11. C　12. C　13. B　14. D　15. C　16. A　17. D　18. D　19. B　20. C　21. B　22. A　23. A　24. D　25. D　26. D　27. C　28. B　29. A　30. C　31. A　32. C　33. B　34. A　35. D　36. A　37. D　38. B　39. B　40. A　41. A　42. C　43. D　44. D　45. D　46. D　47. C　48. B　49. C　50. D　51. C　52. D　53. D　54. A　55. B　56. C　57. C　58. D　59. B　60. D　61. A　62. B　63. B　64. A　65. C　66. B　67. C　68. C　69. A　70. D　71. A　72. D　73. C　74. A　75. D　76. D　77. A　78. C　79. D　80. C　81. B　82. A　83. A　84. C　85. C　86. D

情境二答案

1. D　2. A　3. D　4. B　5. C　6. A　7. A　8. A　9. A　10. D　11. ABCD　12. B　13. D　14. D　15. A　16. A　17. D　18. C　19. D　20. A　21. B　22. C　23. C　24. A　25. A　26. D　27. B　28. A　29. D　30. C　31. D　32. A　33. B　34. D　35. B　36. D　37. C　38. B

情境三答案

1. C　2. A　3. E　4. B　5. D　6. B　7. D　8. C　9. A　10. B　11. B　12. D　13. A　14. B　15. E　16. A　17. C　18. A　19. C　20. A　21. D　22. E　23. A　24. B　25. E　26. D　27. A　28. C　29. E　30. B　31. C　32. A　33. D　34. B　35. C　36. E　37. A

情境四答案

1. C　2. C　3. D　4. D　5. D　6. ABC　7. B　8. B　9. E　10. A　11. A　12. A　13. A　14. C　15. D　16. B　17. B　18. ABC　19. C　20. C　21. A　22. D　23. A　24. D　25. C　26. D　27. D　28. A　29. D　30. D　31. D　32. A　33. A　34. A　35. D　36. D　37. D　38. A　39. C　40. A　41. C　42. A　43. A　44. B　45. C　46. D　47. A　48. A　49. B　50. A　51. A　52. C　53. C　54. D　55. C　56. A　57. B　58. B　59. A　60. A　61. A　62. D　63. A　64. D　65. A　66. B　67. A　68. B　69. D　70. A　71. A　72. D　73. A　74. A　75. A

情境五答案

1. A　2. A　3. B　4. A　5. A　6. A　7. A　8. A　9. A　10. A　11. A　12. A　13. A　14. B　15. A　16. A　17. A　18. A　19. A　20. D　21. B　22. D　23. A　24. B　25. A　26. B　27. A　28. A　29. B　30. D　31. D　32. A

情境六答案

1. D　2. E　3. B　4. B　5. B　6. C　7. B　8. B　9. B　10. B　11. A　12. B　13. B　14. A　15. AB　16. E　17. D　18. ABC　19. CDE　20. D　21. ABCD　22. ABC　23. C　24. ABCD　25. ABCDE　26. B　27. AB　28. ABCD　29. A　30. AB　31. ABCDE　32. B　33. ABCDE　34. ABCDE

参考文献

[1] 林德贵．兽医外科手术学［M］．北京：中国农业出版社，2004.

[2] 王国卿，史兴山．宠物外科手术［M］．北京：中国农业科学技术出版社，2008.

[3] 胡永灵，胡辉．动物普通病［M］．北京：中国轻工业出版社，2011.

[4] 林德贵．犬猫病诊断图册［M］．北京：中国农业大学出版社，1998.

[5] 陈家璞．小动物疾病［M］．北京：中国农业大学出版社，1993.

[6] 王春璈，马卫明．狗病临床手册［M］．北京：金盾出版社，2006.

[7] 侯加法．小动物疾病学［M］．北京：中国农业出版社，2002.

[8] 何英，叶俊华．宠物医生手册［M］．沈阳：辽宁科技出版社，2003.

[9] 周庆国．犬病对症诊断与防治［M］．广州：广东科技出版社，2002.

[10] 赵玉军．实用犬病诊疗图册［M］．沈阳：辽宁科技出版社，2001.

[11] 郭铁．家畜外科手术学［M］．北京：中国农业出版社，1999.

[12] 汪世昌，陈家璞．家畜外科学［M］．北京：中国农业出版社，1995.

[13] 韦加宁．外科手术图谱［M］．北京：人民卫生出版社，2003.